大话
Java
程序设计从入门到精通

孙卫琴 编著

电子工业出版社
Publishing House of Electronics Industry
北京·BEIJING

内容简介

本书采用由浅入深、与实际应用紧密结合的方式,利用大量典型生动的范例,详细讲解了 Java 编程的各种基本技术。本书的范例全部基于最新的 JDK9 版本。本书内容包括:创建和运行 Java 程序的基本方法、Java 语言的基本语法、数据类型和变量、操作符、流程控制、继承、Java 语言中的修饰符、接口、异常处理、对象的生命周期、内部类、多线程、数组、集合、输入输出、图形用户界面和访问数据库。本书还介绍了 JDK9 的一些新特性,包括 JShell 命令及 Java 类库的模块化等。

本书别出心裁,引入了中国传统文化中家喻户晓的《西游记》中的人物孙悟空,以他学习 Java 语言为主线,以模拟《西游记》中的种种传奇故事及实现各种有趣的实际应用为案例,带领读者逐步领略 Java 语言的种种神通妙用,大大增加了书的趣味性。

书中实例源文件请到 JavaThinker.net 网站上下载,网址为:http://www.javathinker.org/funnyjava.jsp。

本书主要面向所有的 Java 初学者,还可作为高校的 Java 教材,以及企业 Java 培训教材,也可作为 Oracle 公司 OCJP 认证的辅导教材。

本书配套光盘包含书中案例源代码、视频教程和 PPT 讲义。

未经许可,不得以任何方式复制或抄袭本书之部分或全部内容。
版权所有,侵权必究。

图书在版编目(CIP)数据

大话 Java:程序设计从入门到精通 / 孙卫琴编著. -- 北京:电子工业出版社,2018.9
ISBN 978-7-121-34930-0

Ⅰ. ①大… Ⅱ. ①孙… Ⅲ. ①JAVA 语言-程序设计 Ⅳ. ①TP312.8

中国版本图书馆 CIP 数据核字(2018)第 196835 号

责任编辑:张艳芳　　文字编辑:张　琳　　特约编辑:刘红涛
印　　刷:北京捷迅佳彩印刷有限公司
装　　订:北京捷迅佳彩印刷有限公司
出版发行:电子工业出版社
　　　　　北京海淀区万寿路 173 信箱　邮编:100036
开　　本:787×1092　1/16　印张:25　字数:637.6 千字
版　　次:2018 年 9 月第 1 版
印　　次:2021 年 9 月第 4 次印刷
定　　价:79.90 元(含光盘 1 张)

凡所购买电子工业出版社图书有缺损问题,请向购买书店调换。若书店售缺,请与本社发行部联系,联系及邮购电话:(010)88254888,88258888。
质量投诉请发邮件至 zlts@phei.com.cn,盗版侵权举报请发邮件至 dbqq@phei.com.cn。
本书咨询联系方式:(010)88254161~88254167 转 1897。

前 言

Java 语言是目前 IT 领域里的主流编程语言。面向对象的 Java 语言具备一次编程、在任何平台中均可运行的跨平台特性，在需要支持多种操作系统和硬件平台的场合，Java 是首选的解决方案。

Java 语言非常安全和健壮。Java 致力于检查程序在编译和运行时的错误，奉行"错误发现和纠正得越早，造成的损失就越小"的原则，可谓防患于未然。Java 还支持自动内存管理，这不但减轻了程序员的许多负担，也减少了程序员错误释放内存的机会。

Java 语言自 1996 年诞生以来，其开源的精神吸引了世界各地的 IT 精英们不遗余力地为它添砖加瓦。在如今的 Java 领域，各种新技术、新工具层出不穷，一方面，每一种技术都会不停地升级换代，另一方面，还会不断涌现出新的技术和工具。Java 世界就像小时候玩的万花筒，尽管实质上只是由几个普通的玻璃碎片组成的，但只要轻轻一摇，就会变化出千万种缤纷的图案。Java 世界如此变化多端，很容易让初学 Java 的人有无从下手的感觉。

常常会有 Java 新手问我类似这样的问题："我学 Java 已经有一段时间了，现在只能编写一点简单的程序，要学的东西实在太多了，我整天学都学不完，很迷茫，不知道该如何有针对性地去学，才能早日成为一名功底深厚的 Java 程序员。"

确实，对于初学者，一开始就陷入包罗万象的 Java 技术的汪洋大海中，难以把握技术的核心思想，以及知识的深浅和主次，学习起来会比较吃力。

为了满足广大 Java 初学者的要求，本人在创作了十多本 Java 领域里的畅销书籍后，融合近二十年来的软件开发、教学和写作经验，用轻松诙谐的笔调，创作了《大话 Java》这本书。本人在动手写每一个知识点时，有三个问题时时在脑袋里激发自己的灵感："怎样写才能让读者一看就懂？怎样写才能增添书的趣味性，激发读者的学习兴趣？设计怎样的范例才能让读者迅速掌握实际运用的技能？"这三个问题激励着我精益求精地设计书中的范例，推敲书中的措辞，精炼书的结构。

古人云："授人以鱼，不如授人以渔。"在一本 Java 书中，泛泛而谈地罗列所有的技术，如同授人以鱼，而以抛砖引玉的方式引导读者把握 Java 编程的核心思想，并且掌握灵活运用技术进行编程的技能，则如授人以渔。本书致力于引领 Java 初学者们在 Java 领域里乘风破浪，游刃有余地"织网渔猎"。

本书的组织结构和主要内容

本书别出心裁，引入了中国传统文化中家喻户晓的《西游记》人物孙悟空，以他学习 Java 语言为主线，以模拟《西游记》中的种种传奇故事及实现各种有趣的实际应用为案例，带领读者逐步领略 Java 语言的种种神通妙用，大大增加了书的趣味性。

本书的每一章都按照提出问题和解决问题的结构来安排内容，并且提供了编程实战练习，引导读者由被动阅读转为主动阅读，从而使读者既能深刻地领悟各种 Java 知识的用途，又能提高运用特定技术来解决实际问题的能力。

本书主要内容包括：创建和运行 Java 程序的基本方法、Java 语言的基本语法、数据类型和变量、操作符、流程控制、继承、Java 语言中的修饰符、接口、异常处理、对象的生命周期、内部类、多线程、数组、集合、输入输出、图形用户界面和访问数据库。本书还介绍了 JDK9 的一些新特性，包括 JShell 命令及 Java 类库的模块化等。

这本书是否适合你

本书语言通俗幽默，内容循序渐进，适合所有 Java 初学者阅读。即使是没有任何编程基础的读者，也可以轻松阅读本书。

本书与作者的另一本书《Java 面向对象编程》一书相比，前者的特色在于化繁为简，以通俗浅显的语言介绍了 Java 语言的基础知识，并且通过经典有趣的实战演练题帮助读者提高实际编程能力。后者则更为详细全面地阐述了 Java 语言的各种技术、性能优化的策略，以及 Java 的核心思想。前者提纲挈领，后者包罗万象，两者各有千秋，相得益彰。

本书致力于轻轻松松地带领读者跨入 Java 世界的大门，体验通过 Java 编程实现各种实用范例的乐趣，而《Java 面向对象编程》则帮助读者全面掌握 Java 的各种技术，并且更深刻理解 Java 的核心思想，进一步提高 Java 编程能力。

本书的所有范例都基于最新的 JDK9 版本。本书每一章都提供了典型有趣的编程实战题。建议读者首先尝试自己独立完成题目。当遇到困难时，再参考书中给出的"编程提示"。这样会更有助于快速提高你的实际编程能力。

本书技术支持网站

以下是作者为本书提供的技术支持网址，读者可通过它下载与本书相关的资源（包括源代码、软件安装程序、视频教程和讲义等），还可以与作者互动，或者和其他读者交流学习心得，以及对本书提出宝贵意见：

http://www.javathinker.net/funnyjava.jsp

致谢

本书在编写过程中得到了 Oracle 公司、电子工业出版社，以及 JavaThinker.net 网站的网友们的大力支持与帮助，在此表示衷心的感谢！参与编写的人员有孙卫琴、张雷、许亮思、张宇客、孟祥、王琨、曹文伟、曹雅洁、李红军、李洪成共十人。尽管我们尽了最大努力，但本书难免会有不妥之处，欢迎各界专家和读者朋友批评指正。

目 录

第1章	编程入门一点通 1
1.1	初识高级编程语言 1
1.2	跨越平台无障碍，Java 语言显身手 3
1.3	编写面向对象的 Java 源程序 5
	1.3.1 定义 Monkey 类 5
	1.3.2 创建 Monkey 对象 6
	1.3.3 程序入口 main()方法 8
1.4	编译和运行 Java 程序 9
	1.4.1 JDK 简介 9
	1.4.2 本范例的目录结构 11
	1.4.3 编译 Java 源程序 11
	1.4.4 运行 Java 程序 12
	1.4.5 创建用于编译和运行 Java 程序的批处理文件 13
1.5	用 JDeveloper 软件来开发 Java 应用 13
1.6	小结 15
1.7	编程实战：八戒用餐怀感恩 16
第2章	基本语法了如指掌 19
2.1	Java 源文件结构 19
2.2	关键字 20
2.3	标识符 21
2.4	Java 语言大小写敏感 22
2.5	包声明语句 22
2.6	包引入语句 24
2.7	方法的声明 26
2.8	注释语句 27
2.9	编程规范 28
2.10	JavaDoc 文档 28
2.11	直接用 JDK 来编译和运行本章范例 29
2.12	用 JDeveloper 来编译和运行本章范例 31
2.13	用 Eclipse 来编译和运行本章范例 33
2.14	Java 类库模块化 36
2.15	使用 JShell 交互式编程界面 .. 38
2.16	小结 40
2.17	编程实战：八戒吃瓜美滋滋 41
第3章	数据类型齐争艳 43
3.1	基本类型 44
	3.1.1 boolean 类型 44
	3.1.2 byte、short、int 和 long 类型 45
	3.1.3 char 类型与字符编码 46
	3.1.4 float 和 double 类型 47
3.2	引用类型 47
3.3	基本类型与引用类型的区别 48
3.4	直接数 50
	3.4.1 直接数的类型 50
	3.4.2 直接数的赋值 51
3.5	小结 51
3.6	编程实战：金箍棒的电子档案 52
第4章	千姿百态话变量 55
4.1	变量的作用域 55
	4.1.1 实例变量和静态变量 57
	4.1.2 用静态变量统计实例的个数 59
	4.1.3 成员变量和局部变量同名 60
4.2	对象的默认引用：this 60
4.3	参数传递 61
4.4	变量的初始化及默认值 63
	4.4.1 成员变量的初始化 64
	4.4.2 局部变量的初始化 65
	4.4.3 用 new 关键字创建对象 65
4.5	小结 67
4.6	编程实战：人参果树妙回春 69
第5章	操作符号显身手 71
5.1	操作符的优先级 72
5.2	整型操作符 73
	5.2.1 一元整型操作符 73
	5.2.2 二元整型操作符 73
5.3	浮点型操作符 74

V

5.4	比较操作符和逻辑操作符 75	7.8	编程实战一：运用方法的重载和覆盖 115
	5.4.1 比较操作符 75		
	5.4.2 逻辑操作符 76	7.9	编程实战二：演绎孙悟空与二郎神斗法 116
5.5	特殊操作符"?:" 78		
5.6	变量的赋值 78	第8章	引用类型操作符 121
5.7	基本数据类型转换 79	8.1	字符串连接操作符"+" 121
	5.7.1 自动类型转换 79	8.2	操作符"=="与对象的 equals()方法 122
	5.7.2 强制类型转换 81		
5.8	小结 81		8.2.1 操作符"==" 122
5.9	编程实战：判断年份是否为闰年 82		8.2.2 对象的 equals()方法 123
		8.3	操作符"!=" 125
5.10	编程实战：数字加密 83	8.4	引用变量的赋值和类型转换 126
第6章	运筹帷幄控流程 85		
6.1	分支语句 86	8.5	instanceof 操作符 127
	6.1.1 if...else 语句 86	8.6	小结 128
	6.1.2 switch 语句 87	8.7	编程实战：辨别真假孙悟空 129
6.2	循环语句 91		
	6.2.1 while 语句 93	第9章	公私分明设权限 131
	6.2.2 do...while 语句 94	9.1	封装类的部分属性和方法 132
	6.2.3 for 语句 95	9.2	4种访问控制级别 133
6.3	流程跳转语句 96	9.3	小结 136
6.4	小结 98	9.4	编程实战：模拟自动洗衣机 137
6.5	编程实战：实现常用数学运算 98		
		第10章	abstract：虚拟抽象画蓝图 143
6.6	编程实战：打印金字塔 99	10.1	abstract 修饰符的修饰内容 143
6.7	编程实战：考试分数和等级转换 100		
		10.2	abstract 修饰符的语法规则 144
6.8	编程实战：数兔子 101		
6.9	编程实战：寻找水仙花数 103	10.3	抽象类不能被实例化 145
第7章	代码重用靠继承 105	10.4	小结 146
7.1	继承的基本语法 107	10.5	编程实战：金、银角大王的魔法宝物 146
7.2	方法重载（Overload） 108		
7.3	方法覆盖（Override） 109	第11章	final：一锤定音恒不变 149
7.4	方法覆盖与方法重载的异同 111	11.1	final 类 150
		11.2	final 方法 150
7.5	super 关键字 112	11.3	final 变量 151
7.6	多态 113	11.4	小结 153
7.7	小结 115		

11.5 编程实战：无法伪造篡改
     的生死簿 154

第 12 章 static：静态家当共分享 157
12.1 static 变量 158
12.2 static 方法 158
　　12.2.1 静态方法可访问的内容 159
　　12.2.2 实例方法可访问的内容 160
　　12.2.3 静态方法必须被实现 161
　　12.2.4 作为程序入口的 main()方法
　　　　　是静态方法 161
12.3 static 代码块 162
12.4 小结 163
12.5 编程实战：灵活配置
     绘制图形 163

第 13 章 对外开放靠接口 167
13.1 接口的概念和语法规则 169
13.2 比较抽象类与接口 171
13.3 小结 173
13.4 编程实战：紧箍圈降伏
     诸顽劣 174

第 14 章 出生入死话对象 177
14.1 对象的构造方法 178
　　14.1.1 重载构造方法 179
　　14.1.2 默认构造方法 180
　　14.1.3 子类调用父类的构造方法 .. 181
14.2 垃圾回收 184
　　14.2.1 垃圾回收的时机 185
　　14.2.2 对象的 finalize()方法 186
14.3 小结 187
14.4 编程实战：玩转垃圾回收 188
14.5 编程实战：独一无二
     玉净瓶 190

第 15 章 类型封装内部类 191
15.1 内部类的种类 193
15.2 成员内部类 193
　　15.2.1 实例内部类 194
　　15.2.2 静态内部类 197

15.3 局部内部类 198
15.4 匿名类 199
15.5 用 Lambda 表达式代替
     内部类 201
15.6 小结 202
15.7 编程实战：内部类回调
     外部类 203

第 16 章 降伏异常有策略 205
16.1 Java 异常处理机制概述 206
16.2 运用 Java 异常处理机制 209
　　16.2.1 try...catch 语句：
　　　　　捕获异常 209
　　16.2.2 finally 语句：任何情况下
　　　　　必须执行的代码 210
　　16.2.3 throws 子句：声明可能会
　　　　　出现的异常 211
　　16.2.4 throw 语句：抛出异常 212
　　16.2.5 异常处理语句的
　　　　　语法规则 212
　　16.2.6 异常流程的运行过程 215
16.3 Java 异常类 216
　　16.3.1 运行时异常 219
　　16.3.2 受检查异常
　　　　　（Checked Exception） 219
　　16.3.3 区分运行时异常和受
　　　　　检查异常 219
16.4 用户定义异常 221
16.5 小结 222
16.6 编程实战：囧途开车
     遇异常 223

第 17 章 数组元素排排坐 227
17.1 数组简介 229
17.2 数组变量的声明 229
17.3 创建数组对象 229
17.4 访问数组的元素和长度 231
17.5 数组的初始化 232
17.6 数组排序 233
17.7 多维数组 234

17.8 用符号"…"声明数目
　　　可变参数 235
17.9 小结 236
17.10 编程实战：多位数字
　　　加密 237
17.11 编程实战：用数组实现
　　　堆栈 238

第 18 章　集合元素大操练 241
18.1 Java 集合的类框架 242
18.2 集合的基本用法 242
　　18.2.1 包装类的自动装箱和
　　　　　拆箱 243
　　18.2.2 Set（集）和 List（列表）
　　　　　的各种具体实现类的特点 ... 243
　　18.2.3 集合的静态 of()方法 245
18.3 List（队列） 247
18.4 Map（映射） 247
18.5 用 Lambda 表达式遍历
　　　集合 249
18.6 小结 250
18.7 编程实战：计算数学
　　　表达式 250
18.8 编程实战：计算带括号的
　　　数学表达式 254
18.9 编程实战：用集合工具对
　　　数字排序 257
18.10 编程实战：按月份先后
　　　顺序数兔子 258
18.11 编程实战：用映射来存放
　　　学生信息 259
18.12 编程实战：圆桌报数
　　　游戏 261

第 19 章　数据出入靠 I/O 263
19.1 输入流和输出流概述 264
19.2 输入流 265
19.3 FilterInputStream
　　　（过滤输入流） 266
　　19.3.1 BufferedInputStream 类 267

　　19.3.2 DataInputStream 类 267
19.4 输出流 269
19.5 FilterOutputStream
　　　（过滤输出流） 269
　　19.5.1 DataOutputStream 269
　　19.5.2 BufferedOutputStream 270
　　19.5.3 PrintStream 类 270
19.6 Reader/Writer 概述 271
19.7 Reader 类 273
　　19.7.1 InputStreamReader 类 273
　　19.7.2 FileReader 类 273
　　19.7.3 BufferedReader 类 274
19.8 Writer 类 274
　　19.8.1 OutputStreamWriter 类 275
　　19.8.2 FileWriter 类 275
　　19.8.3 BufferedWriter 类 275
　　19.8.4 PrintWriter 类 275
19.9 读写文本文件的范例 276
19.10 随机访问文件类：
　　　RandomAccessFile 278
19.11 File 类 279
19.12 用 java.nio.file 类库来
　　　操纵文件系统 281
19.13 小结 284
19.14 编程实战：替换文本文件
　　　中的字符串 285
19.15 编程实战：批量修改
　　　文件名 287

第 20 章　并发运行多线程 289
20.1 Java 线程的运行机制 290
20.2 线程的创建和启动 291
　　20.2.1 扩展 java.lang.Thread 类 291
　　20.2.2 实现 java.lang.Runnable
　　　　　接口 293
20.3 线程的状态转换 295
　　20.3.1 新建状态（New） 295
　　20.3.2 就绪状态（Runnable） 295
　　20.3.3 运行状态（Running） 295
　　20.3.4 阻塞状态（Blocked） 296

20.3.5 等待状态（Waiting）.......... 296
20.3.6 死亡状态（Terminated） 296
20.3.7 线程状态转换举例 296
20.4 线程调度 297
　　20.4.1 调整各个线程的优先级 298
　　20.4.2 线程睡眠：
　　　　　Thread.sleep()方法 299
　　20.4.3 线程让步：
　　　　　Thead.yield()方法 300
　　20.4.4 等待其他线程结束：
　　　　　join() 301
20.5 获得当前线程对象的引用 302
20.6 小结 303
20.7 编程实战：孙悟空偷吃
　　　蟠桃 304

第 21 章 同步通信多线程 307
21.1 线程的同步 309
　　21.1.1 同步代码块 312
　　21.1.2 线程同步的特征 314
21.2 线程的通信 316
21.3 小结 320
21.4 编程实战：悟空保唐僧
　　　打群妖 321
21.5 编程实战：运动员赛跑 324
21.6 编程实战：秒针、分针和
　　　时针的通信 326

第 22 章 图形界面俏容颜 329
22.1 图形用户界面的构建机制 329
22.2 容器类组件 331
22.3 布局管理器 333
　　22.3.1 FlowLayout 流式布局
　　　　　管理器 335

22.3.2 BorderLayout 边界布局
　　　管理器 336
22.3.3 GridLayout 网格布局
　　　管理器 338
22.3.4 CardLayout 卡片布局
　　　管理器 340
22.4 事件处理..342
22.5 AWT 绘图 345
22.6 创建动画..348
22.7 菜单 350
22.8 小结 352
22.9 编程实战：创建数学
　　　计算器 354
22.10 编程实战：创建 BMI 指数
　　　 计算器 355

第 23 章 轻松访问数据库 361
23.1 安装和配置 MySQL
　　　数据库 362
23.2 JDBC API 简介 364
23.3 JDBC API 的基本用法 367
23.4 获得新插入记录的主键值....370
23.5 封装连接数据库的细节........371
23.6 处理 SQLException 376
23.7 设置批量抓取属性 377
23.8 可滚动及可更新的结果集....378
23.9 小结 385
23.10 编程实战：创建客户
　　　 管理器 385

第 1 章　编程入门一点通

话说我的本家孙悟空帮助唐僧到西天取到真经后，就在天上逍遥自在地当起了斗战胜佛。斗转星移，岁月如梭，一股信息化浪潮席卷全球，悟空的家乡花果山也与时俱进，处处配备了新式的计算机。

如今，悟空会熟练地运行安装在 Windows 操作系统中的各种可执行程序，利用它们来完成特定任务。例如通过浏览器程序来上网，通过记事本程序来编辑文档，通过画图程序来画画，通过计算器程序来进行数学运算。

有一天，悟空正在网上东游西逛，花果山的小猴智多星跑过来，对悟空说："孙爷爷，我看这计算机上的程序都是给人玩的，要是您也能编写点程序出来，专门给俺们猴儿耍耍，那该多好啊。"

智多星的想法正合悟空的心意。悟空想：要是自己学会了编程，就可以开发出符合猴子趣味的程序给儿孙们耍耍，等到编程功底扎实了，还可以给花果山也开发个网站呢。

在本章中，悟空小试牛刀，用 Java 语言编写了一个简单的程序。本章内容主要围绕以下问题展开：

- 为什么 Java 语言具有跨操作系统平台的特性？
- 什么是面向对象（Object Oriented，OO）的基本思想？
- 创建、编译和运行 Java 程序的基本过程是怎样的？

1.1　初识高级编程语言

当两个人使用不同的语言时，如果要相互沟通，就必须请翻译员充当沟通的桥梁，有时甚至要经过好几个翻译员的翻译。例如，佛祖最初在印度讲佛经采用的是梵语，后来由唐僧翻译成中文，再后来鉴真和尚又把中文的佛经翻译成日文，传到日本。

首先，悟空想让计算机模仿智多星说话。如图 1-1 所示，悟空先用猴语幽默地对计算机大声喊："嘿，伙计，帮我在屏幕上打印一行字符串'大家好，我是智多星'。"可是计算机置若罔闻，它又不是猴脑，哪懂得悟空的猴语啊。悟空宽宏大量地对计算机笑笑，经过西天取经的磨炼，悟空已经改了动不动就亮出金箍棒吓唬人的毛病。他明白，要与对方交流，首先要熟悉对方使用的语言，实在学不会，就得请个翻译员。

图 1-1　悟空试图用猴语与计算机对话

计算机作为硬件，只懂得由"1"和"0"排列组合成的机器指令语言。机器指令语言又复杂又枯燥，悟空可不想学呆板的机器指令语言。幸运的是，悟空可以不必直接用机器指令语言和计算机对话，而是请计算机中的"翻译员"——操作系统来进行沟通。

下面以悟空访问 IE 浏览器程序为例，介绍操作系统如何在悟空和计算机之间充当"翻译员"。如图 1-2 演示了悟空运行 Windows 操作系统中的 IE 浏览器程序的过程。悟空只需双击 IE 浏览器程序图标，聪明的 Windows 操作系统就明白了悟空的意图，它就会与计算机交互，请求计算机运行 IE 浏览器程序。Windows 操作系统就像悟空与计算机之间的翻译员。

图 1-2　悟空与 Windows 操作系统对话，让其运行 IE 浏览器程序

从图 1-2 可以看出，大总管 Windows 操作系统八面玲珑，精通多种语言，既能与悟空沟通，还能读懂 IE 浏览器程序中的二进制操作指令，并能把二进制操作指令翻译成机器指令，最后用这种机器指令语言对计算机发号施令。

悟空如果想让计算机模仿智多星说话，只需要编写一个模拟智多星说话的程序，接下来让操作系统来运行这个程序就行了。以 Windows 操作系统为例，它的可以执行的程序（简称可执行程序）通常都是以".exe"作为扩展名的文件。这些可执行程序和 IE 浏览器程序一样，包含了二进制的操作指令，这些操作指令只有 Windows 操作系统才能看得懂。

如图 1-3 所示，模拟智多星的可执行程序中包含的是二进制的操作指令，可是悟空根本没有耐心去学习这些和机器指令语言一样枯燥乏味的操作指令。

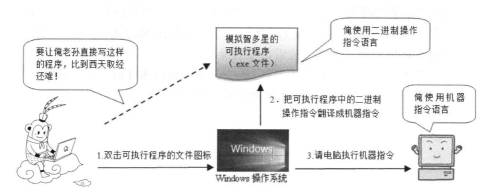

图 1-3 悟空与 Windows 操作系统对话，让其运行模拟智多星的可执行程序

幸运的是，悟空可以用高级编程语言来编程，高级编程语言与人类语言在语法上更加接近，比较容易掌握。可是，操作系统并不懂高级编程语言，因此还必须想办法把用高级编程语言编写出来的源程序转换为操作系统看得懂的可执行程序，这个转换的过程叫作编译。

如图 1-4 所示，悟空用高级编程语言编写了一个模拟智多星的源程序，接下来用现成的编译器软件把源程序编译为可执行程序，然后让操作系统来运行这个可执行程序。

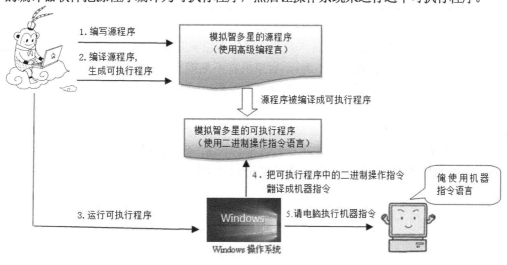

图 1-4 程序的编写、编译和运行过程

从图 1-4 可以看出，悟空要想让计算机能听从它的各种吩咐，主要的任务就是掌握一门高级编程语言，然后用它来编写源程序。

1.2 跨越平台无障碍，Java 语言显身手

在本章 1.1 节讲过，操作系统看不懂用高级编程语言编写出来的源程序，但是能看得懂编译生成的可执行程序。那么，对于同一个可执行程序文件，是不是所有的操

作系统都能看得懂呢？答案是否定的。例如，IE 浏览器只能在 Windows 操作系统中运行，到了 Linux 操作系统中就无法运行，这是因为 IE 浏览器的可执行程序文件中包含了只有 Windows 操作系统才能看得懂的操作指令。

如图 1-5 所示，假如悟空想编写一个在 Windows 和 Linux 操作系统中都能运行的程序，那么就需要把源程序分别编译成适合这两种操作系统的可执行程序。

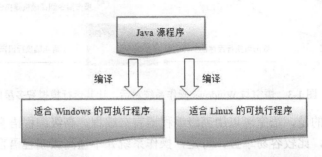

图 1-5　把源程序分别编译成适合 Windows 和 Linux 的可执行程序

悟空觉得这样做还是有点麻烦，要是有一种编程语言可以跨操作系统平台就好了，这意味着只需对用这种语言编写出来的源程序编译一次，编译出来的可执行程序能够在所有的操作系统中运行。刚好 Java 语言就是悟空所期望的跨操作系统平台的高级编程语言。

Java 语言为何会有跨操作系统平台的本领呢？这还得归功于 Java 虚拟机。Java 虚拟机这名字听上去很玄乎！Java 虚拟机看不见摸不着，到底算何方神圣？它可不是工厂里庞大无比的机器，其实它本身也不过是个可执行程序，这个可执行程序的任务就是运行 Java 程序。

如图 1-6 所示，Java 虚拟机程序本身不是跨操作系统平台的，对于不同的操作系统，有着不同的 Java 虚拟机可执行程序。不过，不管是哪个操作系统中的 Java 虚拟机，它们的任务都是一样的，该任务就是请求底层操作系统运行 Java 程序。

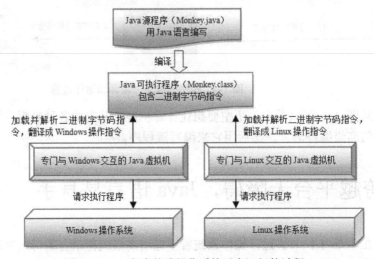

图 1-6　Java 程序的跨操作系统平台运行的过程

从图 1-6 可以看出，Java 源程序是以".java"作为扩展名的文件，编译生成的可执行程序是以".class"作为扩展名的文件。Java 可执行程序本身不能直接在操作系统中运行，它必须借助 Java 虚拟机才能运行。Java 可执行程序中包含只有 Java 虚拟机才能看得懂的二进制字节码指令，而 Windows 和 Linux 操作系统都无法直接看得懂这些二进制字节码指令。

1.3 编写面向对象的 Java 源程序

悟空经过一番认真学习，掌握了 Java 语言的基本语法，接着就猴急猴急地要在儿孙们面前演示 Java 语言的神奇妙用了。有一天，悟空把智多星叫过来，故作神秘地对智多星说："请你如实回答我的以下问题。"

悟空："你属于猫类、鸡类、狗类，还是猴类啊？"

智多星："当然是猴类啦。"

悟空："你叫什么名字？"

智多星："智多星呀。"

悟空："你能做哪些事？"

智多星："吃饭、说话、睡觉、爬树、杂耍……"

悟空接下来得意地对智多星说："我要把你搬到计算机里。"智多星惊讶地瞪大了眼睛："孙爷爷啊，您神通广大，能把金箍棒变成针眼般大小，再把它塞到耳朵里。莫非您也要把孩儿变成芝麻般大小，再把孩儿塞到这计算机里？"悟空哈哈大笑："你想歪啦。我要在计算机里创建一个虚拟的智多星，它也能像你一样说话。"智多星兴奋得跳了起来："太好了，孩儿以前在计算机里看电视剧《西游记》，看到有您、唐僧和猪八戒等，还有白骨精呢，唯独没有我。这回我终于也能在计算机里露个脸了。"

1.3.1 定义 Monkey 类

悟空打开文本编辑器（例如 Windows 中的记事本程序），用 Java 语言编写了一个如例程 1-1 所示的 Java 源程序，文件名为 Monkey.java。

例程 1-1　Monkey.java

```
public class Monkey{    //定义代表花果山猴类的 Monkey 类
   String name; //定义名字属性

   public Monkey(){}    //不带参数的构造方法

   public Monkey(String name){    //带参数的构造方法
      this.name=name;    //设置 Monkey 对象的 name 属性
   }

   public void speak(){    //定义模拟猴子说话的 speak()方法
      //猴子给大家打招呼
      System.out.println("大家好，我是"+name);
```

```
        }
    }
```

在这个 Monkey.java 文件中定义了一个 Monkey 类，它代表花果山上的猴类。Monkey.java 文件主要由以下内容构成：

(1) 类的声明语句：

```
public class Monkey{…}
```

以上代码指明类的名字为"Monkey"，public 修饰符意味着这个类可以被公开访问。类的主体内容都位于大括号"{}"内。

在本书中，"声明"和"定义"有着相同的含义。例如，"声明 Monkey 类"和"定义 Monkey 类"的意思相同；"声明 name 变量"和"定义 name 变量"的意思也相同。

(2) 类的属性（也称为成员变量）的声明语句：

```
String name;
```

所有的猴子都有名字，用 Monkey 类的 name 属性来表示。name 属性为 String 字符串类型。

(3) 方法的声明语句和方法主体：

```
public void speak(){
    System.out.println("大家好，我是"+name);
}
```

所有的猴子都具有说话的行为，Monkey 类的 speak()方法就用来模拟猴子说话的行为。speak()方法的大括号中的内容称为方法主体，以上方法主体中程序代码的作用是打印"大家好，我是 XXX"。

Java 语言是区分大小写的。例如"Monkey"和"monkey"是两个不同的名字。如果读者要重新编写 monkey 类的源代码，要注意不要混淆代码中字符的大小写。

Monkey.java 文件中以"//"开头的文字代表注释，它不是程序代码，而是用于解释说明程序代码，从而便于编程人员理解程序代码。对于 Monkey.java 文件中 public 和 static 等修饰符，暂且不用细究它们的用途。到目前为止，读者只要大致了解 Monkey 类主要由 name 属性和 speak()方法构成就行了。

1.3.2 创建 Monkey 对象

在上一节，悟空已经定义了一个 Monkey 类。这个 Monkey 类是所有猴子的模板，每个猴子都是 Monkey 类的一个实例，例如猴子智多星就是 Monkey 类的一个具体实例。Monkey 类具有 name 属性和 speak()方法，那么依照 Monkey 类模板生成的所有 Monkey 实例也会具有 name 属性和 speak()方法。例如猴子智多星的 name 属性的值为"智多星"，speak()方法的作用是打印字符串"大家好，我是智多星"。

类的实例也叫作对象，对象是对现实世界中各种实体的模拟。以下 Java 程序代码创建了一个代表智多星的 Monkey 对象：

```
//定义一个 Monkey 类型的引用变量 m
Monkey m;
//创建一个代表智多星的 Monkey 对象，并且使引用变量 m 引用这个对象
m=new Monkey("智多星");
```

以上程序的第二行代码通过 new 语句创建了一个 Monkey 对象，并且使引用变量 *m* 引用这个对象。本书第 4 章的 4.4.3 节（用 new 关键字创建对象）进一步介绍了 new 语句的作用。如图 1-7 所示，当程序运行时，这个用 new 语句创建的 Monkey 对象位于计算机的内存中，它占用了一定的内存空间。变量 *m* 引用这个 Monkey 对象：

图 1-7　变量 *m* 引用内存中的 Monkey 对象

提示

内存用来存放计算机在执行程序时所处理的数据。例如计算机执行 "100+200" 的数学运算时，数据 100、200，以及运算结果 300 都会先后存放在内存中。当程序运行结束时，与该程序相关的数据就会被全部清除，从而及时释放这些数据占用的内存空间。Java 作为面向对象的编程语言，所处理的数据主要以对象及其属性等形式存在。当 Java 程序运行时，对象存在于内存中。

new 语句会调用 Monkey 类的构造方法，"new Monkey("智多星")" 语句调用 Monkey 类的带参数的 Monkey(String name) 构造方法，该构造方法把参数 "智多星" 赋值给 Monkey 对象的 name 属性：

```
public Monkey(String name){   //带参数的构造方法
  this.name=name;   //设置 Monkey 对象的 name 属性
}
```

Monkey 类还有一个不带参数的构造方法：

```
public Monkey(){}   //不带参数的构造方法
```

以下程序通过不带参数的构造方法创建 Monkey 对象：

```
m=new Monkey();   //通过不带参数的构造方法创建 Monkey 对象
m.name="智多星";  //设置 Monkey 对象的 name 属性
```

Monkey 对象创建好以后，就可以调用它的方法。以下程序代码调用 Monkey 对象的 speak() 方法，来模拟智多星说话：

```
m.speak();
```

由于变量 *m* 引用代表智多星的 Monkey 对象，因此 "*m*.speak()" 就会调用代表智多星的 Monkey 对象的 speak() 方法。

以下程序代码创建了两个 Monkey 对象，分别代表猴子智多星和猴子小不点，然

后再分别调用它们的 speak()方法：

```
Monkey m1=new Monkey("智多星");
Monkey m2=new Monkey("小不点");
m1.speak(); //智多星说话：大家好，我是智多星
m2.speak(); //小不点说话：大家好，我是小不点
```

以上程序在内存中创建了如图 1-8 所示的两个 Monkey 对象，它们都依据 Monkey 类模板生成，分别具有不同的 name 属性。引用变量 $m1$ 和 $m2$ 分别引用这两个 Monkey 对象。

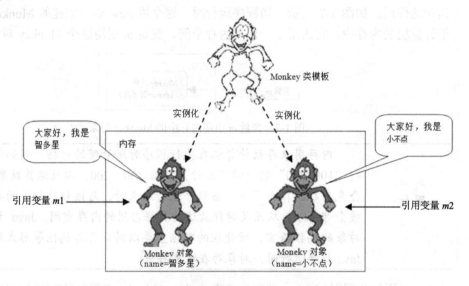

图 1-8 依据 Monkey 类模板创建两个 Monkey 对象

1.3.3 程序入口 main()方法

Java 源程序中包含许多代码，当程序运行时，到底从哪一行代码开始运行呢？Java 语言规定，以 main()方法作为程序的入口。所有的 Java 程序都是从 main()方法开始运行的。悟空在 Monkey 类的末尾增加了一个作为程序入口的 main()方法：

```
public class Monkey{
   ...
   public static void main(String[] args) {
      Monkey m=new Monkey("智多星");   //创建代表智多星的 Monkey 对象
      m.speak();   //智多星说话
   }
}
```

以上 args 是 main()方法的参数，它属于 String 数组类型（String[]），第 17 章的 17.3 节（创建数组对象）顺带介绍了这个方法参数的用法。

作为程序入口的 main()方法必须同时符合以下 4 个条件：

- 必须使用 public 修饰符。
- 必须使用 static 修饰符。

- 必须有一个 String 数组类型的参数。
- 返回类型为 void。void 表示方法没有返回值。

在类中可以通过重载的方式提供多个不作为应用程序入口的 main()方法。关于方法重载的概念参见本书第 7 章的 7.2 节（方法重载）。例如在以下例程 1-2 的 Tester 类中声明了多个 main()方法。

例程 1-2　Tester.java

```
public class Tester {
    /** 程序入口 main 方法 */
    public static void main(String args[]){…}

    /** 非程序入口 main 方法 */
    public static void main(String arg) {…}
    private int main(int arg) {…}
}
```

例程 1-2 的 Tester 类中包含三个 main()方法，第一个方法是作为程序入口的方法，其他两个方法是合法的普通方法，但不能作为程序入口。

在本书中，"合法"与"非法"是专有名词。"合法"是指程序代码正确，可以通过编译；"非法"是指程序代码有语法错误，无法通过编译。

1.4　编译和运行 Java 程序

现在，悟空已经创建了 Monkey.java 源程序。接下来，悟空要把它编译为 Monkey.class 类文件，然后再拜托 Java 虚拟机来运行这个 Monkey 类。如图 1-9 所示，编译 Java 源程序需要有专门的 Java 编译器程序，运行 Java 程序需要有 Java 虚拟机程序。那么 Java 编译器程序和 Java 虚拟机程序在哪里呢？答案是：在 JDK 里面。

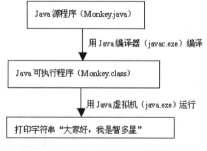

图 1-9　编译和运行 Java 程序

1.4.1　JDK 简介

Java 开发工具包（Java Development Kit，JDK）由 Oracle 公司提供。它为 Java 程

序提供了基本的开发和运行环境。JDK 还可以称为 Java 标准开发环境（Java Standard Edition，JavaSE）。JDK 的官方下载地址为：http://www.oracle.com/technetwork/java/javase/downloads/index.htm。

为了便于读者下载到与本书配套的 JDK 软件，在本书的技术支持网站 JavaThinker.net 上也提供了该软件的下载：http://www.javathinker.net/download.jsp。

JDK 主要包括以下内容：
- Java 虚拟机程序：负责解析和运行 Java 程序。在各种操作系统平台上都有相应的 Java 虚拟机程序。在 Windows 操作系统中，该程序对应的文件为：JDK 的安装根目录\bin\java.exe。
- Java 编译器程序：负责编译 Java 源程序。在 Windows 操作系统中，该程序对应的文件为：JDK 的安装根目录\bin\javac.exe。
- JDK 类库：提供了编写 Java 程序所需要的最基础的 Java 类及各种实用类。java.lang、java.io、java.util、java.awt 和 javax.swing 包中的类都位于 JDK 类库中。关于 Java 包的概念参见第 2 章的 2.5 节（包声明语句）。

假设 JDK 安装到本地后的根目录为 C:\jdk，在 C:\jdk\bin 目录下有 java.exe 和 javac.exe 两文件，它们分别为 Java 虚拟机程序和 Java 编译器程序。

为了便于在 DOS 命令行下直接运行 Java 虚拟机程序和 Java 编译器程序，可以把 C:\jdk\bin 目录添加到操作系统的 Path 系统环境变量中。在 Windows 操作系统中，选择【控制面板】→【系统和安全】→【系统】→【高级系统设置】→【环境变量】命令。接下来就可以编辑 Path 系统环境变量了，如图 1-10 所示。

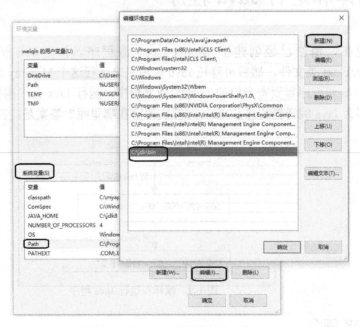

图 1-10　在操作系统的 Path 系统变量中添加 C:\jdk\bin 目录

1.4.2 本范例的目录结构

本章范例位于 chapter01 目录下，读者可以把 chapter01 目录复制到本地硬盘的 C:\ 目录下。为了便于管理 Java 源文件及 Java 类文件，悟空决定把所有的 Java 源文件放在 src 子目录下，把编译生成的所有的 Java 类文件放在 classes 目录下，如图 1-11 所示。

图 1-11　本范例的目录结构

1.4.3 编译 Java 源程序

JDK 中的 javac.exe 为 Java 编译器程序，可以在 DOS 控制台中运行该 Java 编译器程序。如图 1-12 所示，在 Windows 操作系统中选择【开始】→【运行】命令，然后输入 "cmd" 命令，就会打开一个 DOS 控制台。在 DOS 命令行中，在同一行输入以下用于运行 javac.exe 程序的命令：

```
javac -sourcepath C:\chapter01\src
      -d C:\chapter01\classes
      C:\chapter01\src\Monkey.java
```

以上 javac 命令包含以下内容：

- -sourcepath 选项：用于设定 Java 源文件所在的目录，此处为 C:\chapter01\src 目录。-sourcepath 选项的默认值为 DOS 命令行的当前目录。
- -d 选项：用于指定编译生成的 Java 类文件的存放目录，此处为 C:\chapter01\classes 目录。-d 选项的默认值为 DOS 命令行的当前目录。
- 待编译的 Java 源文件：此处为 C:\chapter01\src\Monkey.java 文件。

以上 javac 命令将对 C:\chapter01\src\ Monkey.java 源文件进行编译。先对该文件进行 Java 语法检查，如果发现错误，就停止编译，并返回错误信息。如果 Monkey.java 源文件中无语法错误，就会生成 Monkey.class 文件，并把它存放在 C:\chapter01\classes 目录下。

图 1-12　在 Windows 中用 "cmd" 命令打开 DOS 控制台

如果 DOS 控制台无法识别 javac 命令，那么说明事先没有把 C:\jdk\bin 目录添加到 Path 系统环境变量中。此时，必须在 DOS 命令行中显式指定地 javac 命令所在的目录：

```
C:\jdk\bin\javac -sourcepath C:\chapter01\src
-d C:\chapter01\classes   C:\chapter01\src\Monkey.java
```

此外，也可以在 DOS 命令行设置当前的 path 环境变量，这个 path 环境变量只对当前打开的 DOS 控制台有效。在 DOS 控制台输入以下命令即可：

```
set path=C:\jdk\bin;%path%
```

1.4.4　运行 Java 程序

本章 1.2 节已经讲过，Java 程序必须依靠 Java 虚拟机才能运行，而 JDK 中的 java.exe 程序就是 Java 虚拟机程序。在 DOS 命令行下，输入以下用于运行 java.exe 程序的命令：

```
java –classpath C:\chapter01\classes   Monkey
```

以上 java 命令包含以下内容：

- -classpath 选项：用来设置 classpath，该选项的默认值为当前路径。在运行 Java 程序时，很重要的一个环节是设置 classpath，classpath 代表 Java 类的根路径，Java 虚拟机会从 classpath 中寻找所需 Java 类的 .class 文件。在本例中，classpath 选项的值为 C:\chapter01\classes。
- 待运行的 Java 类：此处为 Monkey 类。

以上 java 命令将会启动 Java 虚拟机，Java 虚拟机会从 C:\chapter01\classes 目录下找到 Monkey.class 类文件，然后运行 Monkey 类，执行它的如下 main() 方法：

```
public static void main(String[] args) {
//创建代表智多星的 Monkey 对象
Monkey m=new Monkey("智多星");
//智多星说话
m.speak();
}
```

悟空把智多星叫过来，指着如图 1-13 所示的程序运行结果，对智多星说："你看，计算机里的那个虚拟智多星在学你说话呢。"智多星对悟空佩服得五体投地，赞叹道："孙爷爷，没想到这愣头计算机也能轻而易举地变出我的化身，这和爷爷您身上的猴毛有异曲同工之妙啊。"

图 1-13 运行 Monkey 类的打印结果

不过，调皮的智多星很快就意识到，计算机里的虚拟智多星看不见摸不着，要是有个模样就更好玩了。在本书第 22 章的 22.5 节（创建动画），悟空将运用 GUI 编程，创建一个有模有样的虚拟智多星，来满足智多星的心愿。

悟空觉得每次用 java 命令运行 Monkey 类时，都要通过-classpath 选项设置 classpath 有点麻烦。因此他运用"set classpath"命令在当前 DOS 控制台先设置了 classpath，接下来在使用 java 命令时，就不用再设置 classpath 了：

```
C:\> set classpath=C:\chapter01\classes
C:\> java Monkey
```

以上"set classpath"命令只对当前 DOS 控制台有效。如果重新打开 DOS 控制台，还需重新执行该命令。

1.4.5 创建用于编译和运行 Java 程序的批处理文件

每次编译或运行 Java 程序时，都要在 DOS 命令行中输入很长的 javac 或 java 命令，悟空觉得太麻烦，就编写了一个适用于 Windows 操作系统的批处理文件 build.bat，它的内容如下：

```
set currpath=.\
if "%OS%" == "Windows_NT" set currpath=%~dp0%

set src=%currpath%src
set dest=%currpath%classes
set classpath=%dest%

javac  -sourcepath %src%  -d %dest% %src%\Monkey.java
java -classpath %classpath% Monkey
```

以上 build.bat 批处理文件包含了 javac 命令和 java 命令。build.bat 批处理文件位于 chapter01 根目录下。只要运行这个批处理文件，就会编译并运行 Monkey 类。本书后面章节的范例中都提供了 build.bat 批处理文件。如果要编译特定目录下的所有 Java 源文件，可以采用以下方式：

```
javac  -sourcepath %src%   -d %dest% %src%\*.java
```

1.5 用 JDeveloper 软件来开发 Java 应用

在开发实际 Java 应用时，一个应用中会包含很多 Java 类，其中有一个类是启动类。运行整个应用，会从这个启动类的程序入口 main()方法开始运行。为了便于管理、编译和调试 Java 应用，可以采用专业的 Java 开发工具来开发 Java 应用。本章会介绍 JDeveloper 开发工具的用法。在第 2 章的 2.13 节（用 Eclipse 来编译和运行本章范例），还会介绍目前广泛使用的 Eclipse 开发工具的用法。读者可以根据自己的喜好选择其中的一个来作为 Java 开发工具。

　　JDeveloper 是一个小巧轻便的免费 Java 开发工具，很适合 Java 初学者使用。JDeveloper 由 Oracle 公司开发，可以在它的官方网站（www.oracle.com）上下载该软件。此外，在本书的技术支持网站 JavaThinker.net 上也提供了该软件的下载：http://www.javathinker.net/download.jsp。

　　JDeveloper 建立在 JDK 基础上，因此，在安装 JDeveloper 之前，要确保已经安装了 JDK。下载了 JDeveloper 软件后，把压缩文件解压到本地机器，然后运行其中的 jdeveloper.exe 可执行程序，就打开了 JDeveloper 软件。在首次打开该软件时，需要在弹出的提示窗口中设置本地机器上的 JDK 的安装根目录。JDeveloper 会利用 JDK 来编译和运行 Java 程序。

　　JDeveloper 把一个 Java 应用（Application）看作由一个或多个项目（Project）组成，每个项目中包含一组相关的 Java 类。

　　下面介绍用 JDeveloper 来编译和运行本章范例程序的步骤。

（1）在 C:\目录下创建 myapp 目录，再把 chapter01 目录复制到 C:\myapp 目录下。

（2）在 JDeveloper 中选择【Application】→【New】命令，创建一个新的应用。把应用的名字设为"myapp"，把应用的根目录设为"C:\myapp"，如图 1-14 所示。

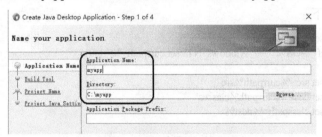

图 1-14　设置应用的名字和根目录

（3）在图 1-14 中选择"Project Name"栏目，把项目的名字设为"chapter01"，把项目的根目录设为"C:\myapp\chapter01"，如图 1-15 所示。

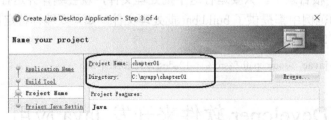

图 1-15　设置项目的名字和根目录

（4）在图 1-15 中选择"Project Java Settings"栏目，把项目的默认包（Default Package）设为""，把 Java 源文件路径（Java Source Path）设为"C:\myapp\chapter01\src"，把 Java 类文件路径（Output Directory）设为"C:\myapp\chapter01\classes"，如图 1-16

所示。这样设置好以后，JDeveloper 会把编译生成的类文件都存放在"C:\myapp\chapter01\classes"目录下。

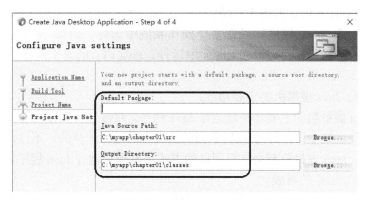

图 1-16 设置项目的一些属性

（5）在 JDeveloper 中选择【Build】→【Make chapter01.jpr】命令，对 chapter01 项目进行编译。

（6）在 JDeveloper 中选择【Run】→【Run chapter01.jpr】命令，运行 chapter01 项目。在弹出的窗口中把启动类设置为"C:\myapp\chapter01\classes\Monkey.class"，参如图 1-17 所示。运行 Monkey 类，会得到如图 1-18 所示的打印结果。

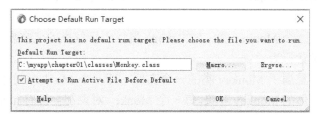

图 1-17 把 Monkey.class 设为启动类

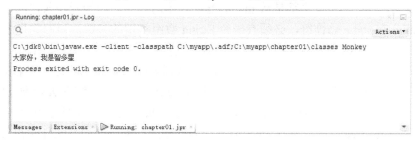

图 1-18 运行 Monkey 类的打印结果

1.6 小结

本章涉及的 Java 知识点总结如下：
（1）程序的运行原理。

编程人员用高级编程语言编写出源程序，把它编译为可执行程序，然后在操作系统中运行可执行程序。

（2）Java 语言的跨平台特性。

同一个 Java 程序可以在多个操作系统中运行。例如 Monkey.class 类既可以在 Windows 中运行，也可以在 Linux 中运行。Java 语言的跨平台特性主要归功于 Java 虚拟机。

（3）Java 虚拟机的主要功能。

Java 虚拟机的主要功能是运行 Java 程序。Java 虚拟机本身也是可执行程序，在不同的操作系统中，Java 虚拟机本身的实现方式是不一样的。不过，不管是在哪个操作系统中，Java 虚拟机都会按照同样的方式来解析和运行 Java 程序。

（4）JDK 的组成。

JDK 主要由 Java 虚拟机程序（对应 java.exe）、Java 编译器程序（对应 javac.exe）和 JDK 类库组成。JDK 类库提供了最基础的 Java 类及各种实用类。

（5）Java 语言的面向对象的基本思想。

程序是对现实世界的模拟，进行 Java 编程时，按照如下思维过程来模拟现实世界：
①首先识别出待模拟的实体，比如猴子智多星就是待模拟的实体。
②从待模拟的实体中抽象出所属的类，比如智多星属于猴类（Monkey）。
③根据应用需求，分析实体所属的类具有的属性和行为，比如猴类有名字属性和说话行为。
④创建一个 Monkey 类，它的 name 属性表示猴类的名字属性，它的 speak() 方法模拟猴类的说话行为。
⑤智多星属于 Monkey 类的一个实例，即一个 Monkey 对象。Java 语言用 new 语句来创建具体的 Monkey 对象。每一个 Monkey 对象都会拥有 name 属性和 speak() 方法。

（6）Java 程序的入口 main() 方法。

所有的 Java 程序都是从 main() 方法开始运行的。作为程序入口的 main() 方法采用 public 和 static 修饰符，必须有一个 String 数组类型的参数，返回类型为 void。

（7）Java 程序的创建、编译和运行过程。

编程人员先用 Java 语言编写源程序，源程序是以 ".java" 为扩展名的 Java 源文件。接下来用 Java 编译器（对应 JDK 中的 javac.exe 程序）来编译 Java 源程序，编译生成以 ".class" 为扩展名的 Java 类文件。最后用 Java 虚拟机（对应 JDK 中的 java.exe 程序）来运行 Java 类，从该 Java 类中作为程序入口的 main() 方法开始执行。

1.7　编程实战：八戒用餐怀感恩

且说猪八戒西天取经得道后，变得文雅多了。吃饭时不会再迫不及待地风卷残云，而是先恭敬地唱感恩歌："粒米杯汤盘中蔬，得来不易历艰辛，细嚼慢品用心尝，感谢天下众生恩。"八戒的儿孙们亦如此用餐。

本书每一章都提供了编程实战题。建议读者首先尝试自己独立完成题目。当遇到困难时,再参考书中给出的"编程提示"。这样更有助于快速提高实际编程能力。

请参照本章的 Monkey 范例,依葫芦画瓢编写一个代表猪的 Pig 类,猪有名字,还有文雅用餐的行为。再在 Pig 类的程序入口 main()方法中创建一个名叫"猪八戒"的猪对象,并请它用餐。编译并运行这个程序。

编程提示

猪文雅用餐的行为可以用一个 eat()方法来实现,以下例程 1-3 是 Pig 类的源程序。

例程 1-3　Pig.java

```java
public class Pig{    //定义代表猪的 Pig 类
  String name; //定义名字属性

  public Pig(){}    //不带参数的构造方法

  public Pig(String name){    //带参数的构造方法
     this.name=name;    //设置 Pig 对象的 name 属性
  }

  public void eat(){    //定义模拟猪用餐的 eat()方法
    //唱感恩歌
    System.out.println("粒米杯汤盘中蔬,得来不易历艰辛,"
                     +"细嚼慢品用心尝,感谢天下众生恩");
  }

  public static void main(String[] args) {
    Pig pig=new Pig("猪八戒");   //创建代表猪八戒的 Pig 对象
    pig.eat();   //猪八戒用餐
  }
}
```

第 2 章 基本语法了如指掌

在第 1 章，悟空用 Java 语言编写了一个 Monkey 类，并且创建了一个代表智多星的 Monkey 对象。别看悟空编写 Monkey 类轻轻松松，可 Java 初学者如果想独立地编写一个小程序，到目前为止，肯定还是磕磕碰碰、一知半解的。

Monkey 类是在 Monkey.java 源文件中定义的，本章将逐个字眼地把 Monkey.java 源文件从头到脚细凑一遍，看看它到底是如何编写出来的。

本章内容主要围绕以下问题展开：
- Monkey.java 源文件中涉及了哪些 Java 语法？
- 什么是标识符和关键字？定义标识符要遵循哪些规则？
- 如何定义 Java 包和注释？如何在一个类中引入 Java 包？
- JavaDoc 文档有什么作用？

学习了本章内容，读者就可以胸有成竹地独立创建简单的 Java 程序了。为了便于演示 Java 语言的一些特性，本章把第 1 章创建的 Monkey 类拆分为 Monkey 类（参见 2.6 节的例程 2-2）和 AppMain（参见 2.6 节的例程 2-3）类，它们分别对应 Monkey.java 和 AppMain.java 源文件中。原先 Monkey 类中的程序入口 main() 方法被挪到了 AppMain 类中。

2.1 Java 源文件结构

一个 Java 程序可以包含一个或多个 Java 源文件，Java 源文件以".java"作为扩展名。每个 Java 源文件只能包含下列内容（空格和注释忽略不计）：
- 零个或一个包声明语句（Package Statement）。
- 零个或多个包引入语句（Import Statement）。
- 零个或多个类的声明（Class Declaration）。

每个 Java 源文件可包含多个类的定义，但是最多只有一个类是 public 的，而且 Java 源文件必须以其中 public 类型的类的名字命名。

例如，在 Monkey.java 文件中定义了 public 类型的 Monkey 类，因此该文件以 Monkey 类的名字命名。同理，在 AppMain.java 文件中定义了 public 类型的 AppMain 类，因此该文件以 AppMain 类的名字命名。

以下例程 2-1 的 Tester.java 文件中同时声明了 Tester 类、Sample1 类和 Sample2 类，只有 Tester 类为 public 类型，那么该文件应该以 Tester 类的名字命名。如果把 Tester.java 文件重命名为 Sample1.java，那么会导致编译错误。

例程 2-1　Tester.java（源文件以 public 类型的 Tester 类的名字命名）

```
public class Tester{…}
class Sample1{…}
class Sample2{…}
```

2.2　关键字

　　Java 语言的关键字是程序代码中的特殊字符，它们有着特定的含义。例如在 Monkey.java 文件中，public、class、this 和 void 等都是关键字：

```
/** 以下粗体字部分都是关键字 */
public class Monkey{
  String name;
  public Monkey(){ }

  public Monkey(String name){
    this.name=name;
  }

  public void speak(){
    System.out.println("大家好，我是"+name);
  }
}
```

　　Java 语言的关键字包括：abstract、boolean、break、byte、case、catch、char、class、continue、default、do、double、else、extends、false、final、finally、float、for、if、implements、import、instanceof、int、interface、long、native、new、null、package、private、protected、public、return、short、static、super、switch、synchronized、this、throw、throws、transient、true、try、void、volatile、while。

　　以上每个关键字都有特殊的作用，例如，package 关键字用于包的声明，import 关键字用于引入包，class 关键字用于类的声明，void 关键字表示方法没有返回值。现在，悟空对许多关键字都很陌生，等到完全掌握了 Java 语言，就会对这些关键字的用法如数家珍了。本书的后面章节会陆续介绍各个关键字的作用。

　　使用 Java 语言的关键字时，有以下值得注意的地方：
- 所有的关键字都是小写的。
- 程序中的标识符不能以关键字命名。关于标识符的概念参见本章 2.3 节（标识符）。

　　例如，悟空有一次编写了一个名为"super"的类，结果编译出错，错误原因是不能把关键字"super"作为类的名字：

```
public class super{…}// 编译出错，super 是关键字，不能作为类的名字
```

2.3 标识符

标识符是指程序中包、类、变量或方法的名字。例如，在 Monkey.java 文件中，Monkey、name 和 speak 等都是标识符：

```
/*以下粗体字部分都是标识符 */
public class Monkey{
  String name;

  public Monkey(){}

  public Monkey(String name){
    this.name=name;
  }

  public void speak(){
    System.out.println("大家好，我是"+name);
  }
}
```

Java 关键字是 Java 语言固有的特殊字符串，而标识符则是由编程人员自己随意命名的。例如，悟空可以把用于模拟猴子说话行为的方法命名为 speak()，也可以命名为 say()。不过，编程人员给标识符命名时，也不能太随心所欲，必须符合以下命名规则，否则就会导致编译错误：

- 标识符的首字符必须是字母、下画线_、符号$或者符号¥。
- 标识符由数字（0~9）、从 A~Z 的大写字母、a~z 的小写字母、下画线_，以及美元符$等组成。
- 不能把关键字作为标识符。
- 标识符是大小写敏感的，这意味着 hello、Hello 和 HELLO 是三个不同的标识符。

表 2-1 是一个正误对照表，列举了一些合法标识符和非法标识符。如果程序代码中包含非法标识符，会导致编译错误。

表 2-1　标识符正误对照表

合法标识符	非法标识符	说明
monkey	monkey#	标识符中不能包含"#"
GROUP_7	7GROUP	标识符不能以数字符号开头
openDoor	open-door	标识符中不能包含"-"
boolean1	boolean	boolean 是关键字，不能用关键字做标识符

2.4 Java 语言大小写敏感

Java 语言是区分大小写的，这意味着"Public"和"public"，以及"Monkey"和"monkey"，在 Java 语言看来，都是不同的字符串。

有一次，悟空编写了一个看似很完美的 Monkey 类，可是一到编译就出错，悟空检查了无数遍程序，还是找不到错误，悟空气得差点要一拳砸晕计算机。幸亏智多星提醒悟空是否程序中大小写有误，悟空才找到了错误原因。悟空编写的程序如下：

```
Public class Monkey{    // "Public"应该改为"public"
   string name; //"string"应该改为"String"

   public monkey(){}    //"monkey"应该改为"Monkey"

   public monkey(String name){   //"monkey"应该改为"Monkey"
      this.name=name;
   }
   public void speak(){
      System.out.println("大家好，我是"+Name); //"Name"应该改为"name"
   }
}
```

真是差之毫厘，谬以千里。随意改变了程序中单词的大小写，程序就无法通过编译。即使悟空有威震四方的金箍棒，人家 Java 编译器也不会买他的账。

2.5 包声明语句

在实际生活中，包可以用来分门别类地存放各种物品，例如钱放在钱包里，重要物品放在手提包里，非重要物品放在行李包里。当一个 Java 程序包含许多类时，为了便于管理和组织这些类，也可以把它们分门别类地放在不同的"包"中。

尽管悟空才定义了屈指可数的几个类，但是他高瞻远瞩，考虑到以后还会定义越来越多的类，为了便于管理这些类，悟空打算把 Monkey 类放到 hgs.angel 包（hgs 是 huaguoshan 的缩写）中。悟空用"package"关键字来声明 Monkey 类位于 hgs.angel 包中：

```
package hgs.angel;//包声明语句
public class Monkey{…}
```

在一个 Java 源文件中，最多只能有一个 package 语句，但 package 语句不是必需的。如果没有提供 package 语句，就表明 Java 类位于默认包中，默认包没有名字。第 1 章定义的 Monkey 类就位于默认包中。

package 语句必须位于 Java 源文件的第一行（忽略注释行）。例如，以下三段代码均表示 Tester.java 源文件的代码，其中第一段和第二段是合法的，而第三段会导致编译错误。第一段和第二段代码表明，Tester 类和 Sample 类都位于 mypack 包中。

第一段代码（合法）：

```
/** 这是注释行 */
package mypack;
public class Tester{...}
class Sample{...}
```

第二段代码（合法）：

```
package mypack;
public class Tester{...}
class Sample{...}
```

第三段代码（非法）：

```
public class Tester{...}
package mypack;          //包声明语句没有位于 Java 源文件的第一行
class Sample{...}
```

1．包的命名规范

包的名字作为标识符，通常采用小写，包名中可以包含以下信息：

● 类的创建者或拥有者的信息。
● 类所属的软件项目的信息。
● 类在具体软件项目中所处的位置。

例如，假设有一个 Book 类的完整类名为 net.javathinker.bookstore.data.Book 类，其中"net.javathinker.bookstore.data"是包的名字。从这个完整类名中可以看出，Book 类由 JavaThinker 网络组织开发，属于 bookstore 项目，位于 bookstore 项目的 data 子包中。

包的命名规范实际上采用了 Internet 网上 URL 命名规范的反转形式。例如在 Internet 网上网址的常见形式为：http://bookstore.javathinker.net，而 Java 包名的形式则为：net.javathinker.bookstore。

值得注意的是，Java 语言并不强迫包名必须符合以上规范。不过，以上命名规范能帮助应用程序确立良好的编程风格。

在本书中，规则和规范有着不同的含义。规则是必须遵守的，否则会导致编译错误或运行时错误。规范是推荐遵守的，有助于确立良好的编程风格。

2．JDK 提供的 Java 基本包

悟空当年在西天取经路上之所以能克服重重困难，不仅因为他自身本领高强，还归功于他左右逢源，善于求人帮忙的智慧。佛祖、观音菩萨、铁扇公主和东海龙王等，都在关键时刻帮助过悟空。同样，每一个 Java 类如果孤军奋战，肯定能力有限，如果能善于求助其他 Java 类，就会如虎添翼，顺利完成复杂的任务。

事实上，每个 Java 类都不是孤零零的存在，它既可以访问程序员定义的其他 Java 类，还可以访问 JDK 提供的一些 Java 基本包中的类。JDK 中的 Java 基本包主要包括：

- java.lang 包：包含线程类（Thread）、异常类（Exception）、系统类（System）、整数类（Integer）和字符串类（String）等，这些类是编写 Java 程序经常用到的。这个包是 Java 虚拟机自动引入的包。也就是说，即使程序中没有提供"import java.lang.*"语句，这个包也会被自动引入。关于 import 语句的用法，本章下面一节会进行介绍。
- java.awt：抽象窗口工具箱包，awt 是"Abstract Window Toolkit"的缩写，这个包中包含了用于构建 GUI 图形用户界面的类及绘图类。
- java.io 包：输入/输出包，包含各种输入流类和输出流类，如文件输入流类（FileInputStream 类），以及文件输出流类（FileOutputStream）等。
- java.util 包：提供一些实用类，如日期类（Date）和集合类（Collection）等。

JDK 所有包中的类构成了 Java 类库，或者叫作 JavaSE API。JavaSE API 为程序员自定义的 Java 类提供了强大的后援。程序员创建的 Java 程序都依赖于 JavaSE API。例如，在 Monkey 类中，用到了 java.lang 包中的 System 类和 String 类。由于 java.lang 包是被自动引入的，所以在 Monkey 类中没有提供"import   java.lang.*"语句：

```
public class Monkey{
    String name;                                      //String 类位于 java.lang 包中

    public Monkey(){}

    public Monkey(String name){                       //String 类位于 java.lang 包中
        this.name=name;
    }

    public void speak(){
        System.out.println("大家好，我是"+name);        //System 类位于 java.lang 包中
    }
}
```

2.6 包引入语句

如果一个类访问了来自另一个包（java.lang 包除外）中的类，那么前者必须通过 import 语句把这个类引入。如图 2-1 所示，悟空把 AppMain 类和 Monkey 类分别放在不同的包中，其中 Monkey 类位于 hgs.angel 包中，参见例程 2-2，而 AppMain 类位于 hgs.main 包中，参见例程 2-3。

例程 2-2　Monkey.java

```
package hgs.angel;   //包声明语句
public class Monkey{
    String name;

    public Monkey(){}

    public Monkey(String name){
```

```
        this.name=name;
    }
    public void speak(){
        System.out.println("大家好，我是"+name);
    }
}
```

例程 2-3　AppMain.java

```
package hgs.main;                    //包声明语句
import hgs.angel.Monkey;             //包引入语句

public class AppMain{
    public static void main(String args[]){
        Monkey m=new Monkey("智多星");   //引用来自 hgs.angel 包的 Monkey 类
        m.speak();
    }
}
```

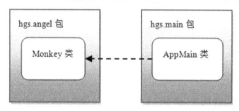

图 2-1　Monkey 类和 AppMain 类位于不同的包中

由于 AppMain 类的 main()方法会访问 Monkey 类，因此，AppMain 类通过 import 语句引入 Monkey 类：

  import hgs.angel.Monkey;

以上代码指明引入 hgs.angel 包中的 Monkey 类，Monkey 类的完整类名为 hgs.angel.Monkey。如果要引入 hgs.angel 包中所有的类，可以采用以下形式：

  import hgs.angel.*;

关于包的引入，有以下值得注意的地方：

（1）尽管包名中的符号"."能够体现各个包之间的层次结构，但是每个包都是独立的，顶层包不会包含子包中的类。例如以下 import 语句引入 hgs 包中的所有类：

  import hgs.*;

以上 import 语句会不会把 hgs 包及 hgs.angel 包中所有的类都引入呢？答案是否定的。如果希望同时引入这两个包中的类，必须采用以下方式：

  import hgs.*;
  import hgs.angel.*;

（2）package 和 import 语句的顺序是固定的，在 Java 源文件中，package 语句必须位于第一行（忽略注释行），其次是 import 语句，接着是类的声明，以下程序代码都是合法的：

```
package mypack;
import net.javathinker.*;
import net.javathinker.bookstore.*;
public class Tester{…}
```

或者：

```
//这是一行注释
package mypack;
import net.javathinker.*;
import net.javathinker.bookstore.*;
public class Tester{…}
```

以下程序代码是非法的：

```
import net.javathinker.*;
import net.javathinker.bookstore.*;
package mypack;          //非法，package 语句必须位于第 1 行
public class Tester{…}
import hgs.angel.*;      //非法，import 语句必须位于类声明语句的前面
```

2.7 方法的声明

类的方法用来模拟实体的特定行为。声明方法的语法为：

```
返回值类型 方法名（参数列表）{
    方法主体
}
```

方法名是任意合法的标识符。返回值类型是方法的返回数据的类型，如果返回值类型为 void，表示没有返回值。参数列表可包含零个或多个参数，参数之间以逗号","分开。以下是合法的方法声明：

```
void speak(){          //参数列表为空；没有返回值
  System.out.println("大家好，我是"+name);
}

//参数列表中包含两个参数；没有返回值
void speak(String word1, String word2){
  if(word1==null && word2==null)
    return;            //结束本方法的执行，方法中的后续代码都不会被执行
  if(word1!=null)
    System.out.println(word1);
  if(word2!=null)
    System.out.println(word2);
}

String getName(){      //参数列表为空；返回值为 String 类型
  return name;         //返回数据
}
```

如果方法的返回类型是 void，那么方法主体中可以没有 return 语句，如果有 return

语句，那么该 return 语句不允许返回数据；如果方法的返回类型不是 void，那么方法主体中必须包含 return 语句，而且 return 语句必须返回相应类型的数据。

return 语句有两个作用：

（1）结束执行本方法。例如对于 speak(String word1，String word2)方法，如果方法调用者传递的参数 word1 和 word2 都是 null，就立即结束本方法的执行：

```
if(word1==null && word2==null)
    return; //结束本方法的执行，方法中的后续代码都不会被执行
```

（2）向本方法的调用者返回数据。例如以下 add()方法用于进行加法运算，返回两个参数相加所得的和：

```
int add(int a, int b){
    return a+b;   //返回参数 a 和参数 b 相加所得的和
}
```

以下程序代码调用上述 add()方法，把 add()方法的运算结果赋值给变量 result：

```
int result=add(100,100);   //result 的值为 200
```

2.8 注释语句

注释语句用于解释程序代码的作用，能提高程序代码的可读性和可理解性。在 Java 源文件的任意位置，都可以加入注释语句，Java 编译器会忽略程序中的注释语句。Java 语言提供了三种形式的注释：

- //text：用于单行注释。从"//"到本行结束的所有字符均作为注释而被编译器忽略。
- /* text */：用于多行注释。从"/*"到"*/"间的所有字符会被编译器忽略。
- /** text */：用于多行注释。从"/**"到"*/"间的所有字符会被编译器忽略。

例如以下粗体字部分都是注释：

```
/**代表花果山猴类的 Monkey 类 */
public class Monkey{
    String name;

    public Monkey(){}

    public Monkey(String name){
        this.name=name;   //设置 Monkey 对象的 name 属性
    }

    public void speak(){
        /*
        猴子给大家打招呼，
        说"大家好，我是 XXX"
        */
        System.out.println("大家好，我是"+name);
    }
}
```

}

2.9 编程规范

所谓编程规范，就是大家约定俗成共同遵守的编程风格。在 Oracle 公司的官方网站上公布了 Java 编程规范，网址为：

http://www.oracle.com/technetwork/java/index-135089.html

编程规范的主要内容如下：
- 类名：首字母大写。如果类名由几个单词构成，那么每个单词的首字母大写，其余字母小写，例如：Monkey、SmartMonkey。
- 方法名和变量名：首字母小写。如果方法名或变量名由几个单词构成，那么除了第一个单词外，其余每个单词的首字母大写，其余字母小写，例如：name、speak、colorOfMonkey。如果变量名指代的实体的数量大于一，那么采用复数形式，例如：bothEyesOfMonkey、allChildren。
- 包名：采用小写形式，例如：hgs.angel、hgs.main。
- 常量名：采用大写形式，如果常量名由几个单词构成，那么单词之间以下划线"_"割开，利用下画线可以清晰地分开每个大写的单词。例如：

final String **DEFAULT_COLOR_OF_MONKEY** = "yellow";

本章 2.3 节提到的标识符的命名规则是必须遵守的，否则会导致编译错误。而编程规范是推荐遵守的编程习俗，即使不遵守以上编程规范，也不会导致编译错误。遵守编程规范，可以提高程序代码的可读性，避免发生同一个标识符的大小写不一致的错误。所以建议初学者刚开始编写 Java 程序时，就应该遵守编程规范。俗话说得好："良好的习惯，成功的一半。"

2.10 JavaDoc 文档

悟空打算以后在花果山组织一个 Java 开发团队，大伙合作开发一些有趣的 Java 应用。假设智多星编写了一个 Tool 类，小不点编写了一个 User 类，并且小不点要在 User 类中访问 Tool 类。小不点必须首先了解 Tool 类的用法。尽管通过阅读 Tool 类的源程序代码来了解 Tool 类的用法也是可行的，但比较费力。更为通用和便捷的做法是阅读 Tool 类的 JavaDoc 文档。

Java 类通过 JavaDoc 文档来对外公布自身的用法，JavaDoc 文档是基于 HTML 格式的帮助文档。例如图 2-2 为 JDK 的 Java 基本包中的 Object 类的 JavaDoc 文档，这一文档描述了 Object 类及它的各个方法的功能、用法及注意事项。在 Oracle 公司的官方网站上公布了 JDK 类库的 JavaDoc 文档：

http://docs.oracle.com/javase/9/docs/api/index.html

此外，在 Javathinker 网站（www.javathinker.net）的主页上也提供了最新版本的 JDK 类库的 JavaDoc 文档的下载超链接。

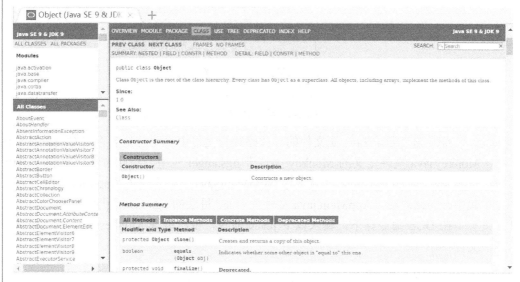

图 2-2　Object 类的 JavaDoc 文档

JavaDoc 文档是供 Java 编程人员阅读的，他们通过 JavaDoc 文档来了解其他人员开发的 Java 类的用法。Java 编程人员应该养成经常查阅 JavaDoc 文档的良好习惯。

那么，智多星如何为它的 Tool 类提供 HTML 格式的 JavaDoc 文档呢？手工编写 HTML 格式的 JavaDoc 文档显然是很费力的事。幸运的是，JDK 中提供了一个 javadoc.exe 程序，它能够识别 Java 源文件中符合特定规范的注释语句，根据这些注释语句自动生成 JavaDoc 文档。读者可以参考作者的另一本书《Java 面向对象编程》，来了解 JavaDoc 文档的创建方法，本书对此不再做赘述。

2.11　直接用 JDK 来编译和运行本章范例

本章范例包括 Monkey.java 和 AppMain.java 这两个 Java 源文件。如图 2-3 所示为编译之前本章范例的目录结构。

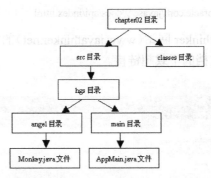

图 2-3 编译之前本范例的目录结构

Java 语言要求 Java 源文件的存放路径与文件中声明的包名存在对应关系。例如，Monkey.java 文件定义的 Monkey 类位于 hgs.angel 包中，与此对应，Monkey.java 文件位于 src 目录的 hgs\angel 子目录下。AppMain.java 文件定义的 AppMain 类位于 hgs.main 包中，与此对应，AppMain.java 文件位于 src 目录的 hgs\main 子目录下。

在 DOS 命令行下，输入以下 javac 命令，依次编译 Monkey.java 和 AppMain.java 文件：

```
javac -sourcepath C:\chapter02\src
 -d C:\chapter02\classes    C:\chapter02\src\hgs\angel\Monkey.java

javac -sourcepath C:\chapter02\src
 -d C:\chapter02\classes    C:\chapter02\src\hgs\main\AppMain.java
```

以上 javac 命令会编译生成 Monkey.class 文件和 AppMain.class 文件，并且会在 classes 目录下自动创建 hgs\angel 子目录和 hgs\main 子目录，Monkey.class 文件和 AppMain.class 文件分别位于这两个子目录下，如图 2-4 所示。由此可见，Java 类文件的存放路径与类的包名也存在对应关系。

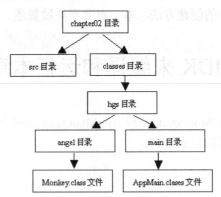

图 2-4 编译生成的类文件的存放路径

在 DOS 命令行下，输入以下 java 命令，就会运行 AppMain 类：

```
java –classpath C:\chapter02\classes    hgs.main.AppMain
```

由于 AppMain 类位于 hgs.main 包中，因此以上 java 命令必须提供 AppMain 类的完整类名：hgs.main.AppMain。Java 虚拟机将依据此完整类名，到 C:\chapter02\classes\

gs\main 目录中找到 AppMain.class 文件。

悟空最初并不知道 Java 源文件及类文件的存放路径与包名之间必须存在对应关系，常常随心所欲地改动这些文件的存放路径，结果在编译或运行 Java 类时，Java 编译器或 Java 虚拟机总是报错，说指定的文件不存在。后来，悟空确保 Java 源文件及类文件都按照与包名的对应关系各就其位，Java 编译器及 Java 虚拟机就很默契地找到这些文件了。

2.12 用 JDeveloper 来编译和运行本章范例

本节及下面一节会分别介绍用 JDeveloper 和 Eclipse 来开发本章范例。读者可以根据自己的喜好，选择其中一个开发工具来开发 Java 应用。

JDeveloper 把一个 Java 应用（Application）看作由一个或多个项目（Project）组成，每个项目中包含一组相关的 Java 类。第 1 章的 1.5 节（用 JDeveloper 软件来开发 Java 应用）已经在 JDeveloper 中创建了一个名为"myapp"的应用，它包含一个"chapter01"项目。

在这个"myapp"应用中再增加一个"chapter02"项目，把本章的范例加入到 chapter02 项目中，步骤如下：

（1）把 chapter02 目录复制到 C:\myapp 目录下。

（2）在 JDeveloper 中打开 myapp 应用，然后选择【File】→【New】→【Project】命令，创建一个名为"chapter02"的项目，如图 2-5 所示。

图 2-5　创建名为"chapter02"的项目

（3）在图 2-5 中选择"Project Java Settings"选项，设置 chapter02 项目的默认包、Java 源文件及编译生成的类文件的根路径，如图 2-6 所示。

图 2-6　设置 chapter02 项目的默认包、Java 源文件及类文件的根路径

（4）在 JDeveloper 窗口左侧的应用导航树中选择"chapter02"选项，然后单击鼠标右键，在弹出的快捷菜单中选择"Make chapter02.jpr"命令，编译 chapter02 项目中的所有 Java 源文件，如图 2-7 所示。

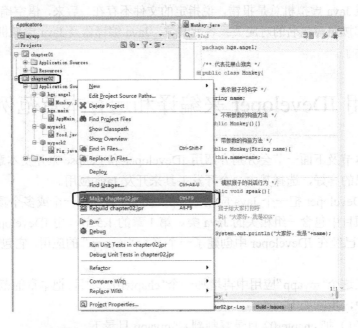

图 2-7　编译 chapter02 项目的所有 Java 源文件

如果想编译单个 Java 源文件，可以选择导航树中的特定源文件（例如 Monkey.java），然后单击鼠标右键，在弹出的快捷菜单中选择"Make"命令，就会编译这个类，如图 2-8 所示。

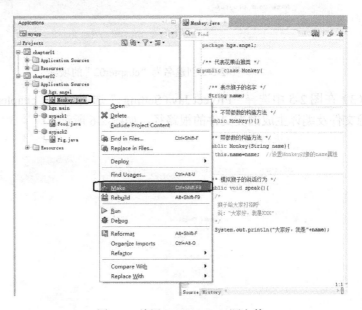

图 2-8　编译 Monkey.java 源文件

（5）选择导航树中的 AppMain.java，然后单击鼠标右键，在弹出的快捷菜单中选择"Run"命令，就会运行这个 AppMain 类，如图 2-9 所示。

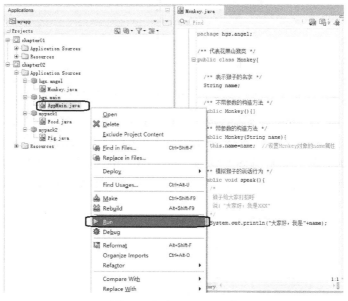

图 2-9　运行 AppMain 类

2.13　用 Eclipse 来编译和运行本章范例

Eclipse 是目前很流行的免费的 Java 开发工具，读者可以在它的官方网站（www.eclipse.org）上下载该软件。此外，在本书的技术支持网站 JavaThinker.net 上也提供了该软件的下载：http://www.javathinker.net/download.jsp。

Eclipse 建立在 JDK 基础上，因此，在安装 Eclipse 之前，要确保已经安装了 JDK。Eclipse 会利用 JDK 来编译和运行 Java 程序。

　　Eclipse 安装软件对 JDK 的版本有限制。例如，如果 Eclipse 安装软件需要 JDK8 或者 JDK7 版本的支持，而本地计算机上安装的是 JDK9，那么就无法成功安装 Eclipse。此时需要在本地计算机上重新安装相应版本的 JDK，才能安装 Eclipse。

Eclipse 把一个 Java 应用看作一个项目（Project），每个项目中包含一组相关的 Java 类。每个项目都位于特定的工作空间（Work Space）中。

下面介绍用 Eclipse 来编译和运行本章范例程序的步骤。

（1）把整个 chapter02 目录复制到在 C:\目录下。

（2）在 Eclipse 中选择【File】→【New】→【Java Project】命令，创建一个新的 Project。把 Project 的名字设为"chapter02"，把 Project 的根目录设为"C:\chapter02"，如图 2-10 所示。

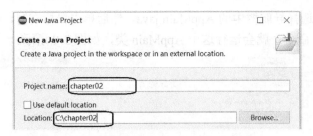

图 2-10 设置 Project 的名字和根目录

（3）在 Eclipse 中选择【Project】→【Properties】命令，在项目属性窗口中把 Java 源文件的根路径（Source folders on build path）设为"chapter02\src"，把 Java 类文件根路径（Default output folder）设为"chapter02\classes"，如图 2-11 所示。这样设置好以后，Eclipse 会把编译生成的类文件都存放在"C:\chapter02\classes"目录下。

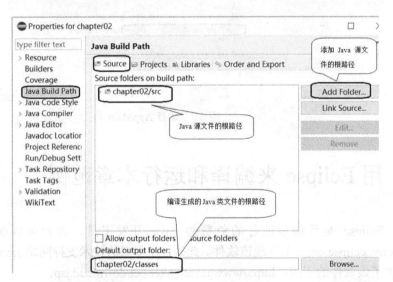

图 2-11 设置 Project 的 Java 源文件和类文件的根路径

（4）在 Eclipse 中选择【Project】→【Properties】命令，在项目属性窗口中设置（Run/Debug）属性，如图 2-12 和图 2-13 所示。在图 2-13 中，把 Project 的启动类设为 hgs.main.AppMain 类，这意味着运行该 Project 时，会从 hgs.main.AppMain 类的 main() 方法开始运行。

（5）在 Eclipse 中选择【Build】→【Build Project】命令，对 chapter02 项目进行编译。

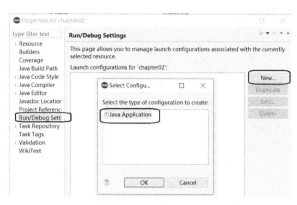

图 2-12　设置 Project 的 Run/Debug 属性

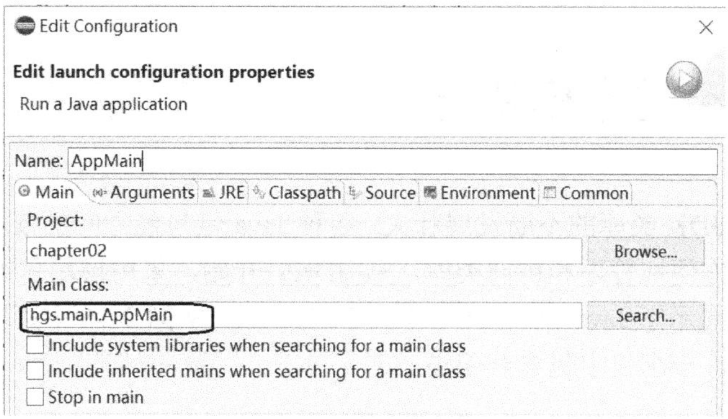

图 2-13　设置 Project 的启动类

（6）在 Eclipse 中选择【Run】→【Run Configurations】命令，运行 hgs.main.AppMain 类，得到如图 2-14 所示的打印结果。

图 2-14　运行 AppMain 类的打印结果

在 Eclipse 左侧的导航树中选择"AppMain.java"，单击鼠标右键，在弹出的快捷菜单中选择"Run As"命令，也会运行 AppMain 类，如图 2-15 所示。

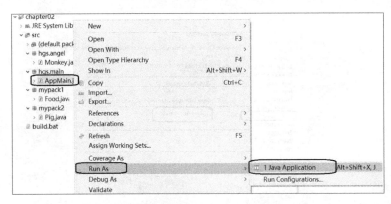

图 2-15　单独运行 AppMain 类

2.14　Java 类库模块化

随着 JDK 类库的不断发展壮大，各种 Java 包与包之间的依赖关系越来越复杂。为了便于更方便地管理和访问类库，从 JDK9 开始，采用模块化方式来管理类库。如图 2-16 所示显示了 Java 类、包和模块之间的关系。从图 2-16 中可以看出，一个模块中包含若干包，一个包中包含若干类。

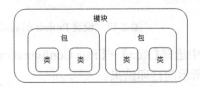

图 2-16　Java 类、包和模块之间的关系

JDK 的基本类库（包括 java.lang 包、java.io 包和 java.util 包等）都被划分到 java.base 模块中。对于程序员自定义的包，也可以把它们划分到自定义的模块中，并且在各个模块之间设置彼此的依赖关系。

如图 2-17 所示，可以把本章范例划分到两个模块中：moduleA 和 moduleB。

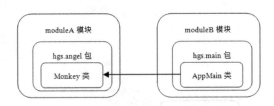

图 2-17　把本章范例划分到两个模块中

下面按照以下步骤来创建如图 2-17 所示的两个模块。

（1）创建如图 2-18 所示的目录结构。其中 moduleA\module-info.java 和 moduleB\module-info.java 文件分别用来声明 moduleA 模块和 moduleB 模块。

第 2 章 基本语法了如指掌

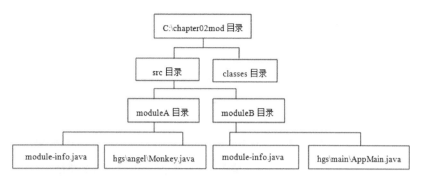

图 2-18 本范例的模块化的目录结构

在图 2-18 中，Monkey.java 文件的完整存放路径为：

C:\chapter02mod\src\moduleA\hgs\angel\Monkey.java

（2）在 moduleA\module-info.java 文件中加入以下内容：

module moduleA{
  exports hgs.angel;
}

以上文件定义了一个 moduleA 模块，并且声明这个模块中的 hgs.angel 包对外公开。

（3）在 moduleB\module-info.java 文件中加入以下内容：

module moduleB{
  requires moduleA;
}

以上文件定义了一个 moduleB 模块，并且声明这个模块需要访问 moduleA 模块。

（4）通过以下命令编译这两个模块中的所有 Java 类文件。javac 命令中的"--module-source-path"选项用来设定模块中的所有 Java 源文件的根路径：

```
javac --module-source-path C:\chapter02mod\src
    -d C:\chapter02mod\classes
    C:\chapter02mod\src\moduleA\module-info.java

javac --module-source-path C:\chapter02mod\src
    -d C:\chapter02mod\classes
    C:\chapter02mod\src\moduleA\hgs\angel\Monkey.java

javac --module-source-path C:\chapter02mod\src
    -d C:\chapter02mod\classes
    C:\chapter02mod\src\moduleB\module-info.java

javac --module-source-path C:\chapter02mod\src
    -d C:\chapter02mod\classes
    C:\chapter02mod\src\moduleB\hgs\main\AppMain.java
```

编译生成的所有类文件的路径如图 2-19 所示。

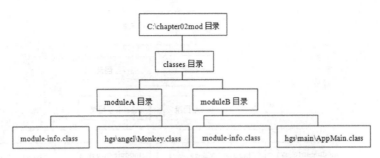

图 2-19　编译生成的两个模块的类文件的路径

以上 Monkey.class 类文件的完整路径为：

C:\chapter02mod\classes\moduleA\hgs\angel\Monkey.class。

（5）通过以下命令运行 moduleB 模块中的 hgs.main.AppMain 类：

java --module-path C:\chapter02mod\classes
-m moduleB/hgs.main.AppMain

以上命令中的"--module-path"选项用于指定模块中所有类的根路径，"-m"选项用于指定运行 moduleB 模块中的 hgs.main.AppMain 类。

2.15　使用 JShell 交互式编程界面

从 JDK9 开始，增加了一个 JShell 工具。在 JDK9 的安装目录的 bin 子目录下，有一个可执行程序 jshell.exe。在 DOS 中输入命令"jshell"，就会出现如图 2-20 所示的基于命令行的交互式编程界面。JShell 对 Java 初学者很有帮助，因为在 JShell 中不用编写完整的类，只要输入部分程序代码，JShell 就会立即执行这行程序代码。

图 2-20　JShell 的基于命令行的交互式界面

例如，在图 2-20 中，输入打印语句"System.out.println("大家好，我是智多星");"，JShell 就会立即执行这行打印语句。再例如，输入"1+2"，JShell 就会立即执行加法运算，并且打印运算结果："$2==>3"，其中"$2"是 JShell 生成的临时变量。

一、常见的 JShell 命令

在 JShell 中输入命令"/help"，就会显示各种 JShell 命令的用法：

```
jshell> /help
输入 Java 语言表达式，语句或声明。
或者输入以下命令之一：
/list [<名称或 id>-all-start]
    列出您输入的源
```

```
/edit <名称或 id>
      编辑按名称或 id 引用的源条目
/drop <名称或 id>
      删除按名称或 id 引用的源条目
/save [-all-history-start] <文件>
      将片段源保存到文件。
/open <file>
      打开文件作为源输入
/vars [<名称或 id>-all-start]
      列出已声明变量及其值
/methods [<名称或 id>-all-start]
      列出已声明方法及其签名
/types [<名称或 id>-all-start]
      列出已声明的类型
/imports
      列出导入的项
/exit
      退出 jshell
…
```

例如"/exit"命令会退出当前 JShell 程序。再例如,"/imports"命令会显示 JShell 已经导入的 Java 包:

```
jshell>import java.sql.*;
jshell> /imports
    import java.io.*
    import java.math.*
    import java.net.*
    import java.nio.file.*
    import java.util.*
    import java.util.concurrent.*
    import java.util.function.*
    import java.util.prefs.*
    import java.util.regex.*
    import java.util.stream.*
    import java.sql.*
```

以上命令中的"java.sql"包是用户通过"import java.sql.*;"语句自行导入的,而其他的 Java 包是由 JShell 默认情况下自动导入的。

二、定义和使用变量

在以下与 JShell 交互的过程中,共定义了两个变量:$2 和 a。其中$2 变量是 JShell 自动定义的,a 变量是由程序定义的:

```
jshell>1+2
$2 = 3

jshell> int a=$2+1;
a ==> 4

jshell> /vars
int $2 = 3
int a = 4
```

变量 a 的取值是"$2+1"。以上"/vars"命令会显示所有定义的变量。

三、定义和使用方法

下面在 JShell 中定义一个 add()方法，它能够计算两个参数的和：

```
jshell> int add(int p1,int p2){return p1+p2;}
已创建方法 add(int,int)
```

接下来调用 add(8,9)方法，并且把所得的运算结果赋值给变量 result：

```
jshell> int result=add(8,9);
result ==> 17
```

四、打开文件及编辑代码

在 JShell 中输入"/open"命令可以打开一个文件，例如以下命令打开 Mokey.java 文件：

```
jshell>/open C:\chapter01\src\Monkey.java
```

接下来输入"/edit"命令，JShell 就会打开一个文本编辑器用来编辑程序代码，如图 2-21 所示。

图 2-21　JShell 的文本编辑器

五、Tab 键的自动补全功能

在编写程序代码时，如果不清楚调用一个类的哪个方法，可以巧用 Tab 键。例如，在 JShell 中输入"System.out."，接下来再按 Tab 键，这时，JShell 就会自动显示出"System.out"变量拥有的所有方法：

```
jshell> System.out.
append(        checkError()   close()        equals(
flush()        format(        getClass()     hashCode()
notify()       notifyAll()    print(         printf(
println(       toString()     wait(          write(
```

2.16　小结

本章涉及的 Java 知识点总结如下：
- Java 源文件结构。

一个 Java 程序可以包含多个 Java 源文件，在一个 Java 源文件中可以定义多个类，只能有一个类是 public 类型。Java 源文件以 public 类型的类的名字来命名。
- 关键字。

关键字是 Java 语言中的一些特殊字符，如 public、class、import、package 和 void 等。每个关键字都有特定的含义。关键字不能用来作为标识符。
- 标识符。

标识符是程序中包、类、变量或方法的名字，由编程人员来命名。例如 Monkey.java 文件中的 Monkey、speak 和 name 等都是标识符。
- 包声明语句。

用 import 关键字来声明类属于特定的包中。包声明语句必须位于 Java 源文件的第一行（忽略注释语句）。
- 包引入语句。

如果类 A 和类 B 位于不同的包中，并且类 A 要访问类 B，那么在类 A 中，就必须通过 import 语句引入类 B 所在的包。
- 方法的声明。

一个方法可以有零个或多个参数，可以没有或有一个返回值。关键字 void 表示没有返回值。关键字 return 用于提供返回值，并且退出当前方法。
- 注释语句。

"//"用于提供单行注释，"/* */"或者"/** */"用于提供多行注释。注释语句用于解释程序代码的作用，Java 编译器会忽略程序中的注释语句。
- JavaDoc 文档。

Java 类通过 JavaDoc 文档来对外公布自身的用法，JavaDoc 文档是基于 HTML 格式的帮助文档。

2.17 编程实战：八戒吃瓜美滋滋

本节将对第 1 章 1.7 节（编程实战）的案例进一步扩充。猪八戒在用餐时，不仅唱感恩歌，还会赞美所吃的食物。如果吃西瓜，就赞美："西瓜真好吃！"如果吃包子，就赞美："包子真好吃！"它的儿孙们也会照做。

增加一个表示食物的 Food 类，它有一个表示食物名字的 name 属性，Food 类位于 mypack1 包中；再改写第 1 章的 1.7 节的 Pig 类，使它位于 mypack2 包中，它的 eat 方法带一个 Food 类型的参数；然后在 Pig 类的程序入口 main() 方法中创建一个猪八戒和西瓜对象，并请猪八戒吃西瓜。

编程提示

编写一个 Food.java 源文件，它位于 src\mypack1 目录下。在源文件中，用 package 语句声明 Food 类位于 mypack1 包中。以下例程 2-4 是 Food 类的源程序：

例程 2-4　Food.java

```java
package mypack1;
public class Food{
    /* 此处 name 属性使用 public 修饰符,使得它可以被其他包中的类访问,
       本书第 9 章(公私分明设权限)会介绍如何更安全地设置一个属性的访问权限。*/
    public String name;        //定义名字属性

     /** 不带参数的构造方法 */
    public Food(){}

    /** 带参数的构造方法 */
    public Food(String name){
       this.name=name;         //设置 Food 对象的 name 属性
    }
}
```

编写一个 Pig.java 源文件,它位于 src\mypack2 目录下。在源文件中,用 package 语句声明 Pig 类位于 mypack2 包中,并且用 import 语句引入 mypack1 包。以下例程 2-5 是 Pig 类的源程序:

例程 2-5　Pig.java

```java
package mypack2;
import mypack1.*;
public class Pig{
    String name;                //定义名字属性

    public Pig(){}              //不带参数的构造方法

    public Pig(String name){    //带参数的构造方法
       this.name=name;          //设置 Pig 对象的 name 属性
    }

    public void eat(Food food){ //模拟猪用餐的 eat()方法
       //唱感恩歌
       System.out.println("粒米杯汤盘中蔬,得来不易历艰辛,"
                         +"细嚼慢品用心尝,感谢天下众生恩");
       //唱赞美歌
       System.out.println(food.name+"真好吃! ");
    }

    public static void main(String[] args) {
       Pig pig=new Pig("猪八戒");        //创建代表猪八戒的 Pig 对象
       Food food=new Food("西瓜");       //创建代表西瓜的 Food 对象
       pig.eat(food);                    //猪八戒吃西瓜
    }
}
```

第 3 章 数据类型齐争艳

一天，智多星对悟空说："孙爷爷，您为我创建的那个虚拟智多星只有名字属性，要是还有年龄和性别等属性，那就更像我了。"

"好说，好说！"悟空一口答应了智多星的请求，随即就在 Monkey 类中又增加了几个属性：

```
public class Monkey{
    String name;              //名字属性
    int age;                  //年龄属性
    char gender;              //性别属性，F 表示母猴，M 表示公猴
    boolean isMarried;        //婚姻状态属性，true 表示已婚，false 表示未婚

    public Monkey(){}         //不带参数的构造方法
    public Monkey(String name){ …}   //带参数的构造方法
    …
}
```

类的属性也称为类的成员变量。以上每个成员变量都属于某种数据类型：

- name 变量为 String 字符串类型。
- age 变量为 int 整数类型。
- gender 变量为 char 字符类型。
- isMarried 变量为 boolean 布尔类型。

以下程序代码创建了一个 Monkey 对象，并且为 Monkey 对象的各个成员变量赋值：

```
Monkey m=new Monkey();
m.name="智多星";
m.age=11;
m.gender='M';
m.isMarried=false;
```

以上代码中的"="为赋值运算符，它用于把右边表达式的值赋给左边的变量。智多星问悟空："为什么把 isMarried 变量赋值为 false，如果把它赋值为'未婚'，不是更加直观吗？"

```
//非法。isMarried 变量为 boolean 类型，其取值只能为 true 和 false
boolean isMarried="未婚";
```

悟空告诉智多星，isMarried 变量为 boolean 类型，boolean 类型数据的取值只能为 true 和 false。如果要把字符串赋值给 isMarried 变量，必须把 isMarried 变量定义为 String 类型：

```
String isMarried="未婚";   //合法
```

为了准确地表示现实世界中各种类型的数据，Java 语言提供了各种数据类型，如

int、char 和 boolean 等。总的来说，Java 数据类型分为基本类型和引用类型，如图 3-1 显示了数据类型的详细分类。

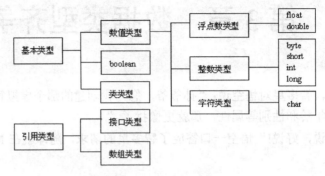

图 3-1 Java 数据类型

本章内容主要围绕以下问题展开：
- 各种基本数据类型有什么样的取值范围？
- 引用类型变量和基本数据类型变量有哪些区别？Java 虚拟机将如何分别对待它们？
- 如何给各种数据类型的变量赋予合法的取值？

3.1 基本类型

基本数据类型共有八种，如表 3-1 列举了它们的取值范围、占用的内存大小，以及默认值。

表 3-1 基本数据类型的取值范围

数据类型	关键字	在内存中占用的字节数	取 值 范 围	默 认 值
布尔型	boolean	1 个字节（8 位）	true, false	false
字节型	byte	1 个字节（8 位）	$-128 \sim 127$	0
字符型	char	2 个字节（16 位）	$0 \sim 2^{16}-1$	'\u0000'
短整型	short	2 个字节（16 位）	$-2^{15} \sim 2^{15}-1$	0
整型	int	4 个字节（32 位）	$-2^{31} \sim 2^{31}-1$	0
长整型	long	8 个字节（64 位）	$-2^{63} \sim 2^{63}-1$	0
单精度浮点型	float	4 个字节（32 位）	$1.4013E-45 \sim 3.4028E+38$	0.0F
双精度浮点型	double	8 个字节（64 位）	$4.9E-324 \sim 1.7977E+308$	0.0D

3.1.1 boolean 类型

boolean 类型的变量其取值只能是 true 或 false，例如，以下代码定义了一个 boolean 类型的变量 isMarried，它被赋初始值为 false，表示未婚：

```
boolean isMarried=false;      //合法,表示未婚
boolean isMarried=0;          //编译出错,提示类型不匹配
```

3.1.2 byte、short、int 和 long 类型

byte、short、int 和 long 都是整数类型,byte 类型的取值范围最小,long 类型的取值范围最大。例如以下代码定义了一些整数类型的变量,并且给它们赋了值:

```
int age=11;              //合法
short  degree=-10;       //合法
```

1. 选择合适的整数类型

在定义一个变量时,到底选用哪种数据类型,要同时考虑实际需求和程序的性能。例如,月份的取值是 1~12 的整数,因此把代表月份的 month 变量定义为 byte 类型:

```
byte month;
```

当 month 变量为 byte 类型时,Java 虚拟机只需为 month 变量分配 1 个字节的内存。如果把 month 变量定义为 long 类型,尽管是可行的,但是会占用更多的内存,影响程序的性能。不过,在内存资源充足的情况下,对于整数变量,通常都把它定义为 int 类型,这样可以简化数学运算时强制类型转换操作。而在内存资源紧缺的情况下,就必须慎重地在简化编程和节省内存之间进行权衡。

2. 给整数类型变量赋值

如果一个整数值在某种整数类型的取值范围内,就可以把它直接赋值给这种类型的变量,否则必须进行强制类型的转换。例如,整数 13 在 byte 类型的取值范围(-128~127)内,因此可以把它直接赋值给 byte 类型变量:

```
byte b=13;        //合法
```

再例如,129 不在 byte 类型的取值范围(-128~127)内,则必须进行强制类型的转换,例如:

```
byte b=(byte)129;     //合法,变量 b 的取值为-127
```

以上代码中的"(byte)"表示把 129 强制转换为 byte 类型。byte 类型的数据在内存中只占一个字节(8 位),而 129 的二进制形式为:0000 0000 0000 0000 0000 0000 1000 0001。"(byte)"运算符对 129 进行强制类型转换,它截取后 8 位,把它赋值给变量 b,因此变量 b 的二进制取值为 10000001,它是一个负数,对应的十进制取值为-127。

在 Java 语言中,如果数学表达式中都是整数,那么表达式的返回值必定是 int 类型或 long 类型,如果把返回值赋给 byte 类型的变量,就必须进行强制类型的转换,例如:

```
byte x,y;              //变量 x 和 y 都是 byte 类型
x=1;
y=x+2;                 //非法,x+2 的结果为 int 类型
y=(byte)(x+2);         //合法,把 int 类型的表达式的值强制转换为 byte 类型
```

如果把变量 y 定义为 int 类型,由于表达式的返回类型与变量 y 的类型匹配,因此

无须进行强制类型转换：

```
byte x;
int y;
x=1;
y=x+2;   //合法
```

关于基本类型的转换规则，本书第 5 章的 5.7 节（基本数据类型转换）进一步做了详细介绍。

3.1.3 char 类型与字符编码

char 是字符类型，Java 语言对字符采用 Unicode 字符编码。由于计算机的内存只能存储二进制数据，因此必须为各个字符进行编码。所谓字符编码，是指用一串二进制数据来表示特定的字符。

Unicode 编码由国际 Unicode 协会编制，收录了全世界所有语言文字中的字符，是一种跨平台的字符编码。UCS（Universal Character Set）是指采用 Unicode 编码的通用字符集。关于 Unicode 的详细信息可参考 Unicode 协会的官方网址：www.unicode.org。

Java 语言采用 UCS-2 编码，每个字符用两个字节（16 个二进制位）来编码。字符 'a' 的 Unicode 编码的二进制形式为 0000 0000 0110 0001，十六进制形式为 0x0061，十进制形式为 97。以下 4 种赋值方式是等价的：

```
char c='a';           //最常用的为字符变量赋值方式
char c='\u0061';      //设定'a'的十六进制的 Unicode 字符编码
char c=0x0061;        //设定'a'的十六进制的 Unicode 字符编码
char c=97;            //设定'a'的十进制的 Unicode 字符编码
```

Java 编程人员在给字符变量赋值时，通常直接从键盘输入特定的字符，一般不会使用 Unicode 字符编码，因为很难记住各种字符的 Unicode 编码。但对于有些特殊字符，比如单引号，假如不知道它的 Unicode 编码，直接从键盘输入该字符会导致编译错误：

```
char c=''';   //编译出错
```

Java 编译器会认为以上'''表达式不符合语法。为了解决这一问题，Java 语言采用转义字符来表示单引号和其他特殊字符：

```
char c1='\'';
System.out.println(c1);    //打印一个单引号
char c2='\\';
System.out.println(c2);    //打印一个反斜杠
char c3='\"';
System.out.println(c3);    //打印一个双引号
```

转义字符以反斜杠开头，如表 3-2 列出了一些常用的转义字符。

表 3-2 转义字符

转义字符	描述
\n	换行符,将光标定位在下一行的开头
\t	垂直制表符,将光标移到下一个制表符的位置
\r	回车,将光标定位在当前行的开头;不会跳到下一行
\\	代表反斜杠字符
\'	代表单引号字符
\"	代表双引号字符

3.1.4 float 和 double 类型

Java 语言支持两种浮点类型的小数:
- float:占 4 个字节,共 32 位,称为单精度浮点数。
- double:占 8 个字节,共 64 位,称为双精度浮点数。

如果把 double 类型的数据直接赋值给 float 类型变量,有可能会造成精度的丢失,因此必须进行强制类型的转换,否则会导致编译错误,例如:

```
double d=1.4;    //合法
float f1=d; //非法
float f2=(double)d; //合法,必须把 double 类型数据强制转换为 float 类型
```

3.2 引用类型

当程序通过 new 语句在内存中创建了一个 Monkey 对象后,程序必须通过一个引用类型的变量才能操纵它。如图 3-2 所示,如果把 Monkey 对象比作木偶,那么引用这个 Monkey 对象的引用变量就是连接在木偶身上的细线,演员通过拉动细线来让木偶活动。同样,程序通过引用变量来访问对象的属性或方法。

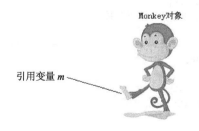

图 3-2 引用变量就像连接在木偶身上的细线

以下代码定义了一个 Monkey 类型的变量 *m*:

```
Monkey m;
```

变量 *m* 就属于引用类型,它将引用 Monkey 类型的对象。不过,由于此时变量 *m* 还没有被赋值,所以它还不引用任何 Monkey 对象。

以下代码把变量 *m* 赋值为 null，显式指定变量 *m* 不引用任何 Monkey 对象：

  m=null; //变量 m 不引用任何 Monkey 对象

以下代码使变量 *m* 引用代表智多星的 Monkey 对象：

  m=new Monkey("智多星");

以下代码中的第二行通过变量 *m* 来操纵代表智多星的 Monkey 对象，调用该对象的 speak()方法，让智多星说话：

  m=new Monkey("智多星");
  m.speak(); //通过变量 m 来操纵代表智多星的 Monkey 对象

悟空刚刚学会 Java 编程，因此运行程序时常常会遇到空指针异常（NullPointerException）现象。例如以下这段代码就会导致空指针异常：

  Monkey m=null; //变量 m 不引用任何 Monkey 对象
  m.speak(); //程序运行时抛出 NullPointerException

当细线没有和任何木偶绑定时，那么任凭操作员如何使劲拉动细线，也不会有木偶活动。同样，以上变量 *m* 没有引用任何 Monkey 对象，所以无法通过变量 *m* 来访问某个 Monkey 对象的 speak()方法，在这种情况下，Java 虚拟机就会报错，提示空指针异常。

3.3 基本类型与引用类型的区别

基本类型与引用类型有以下区别：

（1）基本类型代表简单的数据类型，比如整数和字符；而引用类型所引用的对象能表示任意一种复杂的数据结构。例如，以下代码定义了一个 Monkey 类，它包含 int 和 char 这些基本类型的变量，还包含 String 类型及 Monkey 类型的引用变量：

```
public class Monkey{
    String name;           //姓名
    int age;               //年龄
    char gender;           //性别，取值为 F 代表母猴，取值为 M 代表公猴
    Monkey mother;         //母亲

    public Monkey(){}
    public Monkey(String name){…}
    …
}
```

以下程序代码创建了两个 Monkey 对象：Tom 和 Mary。Mary 是 Tom 的母亲，Mary 的母亲未知。

```
Monkey mary=new Monkey();
mary.name="Mary";
mary.mother=null;           //Mary 的母亲未知
```

```
Monkey tom=new Monkey();
tom.name="Tom";
tom.mother=mary;                          //Tom 的母亲是 Mary

//打印 Tom 的母亲的名字
System.out.println("tom.mother.name");    //打印结果：Mary
```

如图 3-3 所示，引用变量 tom 和 mary 分别引用两个 Monkey 对象。通过"."运算符，就能访问引用变量所引用的对象的属性和方法，例如"tom.name"表示访问 tom 变量所引用的 Monkey 对象的 name 属性。"tom.mother.name"表示先定位到 tom 变量所引用的 Monkey 对象的 mother 属性，由于 mother 属性是 Monkey 引用类型变量，因此再访问 mother 变量所引用的 Monkey 对象的 name 属性。

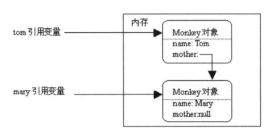

图 3-3　tom 和 mary 引用变量

（2）基本类型仅表示数据类型，而引用类型所引用的对象除了表示复杂的数据类型之外，还能包括操纵这种数据类型的行为。例如，"tom.speak()"表示调用 tom 变量所引用的 Monkey 对象的 speak()方法。

再以表示字符串的 java.lang.String 类为例，它包含了各种操纵字符串的方法，如 substring()方法能够截取子字符串，以下代码把"HelloWorld"字符串的前 5 位子字符串赋值给变量 s2：

```
String s1="HelloWorld";
String s2=s1.substring(0,5);       //s2 的取值为"Hello"
```

通过"."运算符，就能访问引用变量所引用的对象的方法，例如"s1.substring(0,5)"表示调用 s1 变量所引用的 String 对象的 substring()方法。

（3）Java 虚拟机处理引用类型变量和基本类型变量的方式是不一样的：对于基本类型的变量，Java 虚拟机会为其分配数据类型实际占用的内存大小，而对于引用类型变量，它仅仅是一个指向内存中某个对象的指针。以下 Counter 类有一个成员变量 count，它是基本类型的变量：

```
public class Counter{
    int count=0;
}
```

以下代码定义了一个 counter 引用变量，它引用一个 Counter 对象：

```
Counter counter=new Counter();
```

如图 3-4 所示，显示了 Java 虚拟机为 count 变量和 counter 变量分配的内存：

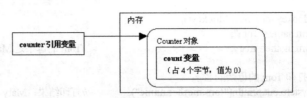

图 3-4　count 变量和 counter 变量的内存分配

count 变量为 int 基本类型，它占用 4 个字节的内存空间，它的取值为 0。counter 引用变量的取值为 Counter 对象的内存地址。counter 引用变量本身也占用少量的内存，到底占用多少内存，取决于 Java 虚拟机的实现，这对 Java 程序是透明的，即 Java 程序无从知晓它占用多少内存空间。

3.4　直接数

变量声明之后，再使用前一般会显式地进行赋值，例如：

```
String s="HelloWorld";
int i=11;
```

直接数是指直接赋给变量的具体数值，以上代码中的"HelloWorld"和 11 都是直接数。

3.4.1　直接数的类型

直接数共有以下 7 种类型：

- int 型直接数：比如 123、-123、0x41（十六进制数据，相当于十进制的 65）、017（八进制数据，相当于十进制的 15）。
- long 型直接数：比如 234L、456l、0x41L、017L、2147483648。
- float 型直接数：比如 7.8F、-0.98f。
- double 型直接数：比如 87.904、-89.56D、98d、6.6E+7、6.6E-7。
- boolean 型直接数：比如 true 和 false。
- char 型直接数：比如'a'、'\r'（回车）、'\u0041'。
- String 型直接数：比如 "HelloWorld"。

Java 的直接数有以下特点：

- 对于基本类型的数据，除了 byte 和 short 类型之外，都有相应的直接数。
- 对于 long、float 和 double 型直接数，可以分别加上后缀：L 或 l、F 或 f，以及 D 或 d。
- 在整数后面加上"L"表示 long 型直接数，但不能以此类推：在整数后面加上"S"表示 short 型直接数，在整数后面加上"C"表示 char 型直接数。因此 3S 或者 3C 都是非法的直接数。
- 如果一个小数没有任何后缀，那么它是 double 型直接数，例如，1.0 就是一个

double 类型的直接数。
- 对于 Java 对象，只有 String 类型对象有直接数。
- String 类型直接数和 char 类型直接数的区别在于，前者表示字符串，位于双引号内，如"Hello"，后者表示单个字符，位于单引号内，如'H'。

3.4.2 直接数的赋值

直接数都属于特定的数据类型，可以把它直接赋值给类型一致的变量，例如以下都是合法的赋值方式：

```
char c='c';              //把 char 类型直接数'c'赋值给 char 类型变量 c
int i=1;                 //把 int 类型直接数 1 赋值给 int 类型变量 i
long l=123L;             //把 long 类型直接数 123L 赋值给 long 类型变量 l
float f=123.12f;         //把 float 类型直接数 123.12f 赋值给 long 类型变量 f
double d1=123.12d;       //把 double 类型直接数 123.12d 赋值给 double 类型变量 d1
double d2=123.12;        //把 double 类型直接数 123.12 赋值给 double 类型变量 d2
String s="Hello";        //把 String 类型直接数"Hello"赋值给 String 类型变量 s
```

如果要把直接数赋值给类型不一致的变量，有时必须进行强制类型转换。例如：

```
float f=123.12;          //非法，123.12 是 double 类型的直接数
float f=(float)123.12;   //合法，把 double 类型的直接数强制转换为 float 类型
```

不能把 char 类型的直接数赋值给 String 类型的变量，同样，也不能把 String 类型的直接数赋值给 char 类型的变量：

```
char c1="A";             //非法
String s1='A';           //非法

char c2='A';             //合法
String s2="A";           //合法
```

3.5 小结

本章涉及的 Java 知识点总结如下：
- Java 基本数据类型。

Java 共有 8 种基本数据类型：boolean、byte、short、int、long、float、double 和 char。其中，boolean 类型的取值为 true 和 false；byte、short、int 和 long 为整数类型；float 和 double 为小数类型；char 为字符类型。
- 引用类型。

引用类型的变量用于引用特定的对象，程序通过引用类型的变量来访问特定对象的属性和方法。
- 基本类型与引用类型的区别。
  - 基本类型代表简单的数据类型；而引用类型所引用的对象能表示任意一种复杂的数据结构。

> 基本类型仅表示数据类型，而引用类型所引用的对象除了表示复杂数据类型，还能包括操纵这种数据类型的行为。
> Java 虚拟机处理引用类型变量和基本类型变量的方式是不一样的：对于基本类型的变量，Java 虚拟机会为其分配数据类型实际占用的内存大小，而对于引用类型变量，它仅仅是一个指向内存中某个对象的指针。该指针本身占用的内存大小取决于 Java 虚拟机的实现，对程序是透明的。

- 直接数的类型。

直接数是指直接赋给变量的具体数值，共有 7 种类型的直接数：int 型直接数（比如 123、-123）、long 型直接数（比如 234L、456l、2147483648）、float 型直接数（比如 7.8F、-0.98f）、double 型直接数（比如 87.904、-89.56D、98d）、boolean 型直接数（比如 true 和 false）、char 型直接数（比如 'a' '\r' '\u0041'）、String 型直接数（比如 "HelloWorld"）。

- 直接数的赋值。

直接数都属于特定的数据类型，可以把它直接赋值给类型一致的变量，例如：

```
char c='c';        //把 char 类型直接数'c'赋值给 char 类型变量 c
int i=1;           //把 int 类型直接数 1 赋值给 int 类型变量 i
```

如果要把直接数赋值给类型不一致的变量，有时必须进行强制类型转换。例如：

```
float f=(float)123.12;   //把 double 类型的直接数强制转换为 float 类型
```

3.6 编程实战：金箍棒的电子档案

花果山的猴子们拥有各种各样的兵器，为了更好地管理和统计这些兵器，悟空为兵器建立了电子档案。

请编写一个表示兵器的 Weapon 类，它具有表示兵器名字的 name 属性、表示长度的 length 属性、表示重量的 weight 属性、表示可否伸缩的 isStretchAble 属性、表示产地的 madeIn 属性，以及表示兵器主人的 owner 属性。请选用恰当的数据类型来定义这些属性。Weapon 类有一个 print()方法，会打印兵器的详细信息。

在 Weapon 类的程序入口 main()方法中创建一个名为"金箍棒"的 Weapon 对象，它的长度为 7 米，重量为 67500 千克，可以伸缩，产地为东海，主人是孙悟空。再创建一个名为"流星剑"的 Weapon 对象，它的长度为 1 米，重量为 502 千克，不可伸缩，产地为花果山，主人是智多星。

编程提示

Weapon 类的 isStretchAble 属性可以定义为 boolean 类型，owner 属性可以定义为 Monkey 类型，参见例程 3-1。

例程 3-1　Weapon.java

```
public class Weapon{
```

```java
    String name;              //表示名字
    double length;            //表示长度,以"米"为单位
    double weight;            //表示重量,以"千克"为单位
    boolean isStretchAble;    //表示可否伸缩
    String madeIn;            //表示产地
    Monkey  owner;            //表示主人

    public Weapon(){};
    public Weapon(){};
    public Weapon(String name,double length,double weight,
            boolean isStretchAble,String madeIn, Monkey owner){
        this.name=name;
        this.length=length;
        this.weight=weight;
        this.isStretchAble=isStretchAble;
        this.madeIn=madeIn;
        this.owner=owner;
    }

    public void print(){ /* 打印兵器信息 */
    //打印语句中的"\n"为换行符
        System.out.println("兵器名字:"+name+"\n 长度:"+length+"米\n 重量:"
            +weight+"千克\n 可否伸缩:"+isStretchAble
            +"\n 产地:"+madeIn+"\n 主人:"+owner.name);
    }

    public static void main(String args[]){
        Monkey monkey=new Monkey("孙悟空");
        Weapon weapon=new Weapon("金箍棒",2,13500,true,"东海",monkey);
        weapon.print();          //打印兵器信息

        monkey=new Monkey("智多星");
        weapon=new Weapon("流星剑",0.3,100.56,false,"花果山",monkey);
        weapon.print();          //打印兵器信息
    }
}
```

运行以上 Weapon 类,会打印关于金箍棒和流星剑的信息:

```
兵器名字:金箍棒
长度:7 米
重量:67500 千克
可否伸缩:true
产地:东海
主人:孙悟空

兵器名字:流星剑
长度:1 米
重量:502 千克
可否伸缩:false
产地:花果山
主人:智多星
```

读书笔记

第 4 章　千姿百态话变量

所谓变量，顾名思义，就是其取值会变化的数据。例如，在 Monkey 类中定义了一个 name 成员变量：

```
String name;
```

这个 name 变量的取值可以是"智多星"，也可以是"小不点"，完全取决于程序为它所赋的值。

在例程 4-1 的 Monkey 类中，定义了 name、args 和 m 变量：

例程 4-1　Monkey.java

```java
public class Monkey{
    String name;                                //在类的内部定义，name 为成员变量

    public Monkey(){}

    public Monkey(String name){                 //name 为方法参数
        this.name=name;
    }

    public void speak(){
        System.out.println("大家好，我是"+name);
    }

    public static void main(String[] args) {    //args 为方法参数
        Monkey m=new Monkey("智多星");           //在方法内定义，m 为局部变量
        m.speak();
    }
}
```

对于以上变量，有的在类内部定义，有的在方法内定义，还有的被定义为方法参数。本章内容将围绕以下问题展开：

- 各种类型的变量有什么样的作用域？
- 如何初始化各种类型的变量？
- 如何传递参数？

只有掌握了这些知识，才能得心应手地运用各种类型的变量。

4.1　变量的作用域

变量的作用域是指它的存在范围，只有在这个范围内，程序代码才能访问它。当一个变量被定义时，它的作用域就被确定了。按照作用域的不同，变量可分为以下

类型：

- 成员变量：在类中声明，它的作用域是整个类。例如：

```
public class Monkey{
    String name; //定义 name 成员变量
    …
    public void speak(){
        System.out.println("大家好，我是"+name);    //使用 name 成员变量
    }
}
```

- 局部变量：在一个方法的内部声明，它的作用域是整个方法。例如：

```
public static void main(String[] args) {
    Monkey m=new Monkey("智多星");    //定义 m 局部变量
    m.speak();                       //在方法内部使用 m 局部变量
}
```

- 方法参数：方法的参数，它的作用域是整个方法。例如：

```
public Monkey(String name){          //name 为方法参数
    this.name=name;                  //在方法内部使用 name 参数
}
```

在例程 4-2 的 VarTester 类中定义了 3 个变量：var1、var2 和 var3，它们分别代表成员变量、方法参数及局部变量。

例程 4-2　VarTester.java

```
public class VarTester{
    int var1=0; //定义 var1 成员变量

    void method1(int var2){          //var2 为方法参数
        int var3=0;                  //定义 var3 局部变量

        var1++;
        var2++;
        var3++;
    }

    void method2(){
        var1++;
        var2++;                      //编译出错
        var3++;                      //编译出错
    }
}
```

变量 var2 是 method1()方法的参数，变量 var3 是 method1()方法的局部变量，它们都只能在 method1()方法中被访问；变量 var1 作为 VarTester 类的成员变量，能够在整个类中被访问。在 method2()方法中，只能访问 var1 变量，而不能访问 var2 和 var3 变量。如图 4-1 所示直观地演示了这三个变量的作用域。

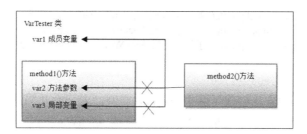

图 4-1　var1、var2、var3 的作用域

4.1.1　实例变量和静态变量

类的成员变量有两种：一种是被 static 关键字修饰的变量，叫类变量（或静态变量）；一种是没有被 static 关键字修饰的变量，叫实例变量。

静态变量和实例变量的区别在于：

- 类的静态变量在内存中只有一个，被类的所有实例共享。静态变量可以直接通过类名被访问。
- 类的每个实例都有相应的实例变量。每创建一个类的实例，Java 虚拟机就会为实例变量分配一次内存。

下面举例说明静态变量和实例变量的区别。唐僧师徒在西天取经路上经过女儿国，那里的女子都会到子母河中去打水。假设子母河（对应 waterInRiver 变量）里本来有 1000 000 000 克水。每个女子家里有一个水缸（对应 waterInVat 变量）用来存放从河里打来的水。

以例程 4-3 的 Woman 类表示女儿国的女子。Woman 类有三个成员变量，其中 name 变量和 waterInVat 变量为实例变量，而 waterInRiver 变量为静态变量：

例程 4-3　Woman.java

```java
public class Woman{
    String name;                              //女子的名字
    int waterInVat=0;                         //表示水缸里的水
    static int waterInRiver=1000000000;       //表示子母河里的水

    public Woman(String name){
        this.name=name;
    }
    public void fetchWater(int water){        /* 到河里打水 */
        waterInRiver=waterInRiver-water;      //子母河里的水减少
        waterInVat=waterInVat+water;          //水缸里的水增多
    }
    public static void main(String args[]){
        Woman cuicui=new Woman("翠翠");
        Woman lanlan=new Woman("兰兰");
        cuicui.fetchWater(1000);              //翠翠打了 1000 克水
        lanlan.fetchWater(2000);              //兰兰打了 2000 克水
```

```
        System.out.println("翠翠家水缸:"+cuicui.waterInVat+"克水");
        System.out.println("兰兰家水缸:"+lanlan.waterInVat+"克水");
        System.out.println("子母河里的水:"+Woman.waterInRiver+"克水");
    }
}
```

以上main()方法创建了两个Woman实例,表示女儿国的两个女子:翠翠和兰兰。main()方法接着分别调用两个Woman实例的fetchWater()方法,模拟翠翠和兰兰各自打水的行为。执行main()方法中的代码后,各个变量的内存分配情况如图4-2所示。

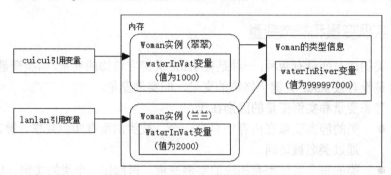

图 4-2 各个变量的内存分配情况

在图4-2中,cuicui变量和lanlan变量分别引用不同的Woman实例,每个Woman实例都有单独的waterInVat变量,表示每个女子家里的水缸。而waterInRiver变量在内存中只有一个,被两个Woman实例共享。当Java虚拟机执行cuicui.fetchWater(1000)方法时,先修改waterInRiver静态变量,再修改cuicui变量引用的Woman实例的waterInVat变量;当Java虚拟机执行lanlan.fetchWater(2000)方法时,先修改waterInRiver静态变量,再修改lanlan变量引用的Woman实例的waterInVat变量。

对于waterInRiver静态变量,既可以通过引用变量来访问,也可以通过类名来访问:

```
cuicui.waterInRiver--;  //通过cuicui引用变量来访问waterInRiver变量
或者
Woman.waterInRiver--;  //通过Woman类名来访问waterInRiver变量
```

对于waterInVat实例变量,能否通过类名来访问呢?比如:

```
Woman.waterInVat++;     //非法
```

以上代码是非法的。因为从图4-2可以看出,实例变量总是属于特定的实例,假如允许通过类名来访问实例变量,那么Java虚拟机无法知道到底是访问哪个Woman实例的waterInVat变量,所以无法通过类名来访问实例变量。

在打印语句"System.out.println()"中,System是JDK类库中java.lang包中的一个类,out是System类的一个静态成员变量,out变量为PrintStream类型:public static final PrintStream out。

因此"System.out.println()"用于调用System类的out静态成员变量所引用的PrintStream对象的println()方法。

运行 Woman 类，将得到以下打印结果：

```
翠翠家水缸:1000 克水
兰兰家水缸:2000 克水
子母河里的水:999997000 克水
```

4.1.2 用静态变量统计实例的个数

本节再介绍运用静态变量和实例变量的一个例子。由于每个猴子都有自己的名字，所以 Monkey 类的 name 成员变量应该是实例变量。以下程序代码创建了两个 Monkey 对象，它们的 name 实例变量的值分别为"智多星"和"小不点"：

```
Monkey m1=new Monkey("智多星");
Monkey m2=new Monkey("小不点")
```

假如有一个 count 变量可用来统计程序在运行时创建的所有 Monkey 对象，该如何定义这个 count 变量呢？可以把它定义为 Monkey 类的静态变量，参见例程 4-4。

例程 4-4 Monkey.java

```java
/*本章提供了 Monkey 类的多种实现方式，
为了区分不同的 Monkey 类，特意把它们放在不同的包中。*/
package mypack1;
public class Monkey{
    String name; //name 为实例变量
    static int count; //count 为静态变量

    public Monkey(){count++;}

    public Monkey(String name){
        count++;   //累计新创建的 Monkey 对象
        this.name=name;
    }

    public void speak(){
        System.out.println("大家好，我是"+name);
    }

    public static void main(String[] args) {
        Monkey m1=new Monkey("智多星");
        Monkey m2=new Monkey("小不点");

        System.out.println("m1.name="+m1.name);
        System.out.println("m2.name="+m2.name);
        System.out.println("共有"+count+"个 Monkey 对象");
    }
}
```

以上 main()方法创建了两个 Monkey 对象。每次通过 new 语句创建一个 Monkey 对象时，就会调用 Monkey 类的带参数的 Monkey(String name)构造方法，该方法把 count 静态变量的值加 1。因此，当创建了两个 Monkey 对象后，count 静态变量的值变为 2。运行以上程序，打印结果为：

```
m1.name=智多星
m2.name=小不点
共有 2 个 Monkey 对象
```

4.1.3 成员变量和局部变量同名

在同一个作用域内不允许定义同名的多个变量，例如，不允许定义两个同名的成员变量，也不允许在一个方法内定义两个同名的局部变量：

```
void method1(){
  int x=0;
  long x=0; //编译出错，在方法内不允许定义同名的变量
}
```

不过，在一个方法内，可以定义和成员变量同名的局部变量或参数，此时成员变量被屏蔽。此时如果要访问实例变量，可以通过 this 关键字来访问（例如 this.name），this 为当前实例的引用。如果要访问类变量，可以通过类名来访问（例如 Monkey.count）。

例如，Monkey 类有一个成员变量名为 name，它的构造方法也有一个名为 name 的参数。在这个构造方法内，"name" 代表方法参数，而 "this.name" 代表 Monkey 类的 name 成员变量。

```
public Monkey(String name){        //参数 name
  this.name=name;                  //把参数 name 赋值给 Monkey 类的成员变量 name
}
```

4.2 对象的默认引用：this

当一个对象创建好后，Java 虚拟机就会给它分配一个引用自身的指针：this。所有对象默认的引用都名叫 this。这听起来似乎有点不可思议，Java 虚拟机如何区分这些同名的 this 呢？下面通过例程 4-5 的 Monkey 类来举例说明。

例程 4-5　Monkey.java

```
package mypack2;
public class Monkey{
  String name;

  public Monkey(){}
  public Monkey(String name){...}

  public void setName(String name){
    this.name=name;                //this 引用当前 Monkey 对象
  }

  public String getName(){
    return name;
  }

  public static void main(String args[]){
```

```java
        Monkey m1=new Monkey();
        m1.setName("智多星");

        Monkey m2=new Monkey();
        m2.setName("小不点");

        System.out.println(m1.getName());    //打印智多星
        System.out.println(m2.getName());    //打印小不点
    }
}
```

以上 Monkey 类的 setName()方法中的 this 关键字引用当前的 Monkey 对象。Java 虚拟机判断 this 关键字到底引用哪个 Monkey 对象的原理其实非常简单。当 Java 虚拟机执行 m1.setName("智多星")方法时，setName()方法中的 this 关键字就指向 m1 变量所引用的 Monkey 对象。当 Java 虚拟机执行 m2.setName("小不点")时，setName()方法中的 this 关键字就指向 m2 变量所引用的 Monkey 对象。

值得注意的是，只能在构造方法或实例方法内使用 this 关键字，而在静态方法内不能使用 this 关键字，第 12 章的 12.2 节（static 方法）进一步介绍了静态方法的特点。

4.3 参数传递

假设有两个方法：main()方法和 change()方法。如果 main()方法调用 change()方法，那么称 main()方法是 change()方法的调用者。下面举例说明 main()方法如何向 change()方法传递参数。

在西天取经路上，悟空曾经和鹿力大仙斗法，猜柜子里藏了什么东西。国王在柜子里放了一个桃子，悟空悄悄把桃子换成了桃核。

例程 4-6 的 Cabinet 类表示柜子，content 属性表示柜子里存放的东西。change1()方法和 change2()方法都会试图对参数进行修改。

例程 4-6 Cabinet.java

```java
public class Cabinet{
    static final int PEACH=0;         //表示桃子
    static final int PEACH_PIT=1;     //表示桃核
    int content;                      //表示存放在柜子里的东西

    public Cabinet(int content){
        this.content=content;
    }

    /* 打印柜子里的东西 */
    public void printContent(){
        //根据 content 的取值，判断是"桃子"或"桃核"
        //关于"？:"操作符的用法参见本书第 5 章的 5.5 节
        String result=content==PEACH ? "桃子" : "桃核";

        System.out.println("柜子里现在存放的是:"+result);
```

```java
    }

    /* 修改柜子里的内容 */
    public static void change1(Cabinet cabinet){
        cabinet.content=PEACH_PIT;
    }

    /* 修改柜子里的内容 */
    public static void change2(int content){
        content=PEACH_PIT;
    }

    public static void main(String args[]){
        Cabinet ca=new Cabinet(PEACH);
        change1(ca);
        System.out.print("调用了 change1()，");
        ca.printContent();

        ca=new Cabinet(PEACH);
        change2(ca.content);
        System.out.print("调用了 change2()，");
        ca.printContent();
    }
}
```

以上 change1()和 change2()方法的区别在于，前者的参数 cabinet 是引用类型，而后者的参数 content 是基本类型。由于两个方法的实现方式不同，因此得到的结果也不一样。

当 main()方法调用 change1()方法时，会把局部变量 ca 传给 change1()方法的参数 cabinet。如图 4-3 显示了当 Java 虚拟机开始准备执行 change1()方法时局部变量 ca 及参数 cabinet 的取值，此时，ca 变量和 cabinet 参数引用同一个 Cabinet 对象。

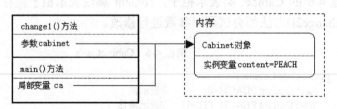

图 4-3　Java 虚拟机开始准备执行 change1()方法时变量及参数的取值

接下来 Java 虚拟机执行 change1()方法的代码，把 cabinet 参数所引用的 Cabinet 对象的 content 实例变量的值改为"PEACH_PIT"，如图 4-4 所示。

从图 4-4 可以看出，由于 ca 变量和 cabinet 参数引用同一个 Cabinet 对象，因此，执行完 change1()方法后，ca 变量所引用的 Cabinet 对象的 content 实例变量的值也变成了"PEACH_PIT"。

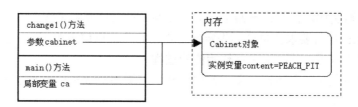

图 4-4　Java 虚拟机执行 change1()方法时变量及参数的取值

当 main()方法调用 change2()方法时，会把 ca.content 实例变量的值传给 change2()方法的参数 content。如图 4-5 显示了当 Java 虚拟机开始准备执行 change2()方法时 ca.content 实例变量及参数 content 的取值。

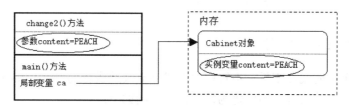

图 4-5　Java 虚拟机开始准备执行 change2()方法时变量及参数的取值

接下来，Java 虚拟机执行 change2()方法的代码，把 content 参数的值改为"PEACH_PIT"，如图 4-6 所示。

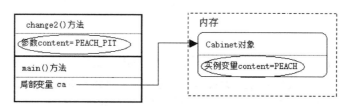

图 4-6　Java 虚拟机执行 change2()方法时变量及参数的取值

从图 4-6 可以看出，当 change2()方法修改 content 参数的取值时，对 main()方法的 ca 局部变量所引用的 Cabinet 对象没有任何影响，这个 Cabinet 对象的 content 实例变量的取值仍然是"PEACH"。

运行 Cabinet 类，得到的打印结果如下：

```
调用了 change1()，柜子里现在存放的是:桃核
调用了 change2()，柜子里现在存放的是:桃子
```

4.4　变量的初始化及默认值

程序中的变量可用于表示现实系统中的某种数据。当一个现实系统开始运转前，往往需要为一些数据赋予合理的初始值。例如，在体重测量机测量体重之前，应该先把计数调整为 0；再例如，在秒表开始倒计时前，应该先根据实际需要给它设定一个初

始值；再例如，在空调开始工作前，需要先设定温度和工作方式等。

Java 语言要求变量遵循先定义、再初始化、再使用的规则。变量的初始化是指从变量定义以后，首次给它赋初始值的过程。

以下程序代码包括定义、初始化和使用局部变量 a 和 b 的过程：

```
int a;        //定义变量 a
a=1;          //初始化变量 a
a++;          //使用变量 a
int b=1;      //定义变量 b，初始化变量 b
b++;          //使用变量 b
```

当 Java 虚拟机执行定义变量 a 的代码时，为它分配 4 个字节的内存，在执行初始化变量 a 的代码时，为它赋初始值为 1。

4.4.1 成员变量的初始化

对于类的成员变量，不管程序有没有显式地进行初始化，Java 虚拟机会先自动给它初始化为默认值。初始化为默认值的规则如下：

- 整数型（byte、short、int 和 long）的基本类型变量的默认值为 0。
- 单精度浮点型（float）的基本类型变量的默认值为 0.0f。
- 双精度浮点型（double）的基本类型变量的默认值为 0.0d。
- 字符型（char）的基本类型变量的默认值为 '\u0000'。
- 布尔型（boolean）的基本类型变量的默认值为 false。
- 引用类型的变量的默认值为 null。
- 数组引用类型的变量的默认值为 null。创建了数组实例后，如果没有显式地为每个元素赋值，Java 把该数组的所有元素初始化为其相应类型的默认值。第 17 章的 17.3 节（创建数组对象）对此做了进一步介绍。

在例程 4-7 的 InitTester 类中，变量 booleanVar 是 boolean 类型的静态成员变量，它的默认值为 false；变量 stringVar 是 String 引用类型的静态成员变量，它的默认值为 null；变量 monkeyVar 是 Monkey 引用类型的实例成员变量，它的默认值为 null；变量 intVar 是 int 类型的实例成员变量，它的默认值为 0；变量 charVar 是 char 类型的实例成员变量，它的默认值为 '\u0001'，不过在本程序中已经为变量 charVar 显式地赋值为 '*'：

例程 4-7　InitTester.java

```
public class InitTester {
  static boolean booleanVar;
  static String stringVar;
  Monkey monkeyVar;
  int intVar;
  char charVar='*';                          //显式地初始化

  public static void main(String args[]){
    InitTester obj=new InitTester();
    System.out.println(booleanVar);          //打印 false
```

```
        System.out.println(stringVar);          //打印 null

        System.out.println(obj.monkeyVar);      //打印 null
        System.out.println(obj.intVar);         //打印 0
        System.out.println(obj.charVar);        //打印*
    }
}
```

4.4.2 局部变量的初始化

被声明局部变量之后，Java 虚拟机不会自动将它初始化为默认值。因此对于局部变量，必须先显式地初始化，才能使用它。如果编译器确认一个局部变量在使用之前可能没有被初始化，编译器将报错。例如，以下方法定义了变量 a 后，没有显式地初始化它，就直接使用它，这是非法的：

```
public void method(){
    int a;
    a++;                                //编译出错，变量 a 必须先初始化
    System.out.println(a);
}
```

再例如，以下代码定义了引用类型的局部变量 s1 和 s2，s1 没有初始化就被使用，这是非法的，而 s2 被初始化为 null，然后再使用它，这是合法的：

```
public void method(){
    String s1;
    String s2=null;
    System.out.println(s1);             //编译出错：变量 s1 必须先初始化
    System.out.println(s2);             //合法，运行的时候打印 null
}
```

4.4.3 用 new 关键字创建对象

当一个引用类型的变量被声明后，如果没有初始化，那么它不指向任何对象。Java 语言用 new 关键字创建对象，它有以下作用：

- 为对象分配内存空间，将对象的实例变量自动初始化为其变量类型的默认值。
- 如果实例变量在声明时被显式地初始化，那就把初始化值赋给实例变量。
- 调用构造方法。
- 返回对象的引用。

提示： 类的静态变量的初始化是在 Java 虚拟机加载类时完成的。

例程 4-8 的 Sample 类用于演示 new 语句的作用。

例程 4-8　Sample.java

```
public class Sample{
    int memberV1;
```

```
    int memberV2=1;              //声明实例变量时显式地对其初始化
    int memberV3;

    public Sample(){             //构造方法
       memberV3=3;               //在构造方法中显式地初始化实例变量
    }

    public static void main(String args[]){
       Sample obj=new Sample();
       System.out.println(obj.memberV1);
       System.out.println(obj.memberV2);
       System.out.println(obj.memberV3);
    }
}
```

Java 虚拟机执行语句 Sample obj=new Sample()的步骤如下：

（1）为一个新的 Sample 对象分配内存空间，它所有的成员变量都被分配了内存，并自动初始化为其变量类型的默认值，如图 4-7 所示。

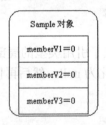

图 4-7　Sample 对象被分配内存空间并按默认方式初始化

（2）显式地初始化 memberV2 变量，把它的值设为 1，如图 4-8 所示。

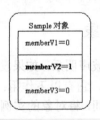

图 4-8　memberV2 变量被显式地初始化

（3）调用构造方法，显式地初始化成员变量 memberV3，如图 4-9 所示。

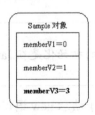

图 4-9　在构造方法中显式地初始化 memberV3 变量

（4）将对象的引用赋值给变量 obj，如图 4-10 所示。

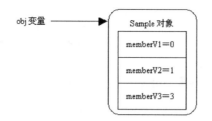

图 4-10　将对象的引用赋值给变量 obj

一个对象可以被多个引用变量引用，例如：

```
Monkey monkey1=new Monkey("智多星");
Monkey monkey2=new Monkey("小不点");
Monkey monkey3=monkey1;
Monkey monkey4=null;
```

以上代码共创建了两个 Monkey 对象和 4 个 Monkey 类型的引用变量，它们的关系如图 4-11 所示。

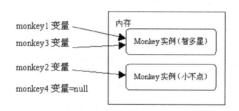

图 4-11　Monkey 实例与引用变量的关系

4.5　小结

本章涉及的 Java 知识点总结如下：

（1）变量的作用域。

按照作用域的不同，变量可分为：成员变量、局部变量和方法参数。

（2）实例变量和静态变量。

成员变量可分为：

- 静态变量：用 static 关键字修饰。类的静态变量在内存中只有一个，被类的所有实例共享。
- 实例变量：不用 static 关键字修饰。类的每个实例都有相应的实例变量。

如图 4-12 所示按照作用域的不同归纳了各种类型的变量。

图 4-12　各种作用域的变量

（3）成员变量和局部变量同名。

在同一个作用域内不允许定义同名的多个变量。不过，在一个方法内，可以定义和成员变量同名的局部变量或参数，此时成员变量被屏蔽。此时如果要访问实例变量，可以通过 this 关键字来访问。如果要访问静态变量，可以通过类名来访问。

（4）对象的默认引用：this。

当将一个对象创建好后，Java 虚拟机就会给它分配一个引用自身的指针：this。所有对象默认的引用都叫 this。

（5）参数传递。

假设 methodB(param)方法有一个参数 param，在 methodA()方法中，定义了一个局部变量 var。在 methodA()方法中，按如下方式调用 methodB()方法：

```
methodB(var);   //methodA()方法调用 methodB()方法
```

Java 虚拟机会把局部变量 var 的值传给参数 param。例如，如果局部变量 var 为 int 基本类型，其值为 1，那么参数 param 的值也为 1。如果局部变量 var 为 Monkey 类型，引用一个 Monkey 对象，那么参数 param 也会引用同一个 Monkey 对象。

（6）变量的初始化。

Java 语言要求变量遵循先定义、再初始化、再使用的规则。

（7）成员变量的初始化。

对于类的成员变量，不管程序有没有显式地进行初始化，Java 虚拟机会先自动给它初始化为默认值。初始化为默认值的规则为：数字类型（byte、short、int、long、float、double）的默认值的数值为 0；字符类型（char）的默认值为 '\u0000'；布尔型类型（boolean）的默认值为 false；引用类型的默认值为 null。

（8）局部变量的初始化。

局部变量声明之后，Java 虚拟机不会自动给它初始化为默认值。因此对于局部变量，必须先显式地初始化，才能使用它。

（9）用 new 关键字创建对象。

new 关键字创建对象的过程如下：

- 为对象分配内存空间，将对象的实例变量自动初始化为其变量类型的默认值。
- 如果实例变量在声明时被显式地初始化，那就把初始化值赋给实例变量。
- 调用构造方法。
- 返回对象的引用。

4.6 编程实战：人参果树妙回春

唐僧师徒在西天取经路上，经过五庄观。五庄观里有一棵神奇的人参果树。唐僧师徒到来时，树上有 28 个人参果。接着五庄观里的清风和明月两位童子吃掉 2 个人参果，随后，悟空不小心把 1 个人参果打落在地，之后人参果隐藏到泥土里。接着，悟空、八戒和沙僧各吃了 1 个人参果。接下来，悟空受不了两位童子的恶骂，一气之下，推倒人参果树，结果剩余的所有人参果都隐藏到泥土里。后来，悟空请观音菩萨让人参果树起死回生，隐藏在泥土里的人参果又回到树上，这时树上有几个人参果？

编写一个表示人参果树的 MagicalTree 类，它的 total 属性表示树上所有人参果的数目，hiddenNumber 属性表示隐藏在泥土里的人参果数目。MagicalTree 类的 hide()方法模拟人参隐藏到泥土里的行为，beEaten()方法模拟人参果被吃掉的行为，recover()方法模拟隐藏在泥土里的人参果又回到树上的行为。

在 MagicalTree 类的程序入口 main()方法中创建这棵人参果树，并且演绎人参果被吃、被隐藏又被恢复的精彩故事。

编程提示

hide()方法和 recover()方法会同时改变 total 和 hiddenNumber 属性，而 beEaten()方法则仅会改变 total 属性。例程 4-9 是 MagicalTree 类的源程序。为了便于跟踪每个方法的调用过程，在这些方法中都提供了打印语句。

例程 4-9　MagicalTree.java

```java
public class MagicalTree{
    int total;                    //表示总的人参果数目
    int hiddenNumber=0;           //表示隐藏到泥土里的人参果数目

    public MagicalTree(int total){…}

    /* 参数 number 为吃掉的人参果数目，
       参数 who 表示吃人参果的吃客 */
    public void beEaten(int number, String who){
        total=total-number;
        System.out.println(who+"吃掉"+number+"个人参果");
    }

    /* 参数 number 为隐藏的人参果数目，
       参数 who 表示隐藏人参果的肇事者 */
    public void hide(int number, String who){
        total=total-number;
        hiddenNumber=hiddenNumber+number;
        System.out.println(who+"使"+number+"个人参果隐藏到泥土里");
    }

    /* 参数 who 表示恢复果树者 */
    public void recover(String who){
```

```java
        total=total+hiddenNumber;
        hiddenNumber=0;
        System.out.println(who+"医治果树");
    }

    public static void main(String args[]){
        //人参果树上一开始有 28 个人参果
        MagicalTree tree=new MagicalTree(28);
        tree.beEaten(1,"清风");        //清风吃掉一个人参果
        tree.beEaten(1,"明月");        //明月吃掉一个人参果
        tree.hide(1,"悟空");           //悟空隐藏一个人参果
        tree.beEaten(1,"悟空");        //悟空吃掉一个人参果
        tree.beEaten(1,"八戒");        //八戒吃掉一个人参果
        tree.beEaten(1,"沙僧");        //沙僧吃掉一个人参果
        tree.hide(tree.total,"悟空");  //悟空隐藏剩余所有人参果
        tree.recover("观音菩萨");       //观音菩萨恢复所有隐藏的人参果
        System.out.println("人参果树上有"+tree.total+"个人参果");    //打印 23
    }
}
```

运行以上程序，打印结果如下：

```
清风吃掉 1 个人参果
明月吃掉 1 个人参果
悟空使 1 个人参果隐藏到泥土里
悟空吃掉 1 个人参果
八戒吃掉 1 个人参果
沙僧吃掉 1 个人参果
悟空使 22 个人参果隐藏到泥土里
观音菩萨医治果树
人参果树上有 23 个人参果
```

第 5 章　操作符号显身手

别看智多星平日伶牙俐齿，它却是个不折不扣的数学盲，连比较两个数字的大小都不会，更不要说对数字进行各种运算。智多星去买桃子时，常常被水果店老板忽悠。悟空打算为智多星排忧解难。"我给你请个机器人吧。你要是碰到不会做的数学题，问它就行了。"悟空对智多星说。智多星这回心领神会，明白这机器人肯定不是用悟空的猴毛变出来的，而是在计算机里创建的。

悟空编写了一个表示机器人的 Robot 类，参见例程 5-1。它有两个方法：isCheaper()和 total()。

例程 5-1　Robot.java

```java
public class Robot{
    /** 判断单价 price1 是否比单价 price2 便宜，
        帮助智多星讨价还价 */
    public boolean isCheaper(double price1,double price2){
        return price1<price2;
    }

    /** 给定单价和数量，计算总价 */
    public double total(double price, double amount){
        return price*amount;
    }

    public static void main(String args[]){
        Robot robot=new Robot();
        System.out.println("3.8 元是否比 2.8 元便宜？答案："
                + robot.isCheaper(3.8,2.8));
        System.out.println("1 斤桃子 2.8 元，3 斤桃子多少钱？答案："
                + String.format("%.2f",robot.total(2.8,3)));
    }
}
```

悟空告诉智多星，机器人的 isCheaper()方法用于判断单价 price1 是否比单价 price2 便宜，如果 price1 小于 price2，就返回 true，否则返回 false。机器人的 total()方法用于计算单价 price 和数量 amount 相乘所得的总价。

以上 Robot 类的 main()方法调用了 String 类的静态 format()方法，用于指定数据的输出格式。例如，String.format("%.2f",13.45675321)的返回值是 13.45，参数"%.2f"设定浮点数的输出格式，表示保留两位小数。

机器人之所以具有比较数字大小，以及进行乘法运算的本领，要归功于 Java 操作符。在表达式"price1<price2"和表达式"price*amount"中,"<"和"*"分别为小于比较操作符和乘法操作符。

操作符用于操纵数据。在由操作符与所操纵的数据构成的表达式中,被操纵的数据也称为操作元。例如,在表达式"price1<price2"中,price1 和 price2 是"<"操作符的操作元。

本章将介绍用于操纵基本类型数据的操作符(简称基本类型操作符)的用法。本章内容主要围绕以下问题展开:

- 各种操作符的优先级别是如何排列的?
- 各种操作符的操作元和运算结果是什么类型?
- 每种操作符的具体运算规则是什么?
- 当表达式中包含各种类型的数据时,如何进行必要的类型转换?

熟悉了这些 Java 操作符,就可以编写出能进行各种数学运算及逻辑运算的 Java 程序。本书第 8 章还会介绍引用类型操作符的用法。

5.1 操作符的优先级

任何编程语言都有自己的操作符,Java 语言也不例外,如"+""-""*"和"/"等都是操作符,操作符能与相应类型的数据组成表达式,来完成相应的运算,例如:

```
int x=1,y=1,z=1;
boolean a=x+y+2*z-2/2>3-1;        //变量 a 的值为 true
```

Java 虚拟机会根据操作符的优先级来计算表达式"x+y+2*z-2/2>3-1"。作为数学运算符,"*"和"/"操作符的优先级高于"+"和"-"操作符,而"+"和"-"操作符的优先级又高于">"和"<"等比较操作符。表 5-1 列出了一些常用操作符的优先级顺序。

表 5-1 常用操作符的优先级顺序(从高到低)

优先级	操作符分类	操作符
⬇	一元操作符	! ++ -- -
	数学运算操作符	* / % + -
	比较操作符号	> < >= <= != ==
	逻辑操作符	&& || & | ^
	三元条件操作符	A>B?X:Y
	赋值操作符	= *= -= += /== %==

一般情况下,不用去刻意记住操作符的优先级,当不能确定操作符的执行顺序时,可以使用圆括号来显式地指定运算顺序。本节开头的程序代码等价于:

```
int x=1,y=1,z=1;
boolean a=(x+y+(2*z)-(2/2))>(3-1);      //变量 a 的值为 true
```

5.2 整型操作符

整型操作符的操作元类型可以是 byte、short、char、int 和 long。按操作元的多少可分为一元操作符和二元操作符，一元操作符只对一个操作元进行操作，二元操作符对两个操作元进行操作。

5.2.1 一元整型操作符

一元整型操作符如表 5-2 所示。

表 5-2 一元整型操作符表

操作符	实 际 操 作	例 子
-	改变整数的符号，取反	-x //相当于：-1 *x
++	加 1	x++
--	减 1	x--

"++"和"--"操作符会改变所作用的变量本身的值，而"-"操作符并不改变变量本身的值。例如：

```
int a=10,b=10,c=10,d=10;
a++;            //变量 a 加 1
b--;            //变量 b 减 1
c=-d;           //把对变量 d 取反的结果（-10）赋值给变量 c
System.out.println(a+" "+b+" "+c+" "+d);
```

以上程序的打印结果为：

```
11  9  -10  10
```

变量 *a*、*b* 和 *c* 的值被改变，而变量 *d* 仍然为原来的数值。

"++"和"--"既可作为前置操作符，也可作为后置操作符，也就是说，它们既可以放在操作元前面（++*a*），也可以放在操作元后面（*a*++），例如：

```
int a=0,b=1,c=1;
b=a++;          // "++" 作为后置操作符，b 的值变为 0，a 的值变为 1
c=++a;          // "++" 作为前置操作符，a 的值变为 2，c 的值变为 2
```

在表达式"*b*=*a*++"中，先把 *a* 赋给 *b*，再把 *a* 加 1；而在表达式"*c*=++*a*"中，先把 *a* 加 1，再把 *a* 赋给 *c*。

5.2.2 二元整型操作符

整型操作符的第二种类型是二元整型操作符，这类操作符并不改变操作元的值，而是返回可以赋给其他变量的值，表 5-3 列出了常见的二元整型操作符。除了表 5-3

中的操作符，还有一类复合赋值操作符，例如：

```
a-=b;
```

这里的"-="由操作符"-"和"="复合而成，它等价于 $a=a-b$，这种复合方式适用于所有的二元操作符，复合操作符能使程序变得更加简洁：

```
a+=b;   等价于：   a=a+b;
a*=b;   等价于：   a=a*b;
a/=b;   等价于：   a=a/b;
a%=b;   等价于：   a=a%b;
```

表 5-3 二元整型操作符表

操作符		实 际 操 作	例 子
数 学运 算 操作 符	+	加运算	a+b
	−	减运算	a−b
	*	乘运算	a*b
	/	除运算	a/b
	%	取模运算	a%b

1. 整数除法操作符"/"

当操作元都是整数时，"/"除法操作符的运算结果为商的整数部分。例如：

```
int a1=12/5;      //a1 变量的取值为 2
int a2=13/5;      //a2 变量的取值为 2
int a3=-12/5;     //a3 变量的取值为-2
int a4=-13/5;     //a4 变量的取值为-2
```

2. 取模操作符"%"

当操作元都是整数时，"%"取模操作符的运算结果为整数除法运算的余数部分。例如：

```
int a1=12%5;      //a1 变量的取值为 2
int a2=13%5;      //a2 变量的取值为 3
int a3=-12%5;     //a3 变量的取值为-2
int a4=-13%5;     //a4 变量的取值为-3
```

5.3 浮点型操作符

多数整型操作符也可作为浮点型操作符，如"++""--""+""-""*""/"和"%"等。例如：

```
int i1=1,i2=1;
float f1=1.0F,f2=1.0F;
double d1=1.0;

//表达式中取值范围最大的数据类型为 float，因此运算结果为 float 类型
float result1= i1*i2+f1/f2;
```

```
//表达式中取值范围最大的数据类型为double,因此运算结果为double 类型
double result2= i1*i2+f1/f2+d1;
```

5.4 比较操作符和逻辑操作符

表 5-4 列出了 Java 语言的比较操作符和逻辑操作符,这些操作符的运算结果都是 boolean 类型。除了"!"是一元操作符,其他都是两元操作符。

表 5-4 比较操作符和逻辑操作符表

操作符		实 际 操 作
比较 操作符	<	小于
	>	大于
	<=	小于等于
	>=	大于等于
	==	等于
	!=	不等于
逻辑 操作符	&&	短路与
	&	非短路与
	||	短路或
	|	非短路或
	!	非

5.4.1 比较操作符

"<""> ""<="和">="操作符的操作元只能是整数类型和浮点数类型,例如:

```
int a=1,b=1;
double d=1.0;
boolean result1=a>b;      //result1 的值为 false
boolean result2=a<b;      //result2 的值为 false
boolean result3=a>=d;     //result3 的值为 true
boolean result4=a<=d;     //result4 的值为 true
```

操作符"=="用于比较两个操作元是否相等,如果两个操作元相等,那么运算结果为 true,否则为 false。例如:

```
int a1=1,a2=3;
boolean b1=a1==a2;        //b1 变量的值为 false
boolean b2=a1==1;         //b2 变量的值为 true
```

操作符"!="用于比较两个操作元是否不相等,如果两个操作元不相等,那么运算结果为 true,否则为 false。例如:

```
int a1=1,a2=3;
```

```
boolean b1=a1!=a2;   //b1 变量的值为 true
boolean b2=a1!=1;    //b2 变量的值为 false
```

操作符"=="和"!="操作元既可以是基本类型，也可以是引用类型，本书第 8 章的 8.2 节（操作符"=="与对象的 equals()方法）介绍了"=="操作符用于比较引用类型变量的用法。

5.4.2 逻辑操作符

"&&"和"&"均为与操作符，操作元只能是布尔表达式，布尔表达式是指运算结果为 boolean 类型的表达式。例如，以下"&"操作符的两个操作元分别为布尔表达式"a==b"和"a>1"：

```
int a=2,b=2;
boolean result=(a==b) & (a>1);   //result 的值为 true
```

表 5-5 为与操作符的运算规则。从该表可以看出，只有当两个操作元的值都为 true 时，整个表达式的值才为 true。

表 5-5 与操作符的运算规则

左边的布尔表达式	右边的布尔表达式	运算结果
true	true	true
false	false	false
true	false	false
false	true	false

"||"和"|"均为或操作符，操作元也只能是布尔表达式，表 5-6 为或操作符的运算规则。从该表可以看出，当两个操作元中至少有一个操作元的值为 true 时，整个表达式的值就为 true。

表 5-6 或操作符的运算规则

左边的布尔表达式	右边的布尔表达式	运算结果
true	true	true
false	false	false
true	false	true
false	true	true

"&&"和"||"是短路（short circuit）操作符，而"&"和"|"是非短路操作符，它们的区别是：对于短路操作符，如果能根据操作符左边的布尔表达式就能推算出整个表达式的布尔值，将不执行操作符右边的布尔表达式。对于非短路操作符，始终会执行操作符两边的布尔表达式。

对于"&&"操作符，当左边的布尔表达式的值为 false 时，整个表达式的值肯定为 false，此时会忽略执行右边的布尔表达式，例如：

```
int data=1;
boolean result=data<0 && (data+=10)>20;
```

```
System.out.println(result+":data="+data);
```

以上程序的输出结果为"false:data=1"。"&&"是短路逻辑操作符，布尔表达式"data<0"的值为 false，因此 result 变量的值为 false，当程序运行时，Java 虚拟机不会执行"(data+=10)>20"这个表达式。再例如：

```
int data=1;
boolean result=data<0 & (data+=10)>20;
System.out.println(result+":data="+data);
```

这段程序采用非短路操作符"&"，因此在任何情况下都会执行"data<0"和"(data+=10)>20"这两个表达式，程序的打印结果为"false:data=11"。

对于"||"操作符，当左边的布尔表达式的值为 true 时，整个表达式的值肯定为 true，此时会忽略执行右边的布尔表达式。例如：

```
int data=1;
boolean result=data>0 || (data+=10)>20;
System.out.println(result+":data="+data);
```

以上程序的输出结果为"true:data=1"。"||"是短路逻辑操作符，布尔表达式"data>0"的值为 true，因此整个表达式的值为 true，当程序运行时，Java 虚拟机不会执行"(data+=10)>20"这个表达式。再例如：

```
int data=1;
boolean result=data>0 | (data+=10)>20;
System.out.println(result+":data="+data);
```

这段程序采用非短路操作符"|"，因此在任何情况下都会执行"data>0"和"(data+=10)>20"这两个表达式，程序的打印结果为"true:data=11"。

在某些情况下，短路操作符有助于提高程序代码的安全性。例如，以下 sayHello() 方法先采用了"&"非短路操作符：

```
public void sayHello(Monkey monkey){
    if(monkey!=null & monkey.name!=null ){
        System.out.println("Hello: "+monkey.name);
    }
}
```

假如传给 sayHello() 方法的 monkey 参数为 null，那么执行 if 表达式中的 monkey.name 就会抛出 NullPointerException 空指针异常。只要把非短路操作符"&"改为短路操作符"&&"，就能避免这一问题：

```
public void sayHello(Monkey monkey){
    if(monkey!=null && monkey.name!=null ){
        System.out.println("Hello: "+monkey.name);
    }
}
```

对于上述代码，假如传给 sayHello() 方法的 monkey 参数为 null，那么"monkey!=null"表达式的值为 false，可以推断出整个 if 表达式的值为 false，此时"monkey.name!=null"表达式不会被执行，因此避免了 NullPointerException 异常。

"!"是一元操作符,操作元也必须是布尔表达式,当布尔表达式的值为 true,则运算结果为 false;当布尔表达式的值为 false 时,则运算结果为 true,例如:

```
int a=1;
boolean b=!(a>1);   //b 的值为 true
```

5.5 特殊操作符"?:"

Java 语言中有一个特殊的三元操作符"?:",它的语法形式为:

```
布尔表达式 ? 表达式 1 : 表达式 2
```

操作符"?:"的运算过程为:如果布尔表达式的值为 true,就返回表达式 1 的值,否则返回表达式 2 的值。例如:

```
int score=61;
String result=score>=60 ? "及格" : "不及格";
```

以上操作符"?:"等价于以下的 if...else 语句:

```
String result=null;
if(score>=60)
    result="及格";
else
    result="不及格";
```

操作符"?:"与 if...else 语句相比,前者使程序代码更加简洁。

5.6 变量的赋值

"="操作符是使用最频繁的两元操作符,它能够把右边操作元的值赋给左边操作元,并且以右边操作元的值作为运算结果,例如,以下程序打印"a:false":

```
boolean a,b,c;
a=b=1>2;   //变量 a 和 b 的值为 false
if(c=2>3){   //表达式 c=2>3 的值为 false
    System.out.println("c:"+c);
}else{
    System.out.println("a:"+a);   //执行这行代码
}
```

在计算表达式"a=b=1>2"时,首先计算表达式"1>2"→false,再计算表达式"b=false",这个表达式把 false 赋值给变量 b,并且整个表达式"b=false"的值为 false,最后计算表达式"a=false",这个表达式把 false 赋值给变量 a,并且整个表达式"a=false"的值为 false。

同种类型的变量之间可以直接赋值,一个直接数可以直接赋值给和它同类型的变量,例如:

```
int a=124;      //int 型的直接数 124 赋值给 int 型变量 a
long b=124L;    //long 型的直接数 124L 赋值给 long 型变量 b
int c=a;        //int 型的变量 a 赋值给另一个 int 型变量 c
```

同种类型的变量之间赋值时，不需要进行类型的转换。当不同类型的变量之间赋值时，或者将一个直接数赋值给和它不同类型的变量时，需要类型转换。类型转换可分为自动类型转换和强制类型转换两种。自动类型转换是指运行时，Java 虚拟机自动把一种类型转换成另一种类型。例如，以下赋值会自动进行类型转换：

```
char c='a';
int i=c;     //把 char 类型变量 c 赋值给 int 类型变量 i，自动类型转换
int j='a';   //把 char 类型直接数'a'赋值给 int 类型变量 j，自动类型转换
```

强制类型转换是指在程序中显式地进行类型转换，例如：

```
int a=129;
byte b=(byte)a;    //把 int 类型变量 a 强制转换为 byte 类型，变量 b 的值为-127
byte c=(byte)129;  //把 int 类型直接数 129 强制转换为 byte 类型，变量 c 的值为-127
```

值得注意的是，在进行自动或强制类型转换时，被转换的变量本身没有任何变化，例如，以上代码把 int 类型变量 a 强制转换成 byte 类型，变量 a 本身的值 129 保持不变，Java 虚拟机把 129 转换成 byte 类型的临时数据-127，再把这个临时数据赋值给变量 b。

那么，到底什么情况下能进行自动转换，而什么情况下需要强制类型转换呢？本章 5.7 节会进一步介绍数据类型的转换规则。

5.7 基本数据类型转换

整型、浮点型、字符型数据可以进行混合运算。当类型不一致时，需要进行类型转换，从低位类型（即取值范围小的数据类型）到高位类型（即取值范围大的数据类型）会进行自动转换，而从高位类型到低位类型需要进行强制类型的转换。

5.7.1 自动类型转换

表达式中不同类型的数据先自动转换为同一类型，然后进行运算，自动转换总是从低位类型到高位类型。这里的低位类型是指取值范围小的类型，高位类型是指取值范围大的类型。例如，int 相对于 byte 类型是高位类型，而 int 相对于 long 类型是低位类型。表达式中操作元自动转换的规则如下：

- (byte、char、short、int、long 或 float) opt double→double
- (byte、char、short、int 或 long) opt float→float
- (byte、char、short 或 int) opt long→long
- (byte、char 或 short) opt int→int
- (byte、char 或 short) opt (byte、char 或 short)→int

以上箭头左边表示参与运算的数据类型，opt 为操作符（如加"+"、减"-"、乘"*"

和除"/"等),箭头右边表示自动转换成的数据类型。以上转换规则表明:
- 当表达式中存在 double 类型的操作元时,那么把所有操作元自动转换为 double 类型,表达式的值为 double 类型。
- 否则,当表达式中存在 float 类型的操作元时,那么把所有操作元自动转换为 float 类型,表达式的值为 float 类型。
- 否则,当表达式中存在 long 类型的操作元时,那么把所有操作元自动转换为 long 类型,表达式的值为 long 类型。
- 否则,把所有操作元自动转换为 int 类型,表达式的值为 int 类型。

例如,以下表达式"a+b*c+d"包括 int、long 和 double 类型的数据,因此变量 a、b 和 c 会自动转换为 double 类型的临时数据,然后参与运算,表达式的值为 double 类型:

```
int a,b=0;
long c=3;
double d=1.1;
double result=a+b*c+d;
```

再例如,以下表达式"a+b"包括 short 类型,因此变量 a 和 b 会自动转换为 int 类型,然后参与运算,表达式的值为 int 类型,把它赋值给 short 类型的变量 c 会导致编译错误:

```
short   a=1,b=1;
short c= a+b;   //编译出错,a+b 表达式的值为 int 类型
```

正确的做法是把变量 c 声明为 int 类型,或按如下方式进行强制类型转换:

```
short c = (short)(a+b);
```

在进行赋值运算时,也会进行从低位到高位的自动类型转换,赋值运算的自动类型转换规则如下:

```
byte→short→int→long→float→double
byte→char→int→long→float→double
```

以上规则表明 byte 类型可以自动转换为 char、short、int、long、float 和 double 类型,short 类型可以自动转换为 int、long、float 和 double 类型,以此类推。例如:

```
short a=11,b=11;
float f=a;   //short 类型的变量 a 自动转换为 float 类型
float f=a+b;   //a+b 的值为 int 类型,把 int 类型再自动转换为 float 类型
```

在给方法传递参数时,也会出现类型自动转换的情况,转换规则与赋值运算的自动转换规则相同。例如,以下 method()方法的参数为 long 型:

```
void method(long param){…}
```

以下程序调用 method()方法,传递的参数为 int 类型:

```
int a=1;
method(a);   //参数 a 为 int 类型,被自动转换为 long 类型
```

5.7.2 强制类型转换

如果把高位类型赋值给低位类型，必须进行强制类型转换，否则编译会出错。例如：

```
float f=3.4;           //编译出错，不能把 double 类型的直接数直接赋值给 float 类型的变量
int i=(int)3.4;        //合法，把 double 类型的直接数强制转换为 int 类型
long j=5;              //合法
int k=(int)j;          //合法，把 long 类型的变量强制转换为 int 类型
```

short 和 char 类型的二进制位数都是 16，但 short 类型的范围是：$-2^{15} \sim 2^{15}-1$，char 类型的范围是：$0 \sim 2^{16}-1$，由于两者的取值范围不一致，在 short 变量和 char 变量之间的赋值总需要强制类型转换，例如：

```
char c1='a';
short s1=97;

short s2=c1;           //编译出错，把 char 类型变量赋值给 short 类型，需强制类型转换
char c2=s1;            //编译出错，把 short 类型变量赋值给 char 类型，需强制类型转换

short s3=(short)c1;    //合法
char c3=(char)s1;      //合法
```

在给方法传递参数时，如果把高位类型传给低位类型，也需要强制类型转换。例如，以下 method() 方法的参数为 byte 型：

```
void method(byte param){…}
```

以下程序调用 method() 方法，传递的参数为 int 类型：

```
int a=1;
method(1);             //编译出错，1 为 int 类型的直接数，必须强制转换为 byte 类型
method(a);             //编译出错，变量 a 为 int 类型，必须强制转换为 byte 类型
method((byte)1);       //合法，1 为 int 类型的直接数，被强制转换为 byte 类型
method((byte)a);       //合法，变量 a 为 int 类型，被强制转换为 byte 类型
```

5.8 小结

本章介绍了 Java 语言中各种用于操纵基本类型数据的操作符的用法，表 5-7 总结了这些操作符的作用。

表 5-7 Java 语言的各种操作符的作用

操作符分类	操作符	描述
算术操作符	+	（加法）将两个数相加
	++	（自增）将表示数值的变量加 1
	-	（求相反数或者减法）作为一元操作符时，返回操作元的相反数。作为两元操作符时，将两个数相减
	--	（自减）将表示数值的变量减 1

(续表)

操作符分类	操作符	描述
	*	（乘法）将两个数相乘
	/	（除法）将两个数相除
	%	（求余）获得两个数相除的余数
逻辑操作符	&&	（短路逻辑与）如果两个操作元都是 true 则返回 true，否则返回 false
	||	（短路逻辑或）如果两个操作元都是 false 则返回 false，否则返回 true
	&	（非短路逻辑与）如果两个操作元都是 true 则返回 true，否则返回 false
	|	（非短路逻辑或）如果两个操作元都是 false 则返回 false，否则返回 true
	!	（逻辑非）如果操作元为 true，则返回 false，否则返回 true
比较操作符	==	如果操作元相等则返回 true
	!=	如果操作元不相等则返回 true
	>	如果左操作元大于右操作元则返回 true
	≥	如果左操作元大于等于右操作元则返回 true
	<	如果左操作元小于右操作元则返回 true
	≤	如果左操作元小于等于右操作元则返回 true
赋值操作符	=	将第二个操作元的值赋给第一个操作元
	+=	将两个数相加，并将和赋给第一个操作元
	-=	将两个数相减，并将差赋给第一个操作元
	*=	将两个数相乘，并将积赋给第一个操作元
	/=	将两个数相除，并将商赋给第一个操作元
	%=	计算两个数相除的余数，并将余数赋给第一个操作元
特殊操作符	?:	等价于一个简单的"if...else"语句

5.9 编程实战：判断年份是否为闰年

扩展本章开头介绍的机器人 Robot 的功能，给例程 5-1 的 Robot 类增加一个 isBissextile(int year)方法，判断 year 参数给定的年份是否是闰年。闰年的判断规则为：（1）若某个年份能被 4 整除但不能被 100 整除，则是闰年。（2）若某个年份能被 400 整除，则也是闰年。

编程提示

判断 year 参数是否为闰年的表达式是一个布尔表达式，在这个表达式中还会用到"%"取模操作符。当"year % 4==0"，意味着 year 参数能够被 4 整除。isBissextile(int year)方法的定义如下：

```java
public boolean isBissextile(int year){
    if((year%4==0)&&(year%100!=0)||(year%400==0))
        return true;
    else
        return false;
}
```

5.10　编程实战：数字加密

如今，悟空利用公用电话来和他五湖四海的朋友们传递私密数据。数据是四位的整数，在传递过程中对数据进行了加密，加密规则为：每位数字都加上5，然后用和除以10的余数代替该数字，再将第一位和第四位交换、第二位和第三位交换。

进一步扩展机器人 Robot 的功能，给本章开头例程 5-1 的 Robot 类增加一个 encrypt(int data)方法，用来对参数 data 加密。

编程提示

可以按照如下办法先获得 data 参数中每一位上的数字：

```
int data1=data%10;        //个位数
int data2=data/10 % 10;   //十位数
int data3=data/100 % 10;  //百位数
int data4=data/1000;      //千位数
```

encrypt(int data)方法的定义如下：

```
/* 对参数data进行加密，返回加密后的数字*/
public int encrypt(int data){
    int data1=data%10;        //个位数
    int data2=data/10 % 10;   //十位数
    int data3=data/100 % 10;  //百位数
    int data4=data/1000;      //千位数
    System.out.println(data4+" "+data3+" "+data2+" "+data1);

    //对每一位进行加密
    data1=(data1+5)%10;
    data2=(data2+5)%10;
    data3=(data3+5)%10;
    data4=(data4+5)%10;
    int result=data1*1000+data2*100+data3*10+data4;

    return result;
}
```

以上代码中"/"为除法操作符，当操作符的两个操作元都是整数时，进行整除运算。例如，"3956/1000"的结果为3，"3965/100"的结果为39。当操作符"/"的两个操作元中有一个是浮点数，就进行浮点数的除法运算。例如，"3956.42/1000"的结果为3.95642。

以上代码中，"%"为取模操作符，即求余数。例如，"3956 % 10"的结果为6，"8 % 10"的结果为8。

第 6 章 运筹帷幄控流程

智多星、小不点和须弥多在花果山的桃园结义，要成为结拜兄弟，他们打算让年纪最大的猴子做老大。智多星 11 岁，小不点 8 岁，须弥多 15 岁。可是三只猴子都是数学盲，讨论了许久，也不能确定到底谁的年龄最大。

智多星找孙悟空帮忙，孙悟空照例又让智多星去请教机器人 Robot。孙悟空在表示机器人的 Robot 类中增加了一个用于寻找最大年龄的 max()方法，参见例程 6-1。

例程 6-1 运用了 if 分支语句的 Robot 类

```java
public class Robot{
    …
    public int max(int age1,int age2,int age3){
        int result=age1;

        if(age2>result)
            result=age2;

        if(age3>result)
            result=age3;

        return result;
    }

    public static void main(String args[]){
        Robot robot=new Robot();
        System.out.println("最大的年龄为： "
                           +robot.max(11,8,15));
    }
}
```

如图 6-1 所示，max()方法用变量 result 来表示最大的年龄，它的初始值为 age1。接下来用 if 语句来控制程序的流程分支，如果 age2 大于 result，就把 age2 赋值给 result，接下来，如果 age3 大于 result，就把 age3 赋值给 result。

所谓流程分支，就是指某些程序代码只有在满足特定的条件下才会被执行。例如只有在 age2 大于 result 的情况下，才会执行 "result=age2;" 语句。

在 Java 语言中，除了 if 分支语句，还有 while 语句、do…while 语句和 for 语句用来控制循环流程。本章将详细介绍各种流程控制语句的用法，掌握了它们，就可以编写出能完成各种复杂任务的 Java 程序。

本章内容主要围绕以下问题展开：
- 各种流程控制语句的执行流程是什么？
- 如何设定流程控制的条件？
- 如何在中途中断循环流程，或者跳过本次循环，继续进行下次循环？

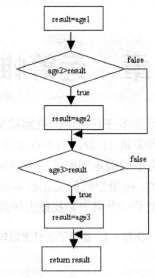

图 6-1 用 if 语句来控制的流程分支

6.1 分支语句

分支语句使部分程序代码在满足特定条件的情况下才会被执行。Java 语言支持两种分支语句：if…else 语句和 switch 语句。

6.1.1 if…else 语句

if…else 语句为两路分支语句，它的基本语法为：

```
if(布尔表达式){
   程序代码块;    //如果布尔表达式为 true，就执行这段代码
}else{
   程序代码块;    //如果布尔表达式为 false，就执行这段代码
}
```

在使用 if…else 语句时，有以下注意事项：

（1）if 语句后面的 else 语句并不是必需的，例如，以下 if 语句后面没有 else 语句：

```
public void amethod(int x){
   if(x>0){
      System.out.println("大于 0");
      return;
   }
   if(x==0){
      System.out.println("等于 0");
      return;
   }
   if(x<0){
      System.out.println("小于 0");
```

```
            return;
        }
    }
```

（2）假如 if 语句或 else 语句的程序代码块中包括多条语句，则必须放在大括号{}内；如果程序代码块只有一条语句，可以不用大括号{}。例如，以上 amethod(int x)方法也可以采用如下方式实现：

```
public void amethod(int x){
    if(x>0)
        System.out.println("大于 0");
    else
        if(x==0)
            System.out.println("等于 0");
        else
            if(x<0)
                System.out.println("小于 0");
}
```

（3）if…else 语句的一种特殊的串联编程风格为:

```
if(expression1){
    statement1
}else if (expression2){
    statement2
}else if (expressionM){
    statementM
}else{
    statementN
}
```

例如，amethod(int x)方法采用以上编程风格可改写为：

```
public void amethod(int x){
    if(x>0){
        System.out.println("大于 0");
    }else if(x==0){
        System.out.println("等于 0");
    }else if(x<0){
        System.out.println("小于 0");
    }
}
```

以上编程风格能使程序更加简洁，并且具有更好的可读性。

6.1.2 switch 语句

switch 语句是多路分支语句，它的基本语法为：

```
switch (expression){
    case value1
        statements;
        break;
    …
    case valueN
```

```
    statements;
    break;

default:
    statements;
    break;
}
```

以下 switch 语句根据考试成绩的等级打印出相应的百分制分数段：

```
char grade='B';

//把分数等级转换为分数范围
switch(grade){
  case 'A':
    System.out.println(grade+":分数>=85");
    break;
  case 'B':
    System.out.println(grade+":分数>=70 并且 分数<85");
    break;
  case 'C':
    System.out.println(grade+":分数>=60 并且 分数<70");
    break;
  case 'D':
    System.out.println(grade+":分数<60");
    break;
  default: System.out.println(grade+":未知等级");
}
```

对于以上代码，由于 grade 变量和 case 'B'匹配，因此会执行 case 'B'后面的代码。再例如，以下的 switch 语句用来判断交通信号灯的含义：

```
String trafficLight="yellow"; //表示交通信号灯
switch( trafficLight ){
  case "green" :
    System.out.println("通行");
    break;
  case "yellow" :
    System.out.println("警示");      //执行这一行代码
    break;
  case "red" :
    System.out.println("停止");
    break;
}
```

在使用 switch 语句时，有以下注意事项：

（1）在 switch (expression) 语句中，expression 表达式的类型必须是与 int 类型兼容的基本类型、String 类型或者枚举类型。所谓与 int 类型兼容，就是指能自动转换为 int 类型，包括：byte、short、char 和 int 类型。long 和浮点类型不能自动转换为 int 类型，因此不能作为 expression 表达式的类型，以下 switch(d)是非法的：

```
double d=11.2;
switch(d){           //编译出错，类型不匹配
    …
```

}

以下 SwitchTest 类先通过"enum"关键字定义了一个枚举类型 Season，它包括表示春、夏、秋、冬四个季节的枚举常量：spring、summer、autumn 和 winter。main() 方法的 switch(season)表达式中的 season 变量是 Season 枚举类型的变量：

```
public class SwitchTest{
    enum Season{spring,summer,autumn,winter}    //定义 Season 枚举类
    public static void main(String args[]){
        Season season=Season.summer;
        switch(season) {
            case spring:
                System.out.println("春暖花开");
                break;

            case summer:
                System.out.println("夏日炎炎");           //打印这一行语句
                break;

            case autumn:
                System.out.println("秋高气爽");
                break;

            case winter:
                System.out.println("残冬腊月");
                break;
        }
    }
}
```

由于以上 season 变量的值与"case summer"匹配，因此会执行这个 case 中的打印语句。

（2）在"case valueN"子句中，valueN 表达式必须满足以下条件：
- valueN 的类型必须是与 int 类型兼容的基本类型及 String 类型等。
- valueN 必须是常量。
- 各个 case 子句的 valueN 表达式的值不同。

提示

为了便于叙述，下文中有时把 switch(expression)中的 expression 表达式称为 switch 表达式；把"case valueN"中的 valueN 表达式称为 case 表达式。

例如：

```
int x=4,y=3;
final byte z=4;         //用 final 修饰的变量 z 为常量
switch(x){
    case 1:             //合法
        System.out.println("1");break;
    case 4/3+1:         //合法，4/3+1 为 int 类型的常量表达式
        System.out.println("2");break;
    case 1:             //编译出错，不允许出现重复的 case 表达式
```

```
        System.out.println("repeat1");break;
    case y:              //编译出错，y 不是常量
        System.out.println("3");break;
    case z:              //合法，z 是与 int 类型兼容的常量
        System.out.println("4");break;
}
```

（3）在 switch 语句中最多只能有一个 default 子句。default 子句是可选的。当 switch 表达式的值不与任何 case 子句匹配时，程序执行 default 子句，假如没有 default 子句，则程序直接退出 switch 语句。default 子句可以位于 switch 语句中的任何位置，通常都将 default 子句放在所有 case 子句的后面：

```
int x=3;
switch(x){
  case 1:
    System.out.println("1");break;
  case 2:
    System.out.println("2");break;
  default :
    System.out.println("default");          //执行这行代码
}
```

（4）如果 switch 表达式与某个 case 表达式匹配，或者与 default 情况匹配，就从这个 case 子句或 default 子句开始执行，假如遇到 break 语句，就退出整个 switch 语句，否则依次执行 switch 语句中后续的 case 子句，不再检查 case 表达式的值。例如：

```
int x=5;
switch(x){
  //x 与 default 匹配，从这行开始执行
  default: System.out.println("default");
  case 1: System.out.println("case1");
  case 2: System.out.println("case2");
  case 3: System.out.println("case3");break;
  case 4: System.out.println("case4");
}
```

以上代码的打印结果为：

```
default
case1
case2
case3
```

（5）一般情况下，应该在每个 case 子句的末尾提供 break 语句，以便及时退出整个 switch 语句。在某些情况下，假如若干 case 表达式都对应相同的流程分支，则不必使用 break 语句，例如：

```
public void convertGrade(char grade){
  switch( grade ){
    case 'A' :
    case 'B' :
    case 'C' :
        //当 grade 的值为 A、B、C，都执行这行代码
        System.out.println("及格");
```

```
          break;
        case 'D' :
          System.out.println("不及格");
          break;
        default : System.out.println("Invalid Grade!");
     }
   }
```

6.2 循环语句

智多星、小不点和须弥多成为结拜兄弟后,越来越多的猴子加入他们的朋友圈,最后朋友圈发展到拥有 20 只猴子。该朋友圈需要从 20 只猴子中挑选出年龄最大者作为老大。可是,孙悟空在本章开头给智多星设计的机器人 Robot 只能从三只猴子中挑选出年龄最大者。

智多星对本章开头的例程 6-1 的 Robot 类的 max()方法做了一番研究,很快就领悟了 if 语句的妙用。智多星自作聪明,依葫芦画瓢,给 Robot 类又增加了一个 max()方法:

```
public int max(int age1,int age2,int age3,
               int age4,…int age20){
    int result=age1;
    if(age2>result)
        result=age2;
    if(age3>result)
        result=age3;
    if(age4>result)
        result=age4;
    ...
    if(age20>result)
        result=age20;

    return result;
}
```

这个 max()方法要比较的年龄参数有 20 个,智多星勉强耐着性子输入了冗长的程序代码,手都发酸了。

智多星洋洋得意地向悟空炫耀他编写的 max()方法,悟空看了以后,笑得前俯后仰。"要是你们的朋友圈发展到 200 人,你岂不是要从早忙到天黑,来输入 max()方法的程序代码了?"悟空问道。经悟空一提醒,智多星顿时傻眼了,只好又向悟空求助。

悟空亮出了 Java 语言用于流程控制的另一个法宝: while 循环语句,利用它重新编写了 max()方法,参见例程 6-2。

例程 6-2 运用了 while 循环语句的 Robot 类

```
public class Robot{
    ...
    public int max(int[] ages){          //用 while 语句来控制循环流程
        int result=0;
        int i=0;
```

```java
    while(i<ages.length){
      if(ages[i]>result)
         result=ages[i];

      i++;
    }

    return result;
  }

  public static void main(String args[]){
    Robot robot=new Robot();

    //定义用于存放朋友圈中所有猴子年龄的数组
    int[] ages=
       {11,8,15,9,16,12,21,4,7,3,18,24,15,5,19,14,23,14,17,13};

    System.out.println("最大的年龄为： "+robot.max(ages));
  }
}
```

悟空告诉智多星，别小看这个简短的 max()方法，它可以从任意多个年龄数据中找出最大值。

以上 max()方法的 ages 参数为一个 int 类型的数组，可以存放任意多的整型数据。数组用于存放一组相关的数据，本书第 17 章（数组）详细介绍了数组的用法。在本例中，ages 数组中存放了智多星朋友圈中所有猴子的年龄，ages.length 属性表示数组中所有年龄数据的数目。

以上 max()方法用变量 result 来表示最大的年龄，它的初始值为 0。如图 6-2 所示，max()方法用 while 语句来控制程序的循环流程，总的循环次数为 ages.length。在第 1 次循环中，判断 ages 数组中的第 1 个年龄数据 ages[0]是否大于 result，如果为 true，就把 ages[0]赋值给 result；在第 2 次循环中，判断 ages 数组中的第 2 个年龄数据 ages[1]是否大于 result，如果为 true，就把 ages[1]赋值给 result；以此类推，重复执行 ages.length 次。

循环语句的作用是反复执行一段代码，直到不满足循环条件为止。循环语句一般应包括四部分内容：

- 初始化部分：用来设置循环的一些初始条件，比如设置循环控制变量的初始值。
- 循环条件：这是一个布尔表达式。每一次循环都要对该表达式求值，以判断到底是继续循环还是终止循环。这个布尔表达式中通常会包含循环控制变量。
- 循环体：这是循环操作的主体内容，可以是一条语句，也可以是多条语句。
- 迭代部分：通常属于循环体的一部分，用来改变循环控制变量的值，从而改变循环条件表达式的布尔值。

Java 语言提供三种循环语句：for 语句、while 语句和 do...while 语句。for 和 while 语句在执行循环体之前测试循环条件，而 do...while 语句在执行完循环体之后测试循环条件。这意味着 for 和 while 语句有可能连一次循环体都未执行，而 do…while 循环至少执行一次循环体。

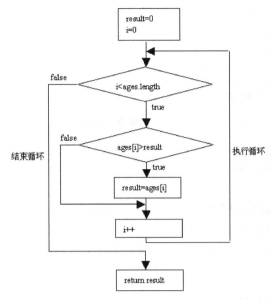

图 6-2　用 while 语句来控制的循环流程

6.2.1　while 语句

while 语句是 Java 语言中最基本的循环语句。它的基本格式如下，其中初始化部分是可选的：

```
[初始化部分]
while (循环条件){
    循环体，包括迭代部分
}
```

当代表循环条件的布尔表达式的值为 true 时，就重复执行循环，否则终止循环，如图 6-3 所示。

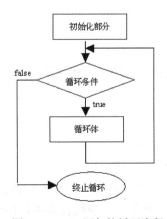

图 6-3　while 语句的循环流程

以下代码中的注释语句标出了 max(int[] ages)方法中 while 循环语句的结构：

```java
public int max(int[] ages){
    int result=0;

    int i=0; //初始化部分
    while(i<ages.length){    //循环条件，变量 i 为循环控制变量
        //以下是循环体
        if(ages[i]>result)
            result=ages[i];

        i++; //迭代部分，改变循环控制变量 i 的值
    }

    return result;
}
```

在使用 while 语句时，有以下注意事项：

（1）如果循环体包含多条语句，必须放在大括号内，如果循环体只有一条语句，可以不用大括号。例如以下程序的流程为：重复打印 count 变量的当前值，并对 count 变量执行递增操作，直到 count 变量变为 20：

```java
int count=10;
while(count<20)
    System.out.println(count++);    //循环体中只有一条语句，无须大括号
```

（2）while 语句在循环一开始就计算循环条件表达式，若表达式的值为 false，则循环体一次也不会执行。例如以下循环体一次也不会执行：

```java
int a = 10, b = 20;
while(a > b)
    System.out.println(a+">"+b);
```

（3）对于 while 语句（或者 for 语句和 do…while 语句），都应该确保提供终止循环的条件，避免死循环（即永远不会终止的循环，或者称为无限循环）。例如以下的 while 语句会导致死循环：

```java
int a=1,b=2;
while(a<b) b++;
```

6.2.2　do...while 语句

do...while 语句首先执行循环体，然后再判断循环条件。它的基本格式如下，其中初始化部分是可选的：

```
[初始化部分]
do {
    循环体，包括迭代部分
}while(循环条件);
```

对于 while 语句，有可能循环体一次也不会执行。而 do…while 语句会至少执行一次循环体，然后再判断循环条件。当代表循环条件的布尔表达式的值为 true 时，就继

续执行循环体,否则终止循环,如图 6-4 所示。

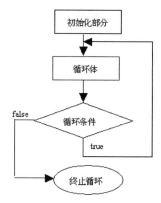

图 6-4 do...while 语句的循环流程

以下 max(int[] ages)方法使用 do...while 语句来从 ages 数组中寻找最大的年龄数据:

```
public int max(int[] ages){    //用 do...while 语句控制循环流程
    int result=0;
    int i=0; //初始化部分

    do{
        //以下是循环体
        if(ages[i]>result)
            result=ages[i];

        i++; //迭代部分
    }while(i<ages.length);    //循环条件

    return result;
}
```

在以下 do...while 语句中,在循环条件中包含了迭代部分:

```
int i=1;
do{
 System.out.println(i);
}while(i++<3);
```

当变量 i 为 2 时,表达式"i++<3"的值为 true,还会再执行一次循环体,以上程序的打印结果为:1 2 3。

6.2.3 for 语句

for 语句和 while 语句一样,也是先判断循环条件,再执行循环体,它的基本格式如下:

```
for(初始化部分;循环条件;迭代部分){
    循环体
}
```

在执行 for 语句时,先执行初始化部分,这部分只会被执行一次,接下来计算作为循环条件的布尔表达式,如果为 true,就执行循环体,接着执行迭代部分,然后再计算作为循环条件的布尔表达式,如此反复。以下 for 语句的初始化部分为"int *i*=0",循环条件为"*i*<3":

```
for(int i=0; i<3; i++)
    System.out.println("i="+i);
```

以上程序的打印结果为:

```
i=0
i=1
i=2
```

以下 max(int[] ages)方法使用 for 语句来从 ages 数组中寻找最大的年龄数据:

```
public int max(int[] ages){ //用 for 语句来控制循环流程
    int result=0;

    for(int i=0;i<ages.length;i++){
        if(ages[i]>result)
            result=ages[i];
    }
    return result;
}
```

在使用 for 语句时,有以下注意事项:

(1) 如果循环体包含多条语句,必须放在大括号内,如果循环体只有一条语句,可以不用大括号。

(2) 控制 for 循环的变量常常只用于本循环,而不用在程序的其他地方。在这种情况下,可以在循环的初始化部分声明变量。例如,以下变量 *n* 为循环控制变量:

```
for(int n=10; n≥1; n—)
    System.out.println("n:" + n);
```

(3) 作为一种编程惯例,for 语句一般用在循环次数事先可确定的情况,而 while 和 do...while 用在循环次数事先不可确定的情况。

6.3 流程跳转语句

break、continue 和 return 语句用来控制流程的跳转。

(1) break:从 switch 语句或循环语句中退出。以下 while 循环用于从 1~100 找到第一个能同时被 6 和 8 整除的数:

```
int a=1,result=0;
for(int i=1;i<=100;i++){
    if(i % 6==0 && i% 8==0){
        result=i;
        break;           //终止循环
    }
}
```

```
System.out.println(result);    //打印 24
```

（2）continue：跳过本次循环，执行下一次循环。以下 for 循环用于对 1~100 范围内的奇数求和：

```
int result=0;
for(int a=1;a<=100;a++){
    if(a%2==0)continue;    //如果 a 是偶数，就跳出本次循环，继续执行下次循环
    else result+=a;
}
System.out.println(result);    //打印 2500
```

（3）return：退出本方法，跳到上层调用方法；如果本方法的返回类型不是 void，需要提供相应的返回值。在以下 amethod()方法中，有三个 return 语句，一旦流程执行到某个 return 语句，就会立即退出本方法，不再执行后续的代码：

```
public void method(){
    System.out.println(amethod(5));    //打印 1
}
public int amethod(int x){
    if(x>0) return 1;

    if(x==0) return 0;

    return -1;    //当 x<0，就返回-1
}
```

break 语句和 continue 语句可以与标号联合使用。标号用来标识程序中的语句，标号的名字可以是任意的合法标识符。例如，在以下代码中，"loop1"和"loop2"为标号，分别标识 for 语句和 switch 语句：

```
loop1: for(int i = 0; i < 5; i++){
    loop2: switch(i){
        case 0:
            System.out.println("0");
            break;                    //退出 switch 语句
        case 1:
            System.out.println("1");
            break loop2;              //退出 switch 语句
        case 3:
            System.out.println("3");
            break loop1;              //退出 for 循环
        default:
            System.out.println("default");
            continue loop1;           //结束本次 for 循环，执行下次 for 循环
    }
    System.out.println("i="+i);
}
```

以上程序的打印结果为：

```
0
i=0
1
i=1
```

```
    default
3
```

6.4 小结

本章涉及的 Java 知识点总结如下：
（1）各种流程控制语句的用法。
- if...else 语句：最常用的分支语句。
- switch 语句：多路分支语句。
- while 语句：最常用的循环语句，先检查循环条件，再执行循环体。
- do...while 语句：先执行循环体，再检查循环条件，循环体至少会执行一次。
- for 语句：先检查循环条件，再执行循环体，通常用于事先确定循环次数的场合。

（2）各种流程控制语句的语法。

if...else、while、do...while 和 for 语句的条件表达式都必须是布尔表达式，不能为数字类型。switch 表达式和 case 表达式必须是 byte、short、char 或 int 类型，或者是 String 类型。而且 case 表达式必须为常量。

（3）流程跳转语句。
- break：从 switch 语句或循环语句中退出。
- continue：跳过本次循环，执行下一次循环。
- return：退出本方法，跳到上层调用方法。

6.5 编程实战：实现常用数学运算

扩充机器人 Robot 类的功能，增加一个 calculate(double num1,String opt,double num2) 方法，能够支持加、减、乘、除运算。参数 num1 和 num2 表示待运算的两个数字，参数 opt 表示运算符。

编程提示

可以用 switch 语句来判断 opt 参数表示哪种运算符，然后再进行相应的运算。calculate()方法的定义如下：

```java
public double calculate(double num1,String opt,double num2){
    double result=0;
    switch(opt){
        case "+": result=num1+num2;break;
        case "-": result=num1-num2;break;
        case "*": result=num1*num2;break;
        case "/": result=num1/num2;break;
        default : throw
            new IllegalArgumentException("请输入正确的运算符: +、-、*、/");
```

```
        }
        return result;
    }
```

以上 default 语句表示参数 opt 无效的情况,此时会抛出 IllegalArgumentException 异常。关于异常的概念参见本书第 16 章(降伏异常有策略)。

6.6 编程实战:打印金字塔

编写一个 Tower 类,它的 printTower(int n)方法能打印如图 6-5 所示的用 "*" 组成的金字塔。金字塔的层数由参数 *n* 来决定。

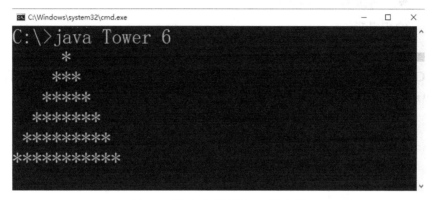

图 6-5 用 "*" 组成的 6 层金字塔

编程提示

可以用一个双重循环来打印金字塔,第一重循环负责依次打印每一层的 "*"。第二重循环则嵌套在第一重循环内。第二重循环负责打印特定层每个位置上的空格或者 "*"。以下 printTower(int *n*)方法可以打印由参数 *n* 指定层数的金字塔:

```
public void printTower(int n){
    for(int i=1;i<=n;i++){              //第一重 for 循环
        for(int j=1;j<=2*n-1;j++){      //第二重 for 循环
            if(j>n-i && j<n+i)
                System.out.print("*");  //打印*
            else
                System.out.print(" ");  //打印空格
        }                                //第二重 for 循环

        System.out.print("\n");         //打印换行
    }                                    //第一重 for 循环
}
```

6.7 编程实战：考试分数和等级转换

编写一个 Converter 类，它的 toScore(char grade)方法能够把考试分数等级 grade 转换为分数范围；它的 toGrade(int score)方法能够把考试分数 score 转换为分数等级。考试分数和等级之间的转换规则为：

- 等级 A：分数>=85。
- 等级 B：分数在 70~85（不含 85）。
- 等级 C：分数在 60~70（不含 70）。
- 等级 D：分数<60。

编程提示

在 toScore(char grade)方法中，可以用 switch 语句来进行多路条件判断，在 toGrade(int score)方法中，可以用 if...else 语句来进行两路条件判断，并且 if...else 语句中还可以嵌套 if...else 语句。以下是这两个方法的源代码：

```java
/* 把分数等级转换为分数范围 */
public void toScore(char grade){
  switch(grade){
    case 'A':
      System.out.println(grade+":分数≥85");
      break;
    case 'B':
      System.out.println(grade+":分数≥70 并且 分数<85");
      break;
    case 'C':
      System.out.println(grade+":分数≥60 并且 分数<70");
      break;
    case 'D':
      System.out.println(grade+":分数<60");
      break;
    default: System.out.println(grade+":未知等级");
  }
}

/* 把分数转换为等级 */
public char toGrade(double score){
  char grade;
  if(score>=85){              //采用串联风格的 if...else 语句
    grade='A';
  }else if(score>=70 && score<85){
    grade='B';
  }else if(score>=60 && score<70){
    grade='C';
  }else{
    grade='D';
  }
```

```
        System.out.println(score+"对应的等级为: "+grade);
        return grade;
    }
}
```

6.8 编程实战：数兔子

有一对兔子第 1 个月出生，从出生后第 3 个月起，每个月都生一对兔子，新生的每对兔子长到第 3 个月后每个月又生一对兔子，假如兔子都不死，请问到了第 n 个月，共有多少对兔子？

编程提示

定义一个 RabbitCouple 类，表示一对兔子。它的 bornMonth 属性表示这对兔子出生的月份，它的 giveBirth(int months)方法模拟生兔子的行为，参数 months 指定所有月份数目。例程 6-3 是 RabbitCouple 类的源代码。

例程 6-3 RabbitCouple.java

```java
public class RabbitCouple{
    //变量 sum 为静态变量，表示所有兔子的对数，初始值为 0
    private static int sum=0;
    //bornMonth 属性表示兔子出生的月份，是实例变量
    private int bornMonth;

    public RabbitCouple(int bornMonth){   //构造方法
        this.bornMonth=bornMonth;
        sum++;          //每当有一对新的兔子出生，sum 就增加 1
        System.out.println("出生一对新兔子，出生月份: "
            +bornMonth+" , 目前共有"+sum+"对兔子");
    }

    public void giveBirth(int months){  /* 生兔子 */
        for(int i=bornMonth+2;i<=months;i++){
            RabbitCouple kids=new RabbitCouple(i);   //出生一对兔子
            kids.giveBirth(months);      //新出生的这对兔子继续生下一代兔子
        }
    }

    /*  程序入口 main()方法  */
    public static void main(String args[]){
        int months=8;
        //第一对兔子在第一个月出生
        RabbitCouple firstCouple=new RabbitCouple(1);
        //第一对兔子生小兔子
        firstCouple.giveBirth(months);
        System.out.println(months+"个月，一共有"+sum+"对兔子");
    }
}
```

RabbitCouple 类有一个用 static 修饰符修饰的静态变量 sum，用来统计所有的兔子

对数。这个静态变量是类级别的变量，也就是说，对于 RabbitCouple 类，一共只有一个 sum 变量，它被所有的 RabbitCouple 实例共享。

在 RabbitCouple 类的构造方法中，会使得 sum 变量递增 1。当程序用 new 语句来创建 RabbitCouple 实例时，就会自动调用这个构造方法。这就确保每出生一对新兔子，sum 变量就会增加 1。

RabbitCouple 类的 bornMonth 变量没有用 static 修饰，它是实例变量，每个 RabbitCouple 实例都有自己的 bornMonth 实例变量。例如，假设 1、3、4 月份分别出生了一对兔子，如图 6-6 显示了内存中 RabbitCouple 实例和 RabbitCouple 类的关系。

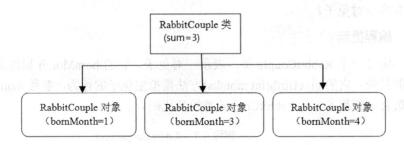

图 6-6　内存中 RabbitCouple 实例和 RabbitCouple 类的关系

从图 6-6 可以看出，RabbitCouple 类的 sum 静态变量在内存中只有一个，而每个 RabbitCouple 实例都有自己的 bornMonth 实例变量，它们的取值表示当前兔子实例的出生月份。

RabbitCouple 类的 giveBirth(int months)方法模拟生兔子的行为。每出生一对兔子，又继续调用新出生兔子的 giveBirth(int months)方法。一个方法调用自身方法，这称作递归算法：

```
RabbitCouple kids=new RabbitCouple(i);      //出生一对兔子
kids.giveBirth(months);                     //新出生的这对兔子继续生下一代兔子
```

运行 RabbitCouple 类，会得到以下打印结果：

```
出生一对新兔子，出生月份：1，目前共有 1 对兔子
出生一对新兔子，出生月份：3，目前共有 2 对兔子
出生一对新兔子，出生月份：5，目前共有 3 对兔子
出生一对新兔子，出生月份：7，目前共有 4 对兔子
出生一对新兔子，出生月份：8，目前共有 5 对兔子
…
出生一对新兔子，出生月份：6，目前共有 18 对兔子
出生一对新兔子，出生月份：8，目前共有 19 对兔子
出生一对新兔子，出生月份：7，目前共有 20 对兔子
出生一对新兔子，出生月份：8，目前共有 21 对兔子
8 个月，一共有 21 对兔子
```

例程 6-3 的 RabbitCouple 类按照面向对象编程的思想来实现数兔子。此外，还可以寻找兔子数目与月份的规律，用更加简单的算法来实现这道题目。兔子总数的规律为：1、1、2、3、5、8、13、21、…。假设 f(n)表示每个月的兔子对的总数，n 表示月份。那么可以发现以下规律：

f(1)=1,f(2)=1
当 n>2 时，f(n)=f(n-1)+f(n-2)

例程 6-4 的 Counter 类就按照上述规律来数兔子。在 fun(int *n*)方法中，运用了递归算法，调用 fun(*n*-1)和 fun(*n*-2)方法。

例程 6-4　Counter.java

```
public class Counter{
   public static int fun(int n){   //参数 n 表示月份
      if(n==1 || n==2)
         return 1;
      else
         return fun(n-1)+fun(n-2);
   }
   public static void main(String args[]){
      int n = 8;
      System.out.println("第"+n+"个月兔子对的总数为"+fun(8));
   }
}
```

6.9　编程实战：寻找水仙花数

水仙花数是指一个 n 位正整数（$n \geq 3$），它的每个位上的数字的 n 次方之和等于它本身。例如，153 就是一个 3 位的水仙花数，因为：$1^3 + 5^3 + 3^3 = 153$。54748 是一个 5 位的水仙花数，因为：$5^5 + 4^5 + 7^5 + 4^5 + 8^5 = 54748$。

编写一个 Flower 类，它的 find(int *n*)方法能够寻找出 n 位正整数中的所有水仙花数。

编程提示

n 位正整数中的最小数是 $10^{(n-1)}$，即 10 的（n-1）次方。最大数是 10^n-1，即 10 的 n 次方减 1。例如，对于 3 位整数，最小数是 100，最大数是 999。

对于一个整数 data，它的第 m 位的数字为：$data/10^{(m-1)} \% 10$。例如对于整数 4578，它的第 3 位的数字是：

```
4578 / （10^2） % 10
=4578 / 100 % 10   //此处 "/" 为整除运算
=45 % 10
=5
```

在 JDK 类库中，Math 类的 pow(double data , double n) 静态方法支持幂运算，pow()方法的返回结果为：$data^n$。例程 6-5 为 Flower 类的源代码。

例程 6-5　Flower.java

```
public class Flower {
   /* 寻找 n 位数中的所有水仙花数 */
   public void find(int n){
```

```java
        int minNumber=(int)Math.pow(10,n-1);    //n 位数中的最大数
        int maxNumber=(int)Math.pow(10,n)-1;    //n 位数中的最小数

        int num=0;    //num 变量表示水仙花数的数目
        for(int data=minNumber;data<=maxNumber;data++){
            if(isFlower(data,n)){
                num++;
                System.out.print(data+" ");

                if(num % 10==0) //一行打印 10 个水仙花数，超过 10 个就换行打印
                    System.out.println();
            }
        }
    }

    /* 判断一个 n 位数是否是水仙花数。参数 data 指定待判断的数字 */
    public boolean isFlower(int data,int n){
        int total=0;
        for(int i=0;i<n;i++){
            int digital=data/(int)Math.pow(10,i)%10; //获得每一位数
            total+=Math.pow(digital,n);
        }

        if(total==data)
            return true;
        else
            return false;
    }

    public static void main(String[] args) {
        new Flower().find(5);
    }
}
```

Math 类的 pow(double data , double *n*)方法是用 static 修饰的静态方法，它是类级别的方法，这样的方法允许直接通过类名来访问，例如：Math.pow(10,3)的运算结果为 1000.0。

另外，这个 pow()方法的返回值是 double 类型，如果把它赋值给 int 类型的变量，可能会造成精度下降，因此必须进行强制类型的转换：

    int minNumber=**(int)**Math.pow(10,n-1);

Flower 类的 main()方法调用"new Flower().find(5)"，会打印 5 位的水仙花数：

    54748   92727   93084

第 7 章 代码重用靠继承

花果山的猴子分为两种：金丝猴与长尾猴。金丝猴除了具有名字和年龄等属性，还有猴毛颜色属性；长尾猴除了具有名字和年龄等属性，还有尾巴长度属性。悟空用 JMonkey 类来表示金丝猴，它的定义如下：

```java
public class JMonkey{
    String name;
    int age;
    char gender;
    String color;           //表示猴毛颜色
    …                       //省略显示构造方法
    public void speak(){
        System.out.println("大家好，我是"+name);
    }
}
```

悟空用 CMonkey 类来表示长尾猴，它的定义如下：

```java
public class CMonkey{
    String name;
    int age;
    char gender;
    double length;          //表示尾巴长度
    …                       //省略显示构造方法
    public void speak(){
        System.out.println("大家好，我是"+name);
    }
}
```

以上 JMonkey 类和 CMonkey 类中存在着相同的程序代码，这两个类都有 name、age 和 gender 属性，还有 speak()方法。重复编写相同的代码会降低编程效率。那么，如何避免重复编码呢？答案是运用类的继承关系。

悟空首先定义了一个 Monkey 类，这个类中拥有 JMonkey 类和 CMonkey 类共同具有的 name、age 和 gender 属性，以及 speak()方法：

```java
public class Monkey{
    String name;
    int age;
    char gender;
    …                       //省略显示构造方法
    public void speak(){
```

```
        System.out.println("大家好，我是"+name);
    }
}
```

接下来，悟空再定义 JMonkey 类和 CMonkey 类，它们都是 Monkey 类的子类。JMonkey 类和 CMonkey 类的定义如下：

```
public class JMonkey extends Monkey{
    String color;
    …                    //省略显示构造方法
}

public class CMonkey extends Monkey{
    double length;
    …                    //省略显示构造方法
}
```

以上 extends 关键字表明 JMonkey 类和 CMonkey 类都是 Monkey 父类的子类，JMonkey类和CMonkey类都会继承Monkey类中的name、age和gender属性，还有speak()方法。所以在 JMonkey 类和 CMonkey 类中不需要再重复定义这些属性和方法。

如图 7-1 所示的类框图显示了 Monkey 类、JMonkey 类和 CMonkey 类之间的继承关系。

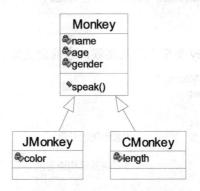

图 7-1　Monkey 类与它的子类：JMonkey 类和 CMonkey 类

以下程序代码创建了一个 JMonkey 对象，然后再调用它的 speak()方法：

```
JMonkey monkey=new JMonkey("智多星");
monkey.speak();              //调用从 Monkey 类中继承的 speak()方法
```

可见，继承是复用程序代码的有力手段。本章内容主要围绕以下问题展开：
- 继承的基本语法是什么？
- 当一个类自身对同一个方法有多种实现方式，或者子类与父类对同一个方法有不同的实现方式时，该如何处理？
- 当一个引用类型的变量被声明为父类型，而实际上引用子类型的实例时，如何通过这种引用类型变量去访问实例的成员？

7.1 继承的基本语法

当多个类（Sub1,Sub2,…,Sub$N$）存在相同的属性和方法时，可从这些类中抽象出父类 Base，在父类 Base 中定义这些相同的属性和方法，所有的 Sub 类无须重新定义这些属性和方法，只需通过 extends 语句来声明继承 Base 类：

```
public class Sub extends Base{
    …
}
```

以上代码表明 Sub 类继承了 Base 类，Sub 类就会自动拥有在 Base 类中定义的一些属性和方法。

Sub 类到底继承了 Base 类的哪些东西呢？这需要分为两种情况：

- 当 Sub 类和 Base 类位于同一个包中时：Sub 类继承 Base 类中 public、protected 和默认访问级别的成员变量和成员方法。
- 当 Sub 类和 Base 类位于不同的包中时：Sub 类继承 Base 类中 public 和 protected 访问级别的成员变量和成员方法。

本书第 9 章（公私分明设权限）进一步介绍了 public、protected 和默认访问级别的作用。假设 Sub 和 Base 类位于同一个包中，例程 7-1 的程序演示了在 Sub 子类中可继承父类 Base 的哪些成员变量和方法。

例程 7-1　Base.java 和 Sub.java

```
/** Base.java */
package mypack;
public class Base{
    public int publicVar=1;     //public 访问级别
    private int privateVar=1;   //private 访问级别
    int defaultVar=1;           //默认访问级别

    protected void method(){} //protected 访问级别
}

/** Sub.java*/
package mypack;
public class Sub extends Base{
    public static void main(String args[]){
        Sub sub=new Sub();
        sub.publicVar=3;    //合法，Sub 类继承了 Base 类的 public 类型的变量
        sub.defaultVar=3;   //合法，Sub 类继承了 Base 类的默认访问级别的变量
        sub.privateVar=3;   //非法，Sub 类不能继承 Base 类的 private 类型的变量

        sub.method();       //合法，Sub 类继承了 Base 类的 protected 类型的方法
    }
}
```

Java 语言不支持多继承，即一个类只能直接继承一个类。例如，以下代码会导致编译错误：

```
class Sub extends Base1,Base2,Base3{…}
```

尽管一个类只能有一个直接的父类，但是它可以有多个间接的父类，例如，以下代码表明 Base1 类继承 Base2 类，Sub 类继承 Base1 类，Base2 类是 Sub 类的间接父类：

```
class Base1 extends Base2{…}
class Sub extends Base1{…}
```

所有的 Java 类都直接或间接地继承了 java.lang.Object 类，Object 类是所有 Java 类的祖先，在这个类中定义了所有的 Java 对象都具有的相同行为。假如，在定义一个类时，没有使用 extends 关键字，那么这个类直接继承 Object 类。例如，以下 Sample 类的直接父类为 Object 类：

```
public class Sample{…}          //直接继承 Object 类
```

7.2 方法重载（Overload）

有时候，类的同一种功能有多种实现方式，到底采用哪种实现方式，取决于调用者给定的参数。例如，花果山的猴子们都很喜欢练武，使用不同的武器有不同的练习方式。以下 Monkey 类有多个表示练武的 wushuPractice()方法：

```
public class Monkey{
    …
    public void wushuPractice(Cudgel cudgel){ /* 用棍棒练武*/
        System.out.println("练习棍棒术");
        …
    }

    public void wushuPractice(Rapier rapier){ /* 用剑练武*/
        System.out.println("练习剑术");
        …
    }
}
```

再例如本书第 6 章介绍的 Robot 类的 max()方法有两种实现方式：

```
public int max(int age1,int age2,int age3){…}
public int max(int[] ages){…}
```

对于类的方法，如果有两个方法的方法名相同，但参数不一致，那么可以说，一个方法是另一个方法的重载方法。

重载方法必须满足以下条件：
- 方法名相同。
- 方法的参数类型、个数、顺序至少有一项不相同。

在一个类中不允许定义两个方法名相同，并且参数签名也完全相同的方法。参数签名就是指参数的类型、个数和顺序。

例如，以下 Sample 类中已经定义了一个 amethod()方法：

```
public class Sample{
  public void amethod(int i, String s){}
  //加入其他方法
}
```

下面哪些方法可以加入到 Sample 类中，并且保证编译正确呢？

A）public void amethod(String s, int i){}　　//可以
B）public int amethod(int i, String s){return 0;}　　//不可以
C）private void amethod(int i, String mystring){}　　//不可以
D）public void Amethod(int i, String s) {}　　//可以

选项 A 的 amethod()方法的参数顺序和已有的不一样，所以能作为重载方法，加入到 Sample 类中。

选项 B 和选项 C 的 amethod()方法的参数签名和已有的一样，所以不能加入到 Sample 类中。对于选项 C，尽管 String 类型的参数的名字和已有的不一样，但比较参数签名无须考虑参数的具体名字。

选项 D 的方法名为 Amethod，与已有的不一样，所以能加入到 Sample 类中，但 Amethod()方法不是 amethod()方法的重载方法。

7.3　方法覆盖（Override）

方法覆盖发生在父类与子类之间。例如，大多数铃铛只要一摇晃，都会发出响声，而当唐僧师徒经过麒麟山时，山上的赛太岁妖怪的铃铛一摇晃，会喷出火来。以下 Bell 类表示普通的铃铛，swing()方法模拟铃铛摇晃的行为：

```
public class Bell{
  public void swing(){
    System.out.println("发出响声");
  }
}
```

以下 MagicBell 类表示具有魔力的铃铛，它是 Bell 类的子类：

```
public class MagicBell extends Bell{
  public void swing(){ /* 覆盖父类的 swing()方法 */
    System.out.println("喷出火");
  }
}
```

MagicBell 子类和 Bell 父类都有 swing()方法，但是两者的实现方式不一样。所以，MagicBell 子类的 swing()方法覆盖了 Bell 父类的 swing()方法。

如果在子类中定义的一个方法，其名称、返回类型及参数签名正好与父类中某个方法的名称、返回类型及参数签名相匹配，那么可以说，子类的方法覆盖了父类的方法。

覆盖方法必须满足多种约束，下面分别介绍。

（1）子类方法的名称、参数签名和返回类型必须与父类方法的名称、参数签名和返回类型一致。例如，以下代码将导致编译错误：

```java
public class Base {
    public void method() {…}
}
public class Sub extends Base{
    public int method() {   //编译错误，返回类型不一致
        return 0;
    }
}
```

以上两个类都是 public 类型，因此应该分别位于 Base.java 和 Sub.java 文件中。本书为了节省显示程序代码的篇幅，有时把几个 public 类型的类的程序代码放在一起列出。

Java 编译器首先判断 Sub 类的 method()方法与 Base 类的 method()方法的参数签名，由于两者一致，因此 Java 编译器认为 Sub 类的 method()方法试图覆盖父类的方法，既然如此，Sub 类的 method()方法就必须和被覆盖的方法具有相同的返回类型。

在以下代码中，子类覆盖了父类的一个方法，然后又定义了一个重载方法，这是合法的：

```java
public class Base {
    public void method() {…}
}

public class Sub extends Base {
    public void method(){…}         //覆盖 Base 类的 method()方法

    public int method(int a) {      //重载 method()方法
        return 0;
    }
}
```

（2）子类方法不能缩小父类方法的访问级别。例如，以下代码中子类的 method()方法是私有的，父类的 method()方法是公共的，子类缩小了父类方法的访问级别，这是无效的方法覆盖，将导致编译错误：

```java
public class Base {
    public void method() {…}
}
public class Sub extends Base {
    private void method() {…}       //编译错误，子类方法缩小了父类方法的访问级别
}
```

（3）子类方法不能抛出比父类方法更多的异常，关于异常的概念参见第 16 章（降伏异常有策略）。子类方法抛出的异常必须和父类方法抛出的异常相同，或者子类方法抛出的异常类是父类方法抛出的异常类的子类。

例如，假设异常类 FireException（表示火灾）和 FloodException（表示水灾）是

DisasterException 类（表示灾难）的子类。以下代码是合法的：

```java
public class Base {
    void method()throws DisasterException{}
}
public class Sub1 extends Base {
    void method()throws FireException{}
}
public class Sub2 extends Base {
    void method()throws FireException,FloodException{}
}
public class Sub3 extends Base {
    void method()throws DisasterException{}
}
public class Sub4 extends Base {
    void method(){}
}
```

以下代码不合法：

```java
public class Base {
    void method() throws FireException{ }
}
public class Sub1 extends Base {
    void method()throws DisasterException {}    //编译出错
}
public class Sub2 extends Base {
    void method()throws FireException,FloodException{} //编译出错
}
```

7.4　方法覆盖与方法重载的异同

　　方法重载是指假设有一个方法名为 method，在同一个类中，对 method 方法提供了多种实现方式；方法覆盖是指子类采用与父类不同的实现方式，重新实现 method 方法。
　　方法覆盖和方法重载的相同之处是都要求方法同名。方法覆盖和方法重载具有以下不同之处：
- 方法覆盖要求参数签名必须一致，而方法重载要求参数签名必须不一致。
- 方法覆盖要求返回类型必须一致，而方法重载对此不做限制。
- 方法覆盖对方法的访问级别和抛出的异常有特殊的要求，而方法重载在这方面没有任何限制。

　　在下面的代码中，Sub 子类覆盖了父类 Base 的 method(int v)方法和 method(String s)方法，并且提供了多种重载方法：

```java
public class Base{
    protected void method(int v){}
    void method(String s) throws Exception {}    //重载
}

public class Sub extends Base {
```

```
    public void method(int v){}                //覆盖，扩大了访问级别
    public int method(int v1,int v2){return 0;} //重载
    void method(String s){}                     //覆盖，未声明抛出异常
    void method(){};                            //重载
}
```

7.5 super 关键字

当子类与父类中有同名的成员变量和方法时，在子类中如何访问父类中的成员变量和方法呢？答案是可以使用 super 关键字。

在例程 7-2 中，在 Base 父类和 Sub 子类中都定义了成员变量 var 及成员方法 method()，在 Sub 类中，可通过 super.var 和 super.method()来访问 Base 类的成员变量 var 及成员方法 method()。

例程 7-2　Base.java 和 Sub.java

```
/** Base.java*/
package usesuper;
public class Base{
  String var="父类成员变量";

  void method(){
    System.out.println("调用父类方法");
  }
}

/** Sub.java*/
package usesuper;
public class Sub extends Base{
  String var="子类成员变量";        //和父类的 var 变量同名

  void method(){                    //覆盖父类的 method()方法
    System.out.println("调用子类方法");
  }

  void test(){
    //打印在 Sub 类中定义的实例变量 var
    System.out.println("var: "+var);

    //打印在 Base 类中定义的实例变量 var
    System.out.println("super.var: "+ super.var);

    method();                       //调用 Sub 实例的 method()方法
    super.method();                 //调用在 Base 类中定义的 method()方法
  }
  public static void main(String args[]){
    Sub sub=new Sub();
    sub.test();
```

```
        }
    }
```

上面程序代码的打印结果如下：

```
var：子类成员变量
super.var：父类成员变量
调用子类方法
调用父类方法
```

在程序中，在以下情况会使用 super 关键字：

（1）在类的构造方法中，通过 super 语句调用这个类父类的构造方法，参见第 14 章的 14.1.3 节（子类调用父类的构造方法）。

（2）在子类中访问父类被屏蔽的方法和属性。

7.6 多态

什么是多态？下面结合例子来加以解释。Animal 类有一个 speak()方法：

```
public class Animal{
    public void speak(){
        System.out.println("Hello");
    }
}
```

Dog 类和 Cat 类是 Animal 类的子类。Dog 类和 Cat 类都覆盖了 Animal 父类的 speak() 方法。Dog 类的定义如下：

```
public class Dog extends Animal{
    public void speak(){ /* 覆盖 Animal 类的 speak()方法 */
        System.out.println("汪汪");
    }
    public void guard(){    /* Dog 类特有的方法 */
        System.out.println("看门");
    }
}
```

Cat 类的定义如下：

```
public class Cat extends Animal{
    public void speak(){/* 覆盖 Animal 类的 speak()方法 */
        System.out.println("喵喵");
    }
    public void catchMouse(){ /* Cat 类特有的方法 */
        System.out.println("抓老鼠");
    }
}
```

以下代码定义了一个 Animal 类型的变量 animal：

```
Animal animal;
animal=new Dog();
```

```
animal.speak();    //打印"汪汪"
animal=new Cat();
animal.speak();    //打印"喵喵"
```

以上 animal 变量被声明为 Animal 类型，但实际上有可能引用 Dog 或 Cat 的实例。可见 animal 变量有多种状态，一会儿是猫，一会儿是狗，这是多态的字面含义。

Animal 类、Dog 类和 Cat 类分别用不同的方式实现了 speak()方法。那么，要调用"animal.speak()"方法，到底调用哪个类的 speak()方法呢？答案是：当 animal 变量实际引用 Dog 实例时，就会调用 Dog 实例的 speak()方法。当 animal 变量实际引用 Cat 实例时，就会调用 Cat 实例的 speak()方法。

Java 语言允许被声明为某种类型的引用变量引用其子类的实例，而且可以对这个引用变量进行类型转换：

```
Animal animal=new Dog();     //声明 Animal 类型的 animal 引用变量
Dog dog=(Dog)animal;         //向下转型，把 Animal 类型强制转换为 Dog 类型
Animal other=dog;            //向上转型，把 Dog 类型转换为 Animal 类型
```

如图 7-2 所示，如果把引用变量转换为子类类型，称为向下转型；如果把引用变量转换为父类类型，称为向上转型。向下转型时需要进行强制类型转换，例如"Dog dog=(Dog)animal"语句中的"(Dog)"标记就是强制类型转换标记。

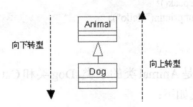

图 7-2　类型转换

以下这段代码试图把一只狗变成一只猫，还让它抓老鼠，能否行得通呢？在第一行代码中，animal 变量被声明为 Animal 类型，实际上引用一个 Dog 实例。在第二行代码中，利用强制类型转换，把 animal 变量赋值给一个 Cat 类型的 cat 变量。在第三行代码中，调用 cat 变量的 catchMouse()方法：

```
Animal animal=new Dog();   //第 1 行
Cat cat=(Cat)animal;       //第 2 行，向下转型
cat.catchMouse();          //第 3 行
```

以上代码看上去合情合理，它确实可以通过编译。但在运行时，在第二行 Java 虚拟机会抛出 ClassCastException 类型转换异常。Java 虚拟机发现 cat 变量实际上引用的是 Dog 实例，Dog 实例无法变成 Cat 实例，所以就会抛出 ClassCastException 异常。

如果读者对此不太理解，不妨运用反证法推导。假设第二行可以顺利执行，那么第三行代码还是无法执行。因为 cat 变量实际引用的是 Dog 实例，而 Dog 实例根本没有 catchMouse()方法。

以下这段代码不仅能通过编译，也能顺利运行，因为 Dog 类型的 dog 变量实际上引用的就是 Dog 实例，调用它的 guard()方法，这是顺理成章的：

```
Animal animal=new Dog();      //第 1 行
Dog dog=(Dog)animal;          //第 2 行，向下转型
dog.guard();                  //第 3 行
```

7.7 小结

本章涉及的 Java 知识点总结如下：

（1）继承的作用和语法。

继承是提高代码复用的有力手段。extends 关键字用于声明一个子类继承了某个父类，子类会自动拥有父类的一些属性和方法。一个类只能有一个直接的父类，但是它可以有多个间接的父类。假如在定义一个类时，没有使用 extends 关键字，那么这个类直接继承 Object 类。

（2）重载方法必须满足的条件。

- 方法名必须相同。
- 方法的参数签名必须不相同。

（3）方法覆盖必须满足的条件。

- 子类方法的名称及参数签名必须与所覆盖方法相同。
- 子类方法的返回类型必须与所覆盖方法相同。
- 子类方法不能缩小所覆盖方法的访问级别。
- 子类方法不能抛出比所覆盖方法更多的异常。

（4）super 关键字的用途。

当子类的某个方法覆盖了父类的一个方法，在子类的范围内，父类的方法不可见。当子类中定义了和父类同名的成员变量时，在子类的范围内，父类的成员变量不可见。在这两种情况下，在子类中可通过 super 关键字来访问父类被屏蔽的成员变量和方法。

（5）多态。

一个引用类型的变量可以引用声明类型的实例，还可以引用其子类型的实例，这样，这个变量就有多种状态。当调用它的实例方法时，到底是调用父类还是子类的实例方法，取决于这个变量实际上引用的实例。

7.8 编程实战一：运用方法的重载和覆盖

以下 Tool 类的 min(int *a*,int *b*)返回参数 *a* 和 *b* 中的较小数：

```
public class Tool{
    public int min(int a,int b){
        return a<b ? a : b;
    }
}
```

编写一个 SmartTool 类，它继承了 Tool 类。SmartTool 类覆盖了 Tool 类的 min(int *a*,int b)。在 SmartTool 类的 min(int *a*,int *b*)方法中，直接利用 JDK 类库中的 java.lang.Math 类的静态 min(int *a*,in *b*)方法来获取两个参数中的较小数。另外，SmartTool 类中还有一个重载的 min(double *a*, double *b*)方法，返回两个 double 类型参数中的较小数。

编程提示

例程 7-3 是 SmartTool 类的源代码。

例程 7-3　SmartTool.java

```java
public class SmartTool extends Tool{
    /* 覆盖父类的 min(int a ,int b)方法*/
    public int min(int a,int b){
        return Math.min(a,b);
    }

    /* 重载的 min 方法*/
    public double min(double a,double b){
        return Math.min(a,b);
    }
}
```

对于以下代码，会分别调用 Tool 类或 SmartTool 类的相应 min()方法：

```
Tool tool1=new Tool();
Tool tool2=new SmartTool();
SmartTool tool3=(SmartTool)tool2 ;      //向下转型

tool1.min(11,12);                        //调用 Tool 类的 min(int a,int b)方法
tool2.min(11,12);                        //调用 SmartTool 类的 min(int a,int b)方法
tool3.min(11.0,12.0);                    //调用 SmartTool 类的 min(double a,double b)方法
```

7.9　编程实战二：演绎孙悟空与二郎神斗法

孙悟空大闹天宫时，曾经与二郎神斗法。以下是他们打斗中的三个回合：
- 第一回合：孙悟空变麻雀，二郎神变老鹰。
- 第二回合：孙悟空变小鱼，二郎神变鱼鹰。
- 第三回合：孙悟空变水蛇，二郎神变灰鹤。

运用面向对象的思想，编写一段程序来模拟孙悟空与二郎神三个回合的打斗过程。

编程提示

二郎神是神仙，属于 Fariy 类，孙悟空属于 Monkey 类。Fariy 类和 Monkey 类都有一个 fight(Incarnation incarnation)方法，它根据对方的化身，变出相应的化身。

Incarnation 类表示神仙或猴子的化身类。Incarnation 类有六个子类：SparrowIncarnation 类（麻雀化身）、FishIncarnation 类（小鱼化身）、SnakeIncarnation 类（水蛇化身）、EagleIncarnation 类（老鹰化身）、FishEagleIncarnation 类（鱼鹰化身）和 CraneIncarnation 类（灰鹤化身）。

如图 7-3 展示了本范例所创建的所有类的类框图。

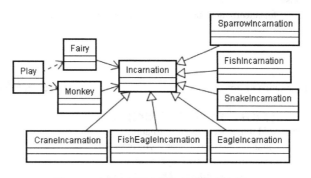

图 7-3　本范例所创建的所有类的类框图

Play 类是演绎孙悟空和二郎神打斗的剧本，它的 main()方法实现了两人打斗三个回合的剧情。例程 7-4 的 Play.java 展示了本范例的所有源代码。

例程 7-4　Play.java

```java
package poly;
public class Play{
  public static void main(String args[]){
    Monkey wukong=new Monkey();
    Fairy erlangshen=new Fairy();

    //第一回合，悟空变麻雀，二郎神变老鹰
    wukong.fight(erlangshen.incarnation);
    erlangshen.fight(wukong.incarnation);
    System.out.println("第一回合：悟空变成："+wukong.incarnation
            +"，二郎神变成："+erlangshen.incarnation);

    //第二回合，悟空变小鱼，二郎神变鱼鹰
    wukong.fight(erlangshen.incarnation);
    erlangshen.fight(wukong.incarnation);
    System.out.println("第二回合：悟空变成："+wukong.incarnation
            +"，二郎神变成："+erlangshen.incarnation);

    //第三回合，悟空变水蛇，二郎神变灰鹤
    wukong.fight(erlangshen.incarnation);
    erlangshen.fight(wukong.incarnation);
    System.out.println("第三回合：悟空变成："+wukong.incarnation
            +"，二郎神变成："+erlangshen.incarnation);
  }
}

class Monkey{
  Incarnation incarnation;            //表示猴子的化身

  /* 与神仙斗法，参数表示神仙的化身 */
  public void fight(Incarnation incarnation){
    if(incarnation instanceof EagleIncarnation)
      this.incarnation=new FishIncarnation();       //变成小鱼
    else if(incarnation instanceof FishEagleIncarnation)
```

```java
            this.incarnation=new SnakeIncarnation();      //变成水蛇
        else
            this.incarnation=new SparrowIncarnation();    //变成麻雀
    }
}

class Fairy{
    Incarnation incarnation;                              //表示神仙的化身

    /* 与猴子斗法，参数表示猴子的化身 */
    public void fight(Incarnation incarnation){
        if(incarnation instanceof SparrowIncarnation)
            this.incarnation=new EagleIncarnation();      //变成老鹰
        else if(incarnation instanceof FishIncarnation)
            this.incarnation=new FishEagleIncarnation();  //变成鱼鹰
        else if(incarnation instanceof SnakeIncarnation)
            this.incarnation=new CraneIncarnation();      //变成灰鹤
    }
}

/* 化身类*/
class Incarnation{
    /* 覆盖 Object 类的 toString()方法 */
    public String toString(){
        if( this instanceof SparrowIncarnation)
            return "麻雀";
        else if( this instanceof FishIncarnation)
            return "小鱼";
        else if( this instanceof SnakeIncarnation)
            return "水蛇";
        else if( this instanceof EagleIncarnation)
            return "老鹰";
        else if( this instanceof FishEagleIncarnation)
            return "鱼鹰";
        else if( this instanceof CraneIncarnation)
            return "灰鹤";
        else
            return super.toString();
    }
}

/* 化身类的具体子类*/
class SparrowIncarnation extends Incarnation{}
class FishIncarnation extends Incarnation{}
class SnakeIncarnation extends Incarnation{}
class EagleIncarnation extends Incarnation{}
class FishEagleIncarnation extends Incarnation{}
class CraneIncarnation extends Incarnation{}
```

对于这个范例程序，有以下需要解释之处：

（1）Monkey 类与 Fairy 类都有一个 incarnation 属性，分别表示猴子和神仙的化身。

（2）在 Monkey 类与 Fairy 类的 fight()方法中，都使用了"instanceof"操作符，它的作用是判断一个引用变量所引用的实例是否属于特定的类型。本书第 8 章的 8.5

节（instanceof 操作符）进一步介绍了"instanceof"操作符的用法。

（3）Incarnation 类覆盖了 Object 祖先类的 toString()方法。在 Play 类的 main()方法中，会调用 Incarnation 类的 toString()方法：

```
System.out.println("第一回合：悟空变成："+wukong.incarnation
                +"，二郎神变成："+erlangshen.incarnation);
```

以上打印语句打印"wukong.incarnation"时，实际上打印的是 wukong.incarnation 所引用的 Incarnation 实例的 toString()方法的返回值。

运行这个范例程序，就相当于把孙悟空与二郎神打斗的传奇故事搬到计算机里来重新演绎。程序会打印出两者打斗的精彩剧情：

```
第一回合：悟空变成：麻雀，二郎神变成：老鹰
第二回合：悟空变成：小鱼，二郎神变成：鱼鹰
第三回合：悟空变成：水蛇，二郎神变成：灰鹤
```

读书笔记

视频课程

第 8 章　引用类型操作符

对于基本类型的数据，可以通过加（+）、减（-）、乘（*）和除（/）等操作符，对其进行各种运算。本书第 5 章已经详细介绍了用于操纵基本类型数据的各种操作符的用法。本章将介绍用于操纵引用类型数据的操作符（简称引用类型操作符）的用法。

本章内容主要围绕以下问题展开：

- 如何使用"+"操作符，把两个字符串连接起来？
- 如何使用"=="操作符，来比较两个引用类型的变量是否引用同一个对象？
- 如何使用"!="操作符，来比较两个引用类型的变量是否不引用同一个对象？
- 如何使用"="操作符，来进行赋值运算？
- 如何使用"instanceof"操作符，来判断一个引用类型的变量所引用的对象是否是一个类的实例？

8.1　字符串连接操作符"+"

操作符"+"能够连接字符串，并生成新的字符串。例如：

```
String str1 = "How ";
String str2 = "are ";
String str3 = "you.";
String str4=str1+str2+str3;        //str4 的内容为"How are you."
```

例如，以下 Monkey 类的 speak()方法用到了用于连接字符串的"+"操作符：

```
public void speak(){
  System.out.println("大家好，我是"+name);
}
```

如果"+"操作符中有一个操作元为 String 类型，则另一个操作元可以是任意类型（包括基本类型和引用类型），另一个操作元将被转换成字符串再与前一个操作元连接。例如：

```
String s1="Age: "+1+2;        //s1 的内容为"Age: 12"
String s2="Age: "+'5';        //s2 的内容为"Age: 5"
String s3="Answer: " +true;   //s3 的内容为"Answer: true"
```

如果另一个操作元为引用类型，就调用所引用对象的 toString()方法来获得字符串。例如：

```
//s1 的内容为"Age: 18"，调用 Integer 对象的 toString()方法
String s1="Age: "+new Integer(18);
```

```
//s2 的内容为 "Answer: false"，调用 Boolean 对象的 toString()方法
String s2="Answer: " +new Boolean("false");
```

以上 Integer 和 Boolean 类位于 JDK 类库的 java.lang 包中，称为包装类。共有 8 种类型的包装类：Boolean、Byte、Character、Short、Integer、Long、Float 和 Double，它们分别与 8 种基本类型对应：boolean、byte、char、short、int、long、float 和 double。

> 在 java.lang.Object 类中定义了 toString()方法，因此所有的 Java 类都继承了这一方法，该方法用于返回一个包含了对象特定信息的字符串。包装类覆盖了 Object 类的 toString()方法，前者返回所包装的基本类型数据值。

对于包含多个 "+" 操作符的表达式，Java 根据 "+" 的左结合性特点，从左边开始计算表达式。根据操作元的类型来决定 "+" 是字符串连接操作符，还是数学加法操作符。例如：

```
System.out.println(5+1+"1"+new Integer(1)+ 2 +4);    //打印 61124
```

以上表达式的执行步骤如下：

（1）5+1 →6   //数学加法操作符
（2）6+"1" →"61"   //字符串连接操作符
（3）"61"+new Integer(1) →"611"   //字符串连接操作符
（4）"611"+2 →"6112"   //字符串连接操作符
（5）"6112"+4 →"61124"   //字符串连接操作符

8.2 操作符 "==" 与对象的 equals()方法

操作符 "==" 用于比较两个操作元是否相等，这两个操作元既可以是基本类型，也可以是引用类型，例如：

```
int a1=1,a2=3;
boolean b1=a1==a2;        // "==" 的操作元为基本类型，b1 变量的值为 false

String str1="Hello",str2="World";
boolean b2=str1==str2;    // "==" 的操作元为引用类型，b2 变量的值为 false
```

在 java.lang.Object 类中定义了 equals()方法，用来比较两个对象是否相等。下面分别介绍操作符 "==" 的比较规则，以及 equals()方法的比较规则，并对它们进行比较。

8.2.1 操作符 "=="

当操作符 "==" 两边都是引用类型的变量时，这两个引用变量必须都引用同一个对象，结果才为 true。例如：

```
Monkey m1=new Monkey("智多星");    //创建第一个 Monkey 对象
Monkey m2=new Monkey("智多星");    //创建第二个 Monkey 对象
```

```
        Monkey m3=m1;                        //m3 与 m1 引用同一个 Monkey 对象

        System.out.println("m1==m2 is "+(m1==m2));
        System.out.println("m1==m3 is "+(m1==m3));
```

运行上面的程序代码，打印结果如下：

```
m1==m2 is false
m1==m3 is true
```

如图 8-1 所示，以上程序代码通过两个 new 语句分别创建了两个名为"智多星"的 Monkey 对象。变量 m1 和变量 m2 分别引用这两个不同的 Monkey 对象。变量 m3 和变量 m1 引用同一个 Monkey 对象。所以表达式"m1==m2"的值为 false，而表达式"m1==m3"的值为 true。

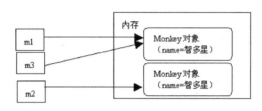

图 8-1 引用变量和 Monkey 对象之间的引用关系

8.2.2 对象的 equals()方法

equals()方法是在 Object 类中定义的方法，它的声明格式如下：

```
public boolean equals(Object obj)
```

Object 类的 equals()方法的比较规则为：当参数 obj 引用的对象与当前对象为同一个对象时，就返回 true，否则返回 false：

```
public boolean equals(Object obj){
    if(this==obj)return true;
    else return false;
}
```

由此可见，Object 类的 equals()方法与操作符"=="的比较规则是一样的。例如，以下代码中 m1 和 m2 变量引用不同的 Monkey 对象，因此用"=="或 equals()方法比较的结果都为 false；而 m1 和 m3 变量都引用同一个 Monkey 对象，因此用"=="或 equals()方法比较的结果都为 true：

```
        Monkey m1=new Monkey("智多星");      //创建第一个 Monkey 对象
        Monkey m2=new Monkey("智多星");      //创建第二个 Monkey 对象
        Monkey m3=m1;                        //m3 与 m1 引用同一个 Monkey 对象

        System.out.println(m1==m2);          //打印 false
        System.out.println(m1.equals(m2));   //打印 false

        System.out.println(m1==m3);          //打印 true
        System.out.println(m1.equals(m3));   //打印 true
```

在 JDK 类库中，有一些类覆盖了 Object 类的 equals()方法，它们的 equals()方法的比较规则为：如果两个对象的类型一致，并且内容一致，则返回 true。这些类包括：java.io.File、java.util.Date、java.lang.String、包装类（如 java.lang.Integer 和 java.lang.Double 类等）。

例如，以下代码中 int1 和 int2 变量引用不同的 Integer 对象，但是它们的内容都是 1，因此用"=="比较的结果为 false，而用 equals()方法比较的结果为 true；同样，str1 和 str2 变量引用不同的 String 对象，但是它们的内容都是"Hello"，因此用"=="比较的结果为 false，而用 equals()方法比较的结果为 true：

```
Integer int1=new Integer(1);
Integer int2=new Integer(1);

String str1=new String("Hello");
String str2=new String("Hello");

System.out.println(int1==int2);              //打印 false
System.out.println(int1.equals(int2));       //打印 true

System.out.println(str1==str2);              //打印 false
System.out.println(str1.equals(str2));       //打印 true
```

提示：从 JDK9 开始，Integer、Double 和 Float 类等包装类的构造方法已经不再提倡使用（Deprecated），因此不再提倡通过"new Integer(1)"的方式来创建包装类对象，本章部分范例仍然使用这样的方式，只是为了演示"=="操作符的特性。创建包装类对象的推荐方式是调用包装类的静态的 parseXXX()方法或者 valueOf()方法。例如：

```
Integer i1=Integer.valueOf(2);
Integer i2=Integer.parseInt("2");
Double d1=Double.valueOf(11.22);
Double d2=Double.parseDouble("11.22");
```

在实际运用中，比较字符串是否相等时，通常按照内容来比较才会有意义，因此应该调用 String 类的 equals()方法，而不是采用"=="操作符。编程人员由于粗心大意，有时会误用"=="操作符，导致无法得到预期的运行结果，例如以下程序应该把"=="改为 equals()方法，才会得到具有实际意义的运行结果：

```
String name=new String("智多星");

/*比较结果为 false，
应该把"=="改为 name.equals("智多星")，比较结果才为 true */
if(name=="智多星"){
    System.out.println("你好,智多星。");
}else{
    System.out.println("抱歉，我不认识你。");
}
```

再例如，Float 和 Double 类型是包装类型，只要两个 Float 对象或两个 Double 对象的内容一样，equals()方法的比较结果就为 true：

```
Float f1 = new Float("10F");
```

```
Float f2 = new Float("10F");
Double d1 = new Double("10D");
System.out.println(f1 == f2);                    //打印 false
System.out.println(f1.equals(f2));               //打印 true
System.out.println(f2.equals(d1));               //打印 false,因为 f2 和 d1 不是相同类型
System.out.println(f2.equals(new Float("10"))); //打印 true
```

在用户自定义的类中也可以覆盖 Object 类的 equals()方法,重新定义比较规则。例如,例程 8-1 的 Monkey 类的 equals()方法的比较规则为:只要两个对象都是 Monkey 对象,并且它们的 name 属性相同,那么比较结果为 true,否则返回 false。

例程 8-1 Monkey.java

```java
public class Monkey{
    String name;
    public Monkey(){}

    public Monkey(String name){
        this.name=name;
    }

    /** 覆盖 Object 类的 equals()方法 */
    public boolean equals(Object o){
        if(this==o)return true;

        if(!(o instanceof Monkey)) return false;

        final Monkey other=(Monkey)o;

        if(this.name.equals(other.name))
            return true;
        else
            return false;
    }
    …
}
```

以下代码中的 m1 和 m2 变量引用不同的 Monkey 对象,但它们的 name 属性相同,因此用 equals()方法比较的结果为 true:

```java
Monkey m1=new Monkey("智多星");
Monkey m2=new Monkey("智多星");

System.out.println(m1==m2);         //打印 false
System.out.println(m1.equals(m2));  //打印 true
```

8.3 操作符 "!="

操作符 "!=" 既可以比较基本类型变量,也可以比较引用类型变量。当比较两个引用类型变量时,如果这两个变量不引用同一个对象,结果为 true。例如:

```
Monkey m1=new Monkey("智多星");
Monkey m2=new Monkey("智多星");
Monkey m3=m1;

System.out.println("m1!=m2 is "+(m1!=m2));
System.out.println("m1!=m3 is "+(m1!=m3));
```

运行上面的程序，打印结果如下：

```
m1!=m2 is true
m1!=m3 is false
```

表达式"m1 != m2"等价于"!(m1==m2)"。读者如果掌握了"=="操作符的用法，自然就会掌握"!="操作符的用法。所以本章不再详细介绍操作符"!="的用法。

8.4 引用变量的赋值和类型转换

"="操作符是使用最频繁的两元操作符，它能够把右边操作元的值赋给左边操作元。引用类型的变量之间赋值时，子类赋值给直接或间接父类，会自动进行类型转换。父类赋值给直接或间接子类，需要进行强制类型转换。

第 7 章已经介绍过，Monkey 类有两个子类：代表金丝猴的 JMonkey 类和代表长尾猴的 CMonkey 类。以下代码演示了子类和父类之间进行赋值的规则：

```
//合法，变量 monkey 被声明为 Monkey 类型，引用 JMonkey 对象
Monkey monkey=new JMonkey();

//合法，把 JMonkey 类型赋值给 Monkey 父类型，会自动进行类型转换
monkey=jmonkey;

//合法，把 JMonkey 类型赋值给 Object 父类型，会自动进行类型转换
Object obj=jmonkey;

//编译出错，把 Monkey 类型赋值给 JMonkey 子类型，需要强制类型转换
jmonkey=monkey;

//合法，把 Monkey 类型强制转换为 JMonkey 子类型
jmonkey=(JMonkey)monkey;
```

对于引用类型变量，Java 编译器只根据变量被显式声明的类型去编译。引用类型变量之间赋值时，"="操作符两边的变量被显式声明的类型必须是同种类型或有继承关系，即位于继承树的同一个继承分支上，否则编译报错。例如，下面的代码编译不成功，因为 CMonkey 类与 JMonkey 类之间没有直接或间接的继承关系，因此不能进行类型转换：

```
CMonkey cmonkey=new CMonkey();   //cmonkey 变量被声明为 CMonkey 类型

//编译出错，CMonkey 类型不能强制转换为 JMonkey 类型
JMonkey jmonkey=(JMonkey)cmonkey;
```

在运行时，Java 虚拟机将根据引用变量实际引用的对象进行类型转换。下面的代码会编译成功，因为变量 monkey 声明为 Monkey 类型，变量 jmonkey 声明为 JMonkey 类型，JMonkey 类与 Monkey 类之间有继承关系。但在运行时将出错，抛出 ClassCastException 运行时异常，因为 monkey 变量实际上引用的是 CMonkey 对象，Java 虚拟机无法将 CMonkey 对象转换为 JMonkey 类型：

```
Monkey monkey=new CMonkey();       //monkey 变量被声明为 Monkey 类型
//编译成功，但运行时抛出 ClassCastException
JMonkey jmonkey=(JMonkey)monkey;
```

本章归纳了引用类型变量的赋值及类型的转换规则，第 7 章的 7.6 节（多态）也对此做了阐述。

8.5 instanceof 操作符

instanceof 操作符用于判断一个引用类型所引用的对象是否是一个类的实例。instanceof 操作符左边的操作元是一个引用类型，右边的操作元是一个类名或接口名。形式如下：

```
obj   instanceof   ClassName
或者
obj   instanceof   InterfaceName
```

例如：

```
Monkey m=new JMonkey("智多星");        //变量 m 引用一个 JMonkey 实例
System.out.println(m instanceof XXX);   //XXX 表示一个类名或接口名
```

m 变量实际上引用一个 JMonkey 实例。一个类的实例也可看作是它的所有直接或间接父类的实例。因此当"XXX"是以下值时，instanceof 表达式的值为 true：

- JMonkey 类。
- JMonkey 类的直接或间接父类。
- JMonkey 类实现的接口，以及所有父类实现的接口。

由于 Monkey 类是 JMonkey 类的直接父类，Object 类是 JMonkey 类的间接父类，以下 instanceof 表达式的值都为 true：

```
Monkey m=new JMonkey("智多星");        //变量 m 引用一个 JMonkey 实例

System.out.println(m instanceof JMonkey);   //打印 true

//打印 true，JMonkey 实例也是 Monkey 实例
System.out.println(m instanceof Monkey);

//打印 true，JMonkey 实例也是 Object 实例
System.out.println(m instanceof Object);
```

以下 instanceof 表达式的值为 false：

```java
        Monkey m=new JMonkey("智多星");        //变量 m 引用一个 JMonkey 实例

//打印 false，JMonkey 实例不是 CMonkey 类的实例
System.out.println(m instanceof CMonkey);
```

在例程 8-2 中，Tester 类的 testType()方法根据 Monkey 类型的参数 m 所引用的对象的具体类型来进行不同的操作：

例程 8-2　Tester.java

```java
public class Tester{
    public void testType(Monkey m){
        if(m instanceof JMonkey){              //如果是金丝猴，就打印毛发颜色
            JMonkey jm=(JMonkey)m;
            System.out.println("金丝猴的毛发颜色："+jm.color);
        }else if(m instanceof CMonkey){         //如果是长尾猴，就打印尾巴长度
            CMonkey cm=(CMonkey)m;
            System.out.println("长尾猴的尾巴长度："+cm.length);
        }
    }
}
```

8.6　小结

本章涉及的 Java 知识点总结如下：

（1）"+" 字符串连接操作符。

操作符 "+" 能够连接字符串，并生成新的字符串。如果 "+" 操作符中有一个操作元为 String 类型，则另一个操作元可以是任意类型（包括基本类型和引用类型），另一个操作元将被转换成字符串。如果另一个操作元为引用类型，就调用所引用对象的 toString()方法来获得字符串。

（2）"==" 操作符。

比较两个引用类型变量是否引用同一个对象。

（3）对象的 equals()方法。

Object 类的 equals(Object obj)方法与操作符 "==" 的比较规则是一样的。当参数 obj 引用的对象与当前对象为同一个对象时，就返回 true，否则返回 false。

在 JDK 类库中，有一些类覆盖了 Object 类的 equals()方法，它们的 equals()方法的比较规则为：如果两个对象的类型一致，并且内容一致，则返回 true。对于用户自定义的 Java 类，也可以覆盖 Object 类的 equals()方法，重新定义比较规则。

（4）"!=" 操作符。

比较两个引用类型变量是否不引用同一个对象。

（5）"=" 操作符。

进行赋值运算，使左边的引用类型操作元与右边的引用类型操作元引用同一个对象。引用类型的变量之间赋值时，子类赋值给直接或间接父类，会自动进行类型转换。父类赋值给直接或间接子类，需要进行强制类型转换。

（6）"instanceof"操作符。

判断一个引用类型变量所引用的对象是否是一个类的实例。假设引用变量 s 是 Sample 类的实例，那么对于表达式"s instanceof XXX"，当"XXX"为以下值时，表达式的值为 true：

- Sample。
- Sample 类的直接或间接父类的名字。
- Sample 类或者它的父类所实现的接口的名字。

8.7 编程实战：辨别真假孙悟空

孙悟空在取经路上遇到一个假孙悟空，长得和自己一模一样，武功也不分上下，对唐僧的紧箍咒语也装得很敏感。众人都无法辨别真假。后来如来佛祖识别出了假孙悟空，原来它是一只六耳猕猴。

编写一个 Monkey 类，它的 equals()方法能够判断两个 Monkey 对象是否相同。在程序入口 main()方法中创建真孙悟空和假孙悟空对象，并且比较它们是否相同。

编程提示

Monkey 类的属性包括：name 属性（表示姓名）、looks 属性（表示容貌）、wushuGrade 属性（表示武功段位）、isSensitive（表示是否对唐僧咒语敏感）、origin 属性（表示来历）。

Monkey 类的 equals()方法的判断规则为：当两个 Monkey 对象的所有属性相同，那么这两个 Monkey 对象相同。下面的例程 8-3 是 Monkey 类的源代码。

例程 8-3 Monkey.java

```java
package mypack;
public class Monkey{
    String name;            //表示姓名
    String looks;           //表示容貌
    int wushuGrade;         //表示武功段位
    boolean isSensitive;    //表示是否对唐僧咒语敏感
    String origin;          //表示来历

    public Monkey(){}

    public Monkey(String name,String looks,int wushuGrade,
                  boolean isSensitive,String origin){
        this.name=name;
        this.looks=looks;
        this.wushuGrade=wushuGrade;
        this.isSensitive=isSensitive;
        this.origin=origin;
    }

    public boolean equals(Object o){
```

```java
        if(this==o)return true;
        if(!(o instanceof Monkey)) return false;
        final Monkey other=(Monkey)o;
        if(this.name.equals(other.name)
            && this.looks.equals(other.looks)
            && this.wushuGrade==other.wushuGrade
            && this.isSensitive==other.isSensitive
            && this.origin.equals(other.origin)
          )
            return true;
        else
            return false;
    }
    public static void main(String args[]){
        Monkey wukong=
            new Monkey("孙悟空","尖嘴猴腮",9,true,"天产石猴");
        Monkey wukongFalse=
            new Monkey("孙悟空","尖嘴猴腮",9,true,"六耳猕猴");
        System.out.println("两只猴子是否相同："
            +wukong.equals(wukongFalse));
    }
}
```

第 9 章　公私分明设权限

智多星有一本备忘录。由于智多星一贯光明磊落，没啥私密，所以他允许别人看他的备忘录。可是，喜欢恶作剧的猴子小不点不仅常常翻阅智多星的备忘录，还常常胡乱修改备忘录的内容，这让智多星很伤脑筋。要是有一本可以公开让别人看，但不允许被别人随便修改的备忘录就好了。

悟空给智多星设计了一个电子备忘录，其他程序可以浏览电子备忘录的内容，但是如果要修改它，则必须提供正确的口令。下面的例程 9-1 中的 Note 类就表示这个电子备忘录。

例程 9-1　Note.java

```java
public class Note{
    String content;        //备忘录内容
    String password;       //口令

    public Note(String content,String password){
        this.content=content;
        this.password=password;
    }

    /** 获得备忘录内容 */
    public String getContent(){    return content; }

    /** 修改备忘录内容 */
    public void modify(String content,String password){
        if(!this.password.equals(password)){      //先核对口令
            System.out.println("口令有误，禁止修改备忘录!");
            return;
        }
        setContent(content);
    }

    /** 重新设置备忘录的内容 */
    public void setContent(String content){
        this.content=content;
    }
}
```

以上 Note 类的 modify()方法用于修改备忘录的内容，该方法会先核对 password 参数与 Note 对象的 password 属性是否一致，如果不一致，就禁止修改备忘录。

悟空用设置口令的方式来限制他人随意修改备忘录，这个思路非常好。可是，在例程 9-2 的 Tester 类的 access()方法中，调皮的小不点不必提供口令，还是照样能直接修改备忘录的内容。

例程 9-2　Tester.java

```java
public class Tester{
  public void access(Note note){   /** 访问备忘录 */
    String content="欠了小不点十个桃子，不还变小狗!\r\n";
    String password="123456";

    System.out.println(note.getContent()); //浏览备忘录的内容

    //试图修改备忘录内容，由于口令不正确，修改失败
    note.modify(content,password);

    note.setContent(content);          //重新设置备忘录内容，修改成功
    note.content+=content;             //直接修改备忘录的内容属性，修改成功

    System.out.println(note.getContent());   //浏览备忘录的内容
  }

  public static void main(String args[]){
    Note note=new Note("智多星的备忘录\r\n","ppwwdd");
    new Tester().access(note);
  }
}
```

以上 access()方法试图调用 note.modify(content,password)方法来修改备忘录内容，由于提供的口令不正确，所以这一尝试没有成功。但接下来调用 note.setContent(content) 方法，则成功地修改了备忘录的内容；再接下来直接修改 note.content 属性，也成功地修改了备忘录的内容。

假设业务需求规定调用 setContent(String content)方法不必提供口令，在这种情况下，为了禁止其他程序调用 Note 类的 setContent(String content)方法，可以借助 Java 语言中的访问控制修饰符。此外，访问控制修饰符还禁止其他程序直接访问 Note 类的 content 属性。

本章内容主要围绕以下问题展开：
- 4 种访问级别（公开、受保护、默认和私有）所决定的访问权限分别是什么？
- 如何运用这四种访问级别？

9.1　封装类的部分属性和方法

Note 类的 password 属性、content 属性，以及 setContent()方法都只允许被 Note 类自身访问，而不允许被其他程序访问。套用 Java 面向对象的术语，可以说，Note 类的这些属性和方法必须被封装起来。

那么要如何封装呢？非常简单。只要把 Note 类的这些属性和方法用 private 修饰符来修饰，其他程序就无法访问它们了。

例程 9-3 的 Note 类的 password 属性、content 属性，以及 setContent()方法都

被声明为 private 类型，它们就变成了 Note 类的私有宝贝，其他程序不能访问它们，假如其他程序非要访问它们，那么编译器会亮红灯，使得那些程序代码无法通过编译。

例程 9-3　封装了部分属性和方法的 Note.java

```
package mypack;
public class Note{
    private String content;      //备忘录内容
    private String password;     //口令

    public Note(String content,String password){
        this.content=content;
        this.password=password;
    }

    /** 获得备忘录内容 */
    public String getContent(){…}

    /** 修改备忘录内容 */
    public void modify(String content,String password){…}

    /** 重新设置备忘录的内容 */
    private void setContent(String content){…}
}
```

对于 Tester 类的 access()方法，只能访问 Note 类的 public 类型的 getContent()方法和 modify()方法，而不能访问 Note 类的 private 类型的 password 属性、content 属性和 setContent()方法：

```
public void access(Note note){
    String content="欠了小不点十个桃子，不还变小狗!\r\n";
    String password="123456";

    System.out.println(note.getContent());      //合法
    note.modify(content,password);              //合法
    note.setContent(content);                   //编译出错
    note.content+=content;                      //编译出错
    System.out.println(note.getContent());      //合法
}
```

9.2　4 种访问控制级别

Java 语言采用访问控制修饰符来精确地控制类及类的方法和变量的访问权限。访问控制分 4 种级别：

- 公开级别：用 public 修饰，对外公开。
- 受保护级别：用 protected 修饰，向子类及同一个包中的类公开。
- 默认级别：没有访问控制修饰符，向同一个包中的类公开。

- 私有级别：用 private 修饰，只有类本身可以访问，不对外公开。

表 9-1 总结了这 4 种访问级别所决定的访问权限。

表 9-1　4 种访问级别的访问权限

访问级别	访问控制修饰符	同类	同包	子类	不同的包
公开	public	√	√	√	√
受保护	protected	√	√	√	—
默认	没有访问控制修饰符	√	√	—	—
私有	private	√	—	—	—

成员变量、成员方法和构造方法可以处于 4 个访问级别中的任意一个：公开、受保护、默认或私有。

此外，类本身也可以设定访问级别。顶层类（Top Level Class）只可以处于公开或默认访问级别，因此顶层类不能用 private 和 protected 来修饰，以下代码会导致编译错误：

private class Sample{…}　　//编译出错，Sample 类不能被 private 修饰

顶层类和内部类是相对的概念。内部类是指在类或方法中定义的类，本书第 15 章（类型封装内部类）对此做了详细介绍。

提示： 访问级别仅仅适用于类及类的成员，而不适用于局部变量。局部变量只能在方法内部被访问，不能用 public、protected 或 private 来修饰。

如图 9-1 所示，Husband 类和 Wife 类位于同一个包中，Son 类和 Guest 类位于另一个包中，并且 Son 是 Husband 的子类。Husband 类是 public 类型，在 Husband 类中定义了 4 个成员变量：var1、var2、var3 和 var4，它们分别处于 4 个访问级别。

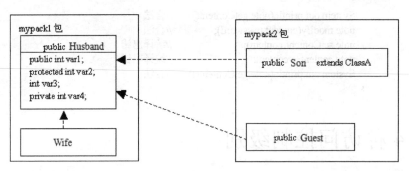

图 9-1　Wife、Son 和 Guest 访问 Husband 及 Husband 的成员变量

在 Husband 类中，可以访问自身的 var1、var2、var3 和 var4 变量：

```
package mypack1;
public class Husband{
    public int var1;         //var1 变量表示对外公开的财物
    protected int var2;      //var2 变量表示可以被儿子继承的财物
    int var3;                //var3 变量表示只有同一个包中的类可以访问的财物
```

```
        private int var4;          //var4 变量表示私有小金库

        public void method(){
            var1=1;                //合法
            var2=1;                //合法
            var3=1;                //合法
            var4=1;                //合法
        }
    }
```

Wife 类与 Husband 类都位于 mypack1 包中。Wife 类可以访问 Husband 对象的 var1、var2 和 var3 变量：

```
    package mypack1;
    class Wife{
        public void method(){
            Husband a=new Husband();
            a.var1=1;              //合法
            a.var2=1;              //合法
            a.var3=1;              //合法
            a.var4=1;              //编译出错，var4 为 private 类型，不能被访问
        }
    }
```

Son 类与 Husband 类不位于同一个包中，并且 Son 是 Husband 的子类。Son 类继承了 Husband 类的 var1 和 var2 成员变量，因此可以直接访问它们：

```
    package mypack2;
    import mypack1.Husband;
    public class Son extends Husband{
        public void method(){
            var1=1;                //合法，Son 继承了 Husband 的 public 类型的 var1 成员变量
            var2=1;                //合法，Son 继承了 Husband 的 protected 类型的 var2 成员变量
            var3=1;                //编译出错
            var4=1;                //编译出错

            Husband a=new Husband();
            a.var1=1;              //合法
            a.var2=1;              //编译出错，var2 为 protected 级别，不能被访问
            a.var3=1;              //编译出错，var3 为默认访问级别，不能被访问
            a.var4=1;              //编译出错，var4 为 private 类型，不能被访问
        }
    }
```

子类可以继承父类 protected 访问级别的成员，但是，如果在子类中创建了一个父类的对象，仍然无法访问这个对象的 protected 访问级别的成员。例如，在以上 Son 类的 method()方法中，还创建了一个 Husband 对象，此时只能访问这个 Husband 对象的 public 类型的 var1 成员变量，而不能访问它的 protected 类型的 var2 成员变量：

```
    Husband a=new Husband();
    a.var1=1;                      //合法
    a.var2=1;                      //编译出错，var2 为 protected 级别，不能被访问
```

Guest 类与 Husband 类不位于同一个包中，Guest 类可以访问 Husband 对象的 var1

变量：

```
package mypack2;
import mypack1.Husband;
public class Guest{
  public void method(){
    Husband a=new Husband();
    a.var1=1;      //合法
    a.var2=1;      //编译出错，var2 为 protected 类型，不能被访问
    a.var3=1;      //编译出错，var3 为默认访问级别，不能被访问
    a.var4=1;      //编译出错，var4 为 private 类型，不能被访问
  }
}
```

接下来再举例说明类本身的访问级别到底如何决定其他类对它的访问权限。Husband 类是 public 访问级别，它可以被任意一个类（包括同一个包中的类或者不同包中的类）访问。Wife 类是默认访问级别，位于 mypack1 包中，只能被同一个包中的 Husband 类访问，但不能被 mypack2 包中的 Son 类和 Guest 类访问：

```
package mypack2;
import mypack1.Wife;      //编译出错，不能引入 Wife 类
public class Guest{
  public void method(){
    Wife b=new Wife();    //编译出错，不能访问 Wife 类
  }
}
```

9.3 小结

本章涉及的 Java 知识点总结如下：

（1）4 种访问级别。

- 公开级别：用 public 修饰，对外公开。
- 受保护级别：用 protected 修饰，向子类及同一个包中的类公开。
- 默认级别：没有访问控制修饰符，向同一个包中的类公开。
- 私有级别：用 private 修饰，只有类本身可以访问，不对外公开。

（2）使用访问控制修饰符的注意事项。

- public 的访问级别最高，其次是 protected、默认和 private。
- 类的成员变量和成员方法可以处于 4 个访问级别中的一个：公开、受保护、默认或私有。
- 顶层类可以处于公开或默认级别，顶层类不能被 protected 和 private 修饰。
- 局部变量不能被访问控制修饰符修饰。

9.4 编程实战：模拟自动洗衣机

日常生活中的许多电器都运用了封装机制，将电器内部的实现细节完全封装起来，只对外公开简洁的访问接口。例如，对于自动洗衣机，用户无须了解洗衣机内部到底是如何构造和运行的，用户只要简单地按下几个按钮，就能让洗衣机自动洗衣服。

编写一个表示自动洗衣机的 Washer 类，并且在它的程序入口 main()方法中提供一段模拟洗衬衫操作的程序代码：

（1）按下"开机"按钮。
（2）把洗衣模式设为"快洗"。
（3）向洗衣机内放入衬衫。
（4）按下"开始"按钮。
（5）当洗衣结束后，取出衬衫。
（6）按下"关机"按钮。

编程提示

可以用 Clothes 类来表示待洗的衣服。它有表示名字的 String 类型的 name 属性，还有表示是否干净的 boolean 类型的 isClean 属性。对这两个属性提供了相应的读取和设置属性的方法。例程 9-4 是 Clothes 类的源程序。

例程9-4 Clothes.java

```java
public class Clothes{
    private String name;
    private boolean isClean;

    public Clothes(String name,boolean isClean){
        this.name=name;
        this.isClean=isClean;
    }

    public String getName(){
        return name;
    }

    public void setName(String name){
        this.name=name;
    }

    public boolean isClean(){
        return isClean;
    }

    public void setClean(boolean isClean){
        this.isClean=isClean;
```

```
        }
        public String toString(){
            return name;
        }
    }
```

自动洗衣机的以下属性属于封装在洗衣机内的私有属性：
- mode 属性：表示洗衣模式。有三个可选值：1、2 和 3。1 表示标准，2 表示快洗，3 表示慢洗。mode 属性的初始值为 1。
- waterLevel 属性：表示水位。有三个可选值：1、2 和 3。1 表示低水位，2 表示中水位，3 表示高水位。waterLevel 属性的初始值为 1。
- status 属性：表示洗衣机的状态。有 5 种状态：开机状态、关机状态、正在洗衣状态、洗衣暂停状态和洗衣结束状态。status 属性的初始值为关机状态。

另外，洗衣机还有一个衣服属性 clothes。洗衣机的衣服并不是封装在洗衣机内部的，而是由用户自由地放进和取出，因此可以把 clothes 属性定义为 public 访问级别。不过，为了防止其他程序随意修改 clothes 属性，还是把它设为 private 访问级别，然后再提供 putClothes()和 takeoutClothes()方法，分别用来向洗衣机中放入或取出衣服。

例程 9-5 是 Washer 类的源代码，它能模拟自动洗衣机的工作过程。

例程 9-5　Washer.java

```java
public class Washer{
    public static final String OFF_STATUS="关机状态";
    public static final String ON_STATUS="开机状态";
    public static final String WASHING_STATUS="正在洗衣状态";
    public static final String SUSPEND_STATUS="洗衣暂停状态";
    public static final String FINISHED_STATUS="洗衣结束状态";

    //表示洗衣模式。1:标准 2:快洗 3:慢洗
    private int mode=1;

    //表示水位。1:低水位 2:中水位 3:高水位
    private int waterLevel=1;

    //表示洗衣机的状态,初始值为关机状态
    private String status=OFF_STATUS;

    //表示洗衣机内的衣服
    private Clothes clothes;

    /* 设置洗衣机状态 */
    private void setStatus(String status){
        this.status=status;
        System.out.println("进入"+status);
    }

    /* 读取洗衣机的状态 */
    public String getStatus(){
```

```java
      return status;
    }

    public void on(){ /* 开机*/
      setStatus(ON_STATUS);
    }

    public void off(){ /* 关机*/
      setStatus(OFF_STATUS);
    }

    public void setMode(int mode){ /* 设置洗衣模式*/
      //只有在开机状态或暂停状态，才能设置洗衣模式
      if(status.equals(ON_STATUS) || status.equals(SUSPEND_STATUS))
        this.mode=mode;
    }

    public int getMode(){ /* 读取洗衣模式 */
      return mode;
    }

    public void setWaterLevel(int waterLevel){
      //只有在开机状态或暂停状态，才能设置水位
      if(status.equals(ON_STATUS) || status.equals(SUSPEND_STATUS))
        this.waterLevel=waterLevel;
    }

    public int getWaterLevel(){ /* 读取水位 */
      return waterLevel;
    }

    public void putClothes(Clothes clothes){
      System.out.println("向洗衣机放入"+clothes);
      this.clothes=clothes;
    }

    public void takeOutClothes(){
      System.out.println("从洗衣机取出"+clothes);
      clothes=null;
    }

    public void start(){
      /* 只有在开机状态或暂停状态才可以转到洗衣状态 */
      if(status.equals(ON_STATUS) || status.equals(SUSPEND_STATUS)){
        setStatus(WASHING_STATUS);
        System.out.println("洗衣机卖力地洗"+clothes+"...");
        setStatus(FINISHED_STATUS);
        clothes.setClean(true); //衣服变干净
      }
    }

    public void suspend(){ /* 暂停*/
      /* 只有在洗衣状态才可以暂停 */
      if(status.equals(WASHING_STATUS))
        setStatus(SUSPEND_STATUS);
```

```java
    }
    public static void main(String args[]){
        Washer washer=new Washer();
        washer.on(); //开机
        washer.setMode(2); //洗衣模式设为快洗
        //创建一个 Clothes 对象，表示脏衬衫
        Clothes clothes=new Clothes("衬衫",false);
        washer.putClothes(clothes); //放入衬衫
        washer.start(); //开始洗衬衫
        washer.takeOutClothes();    //取出衬衫
        washer.off();        //关机
        System.out.println(clothes.getName()+"是否洗干净："
                            +clothes.isClean());
    }
}
```

对于这个范例，有以下需要解释之处：

（1）Washer 类中定义了一些 public、static、final 类型的公开静态常量（例如 ON_STATUS 常量），表示洗衣机的各种状态。

（2）Washer 类中只有 setStatus(String status)方法是 private 方法，其余方法都是公开方法。为什么 setStatus(String status)方法是私有的呢？这是因为现实世界的洗衣机并没有向用户提供一个可以直接设置各种状态的按钮。用户是通过按下"开机"、"关机"、"开始"和"暂停"等按钮，来改变洗衣机状态的。图 9-2 显示了洗衣机的状态转换过程。

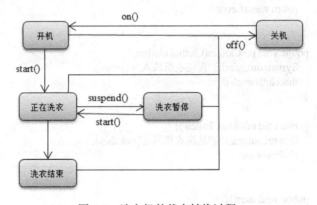

图 9-2 洗衣机的状态转换过程

（3）洗衣机的开机按钮是对用户公开的,这表明对应 Washer 类的 on()方法是 public 访问级别。同理，洗衣机的开始洗衣按钮是对用户公开的,这表明对应 Washer 类的 start()方法是 public 访问级别。再例如，用户可以根据洗衣机上的信号指示灯来了解当前的水位，这表明对应 Washer 类的 getWaterLevel()方法是 public 访问级别。以此类推，凡是用户可以对洗衣机进行的公开操作，其对应的方法都是 public 访问级别。

运行 Washer 类的 main()方法，会打印出以下模拟洗衬衫过程的内容：

```
进入开机状态
向洗衣机放入衬衫
进入正在洗衣状态
```

```
洗衣机卖力地洗衬衫……
进入洗衣结束状态
从洗衣机取出衬衫
进入关机状态
衬衫是否洗干净：true
```

以上范例的实现只是粗略地模拟自动洗衣机的洗衣过程，主要是为了演示访问权限的设置方法。如果要更真实地模拟洗衣过程，还要考虑衣服脱水等细节，例如在脱水过程中取出衣服，洗衣机会自动暂停。感兴趣的读者可以进一步对本范例进行扩展。

第 10 章 abstract：虚拟抽象画蓝图

一天，悟空问智多星："你说说我的金箍棒、猪八戒的九齿钉耙，还有沙和尚的降妖杖，有什么共同特征？"

智多星回答："这还用说，当然是都能打妖魔鬼怪啦。"

悟空说："不妨把这些器具统称为武器（Weapon）。武器只是个抽象的概念，它的功能是可以攻击对方。"悟空说罢，就定义了一个表示武器的 Weapon 类：

```
public abstract class Weapon{
    public abstract void attack(); /*攻击对方 */
}
```

由于武器是个抽象概念，所以 Weapon 类用 abstract 修饰。Weapon 类的 attack()方法也用 abstract 修饰，这意味着它是一个没有被实现的抽象方法，仅仅声明了武器拥有的共同功能。

Weapon 类的具体子类（非抽象类）会实现 attack()方法，例如，下面的代码表示金箍棒的 GoldenBar 类是 Weapon 类的一个具体子类，它实现了 attack()方法：

```
public class GoldenBar extends Weapon{
    public void attack(){
        //用金箍棒进行劈、挑、拨、截、架对方
        ……
    }
}
```

本章内容主要围绕以下问题展开：
- 在什么场合需要使用 abstract 修饰符？
- 使用 abstract 修饰符需要遵循哪些语法规则？
- 为什么不能创建抽象类的实例？

10.1 abstract 修饰符的修饰内容

abstract 修饰符可用来修饰类和成员方法：
- 用 abstract 修饰的类表示抽象类，抽象类不能被实例化，即不允许创建抽象类本身的实例。没有用 abstract 修饰的类称为具体类，具体类可以被实例化。
- 用 abstract 修饰的方法表示抽象方法，抽象方法没有方法体。抽象方法用来描述类具有什么功能，但不提供具体的实现。没有用 abstract 修饰的方法称为具体方法，具体方法拥有方法体。

例如，以下 Base 类为抽象类，它包括一个抽象方法 method1()和一个具体方法 method2()：

```java
public abstract class Base{              //Base 是抽象类
    abstract void method1();             //抽象方法，没有方法体

    void method2(){                      //具体方法，有方法体
        System.out.println("method2");
    }
}
```

10.2　abstract 修饰符的语法规则

使用 abstract 修饰符需要遵守以下语法规则：

（1）抽象类中可以没有抽象方法。例如，下面的代码中，Base 类虽然是抽象类，但是没有抽象方法，这是合法的：

```java
abstract class Base{                     //Base 是抽象类，没有抽象方法
    void method(){                       //具体方法，有方法体
        System.out.println("method");
    }
}
```

（2）如果一个类有一个或多个抽象方法，那么这个类必须被定义为抽象类。如果子类没有实现父类中所有的抽象方法，那么子类也必须定义为抽象类，否则编译出错。例如，下面的代码中，Sub 类继承了 Base 类，但 Sub 类仅实现了 Base 类中的 method1()抽象方法，而没有实现 method2()抽象方法，因此 Sub 类必须声明为抽象类，否则编译出错：

```java
abstract class Base{
    abstract void method1();
    abstract void method2();
}
class Sub extends Base{                  //编译出错，Sub 类必须声明为抽象类
    void method1(){System.out.println("method1");}
}
```

（3）没有抽象静态方法，即 abstract 和 static 修饰符不能连用。例如，下面的代码编译会出错：

```java
abstract class Base{
    //编译出错，static 和 abstract 修饰符不能连用
    static abstract void method1();
    static void method2(){...}           //合法，抽象类中可以有静态方法
}
```

（4）抽象类不能被实例化。然而可以创建一个引用变量，其类型是一个抽象类，并让它引用非抽象的具体子类的一个实例。例如，下面的代码中，base2 变量被声明为 Base 父类型，而实际上引用 Sub 子类的实例：

```
abstract class Base{}              //Base 类是抽象类
class Sub extends Base{             //Sub 类是具体类
    public static void main(String args[]){
        Base base1=new Base();      //编译出错,不能创建抽象类 Base 的实例
        Base base2=new Sub();       //合法,可以创建具体类 Sub 的实例
    }
}
```

10.3 抽象类不能被实例化

抽象类的一个重要特征是不允许实例化。为什么抽象类不能被实例化呢？这可以从语义及语法两个方面来解释：

（1）在语义上，抽象类表示从一些具体类中抽象出来的类型。从具体类到抽象类，这是一种更高层次的抽象。如图 10-1 所示，金箍棒类、九齿钉耙类和降妖杖类是具体类，而武器类则是抽象类。

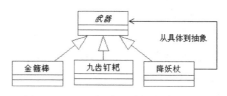

图 10-1 从具体类中抽象出抽象类

再例如，苹果类、香蕉类和橘子类是具体类，而水果类则是抽象类，因为在自然界中，并不存在水果类本身的实例，而只存在它的具体子类的实例：

```
Fruit fruit=new Apple();    //创建一个苹果对象,把它看作是水果对象
```

当然，站在广义的角度，在继承树上，总可以把子类的对象看作父类的对象。例如，苹果对象是水果对象，香蕉对象也是水果对象。当父类是具体类时，父类的对象包括父类本身的对象及所有具体子类的对象；当父类是抽象类时，父类的对象包括所有具体子类的对象。

因此，所谓的抽象类不能被实例化，是指不能创建抽象类本身的实例，尽管如此，可以创建一个子类的实例（如苹果实例），并把它看作父类的实例（如水果实例）。

（2）在语法上，抽象类中可以包含抽象方法，例如，下面代码中的 Base 类有一个抽象的 method2()方法：

```
abstract class Base{
    public void method1(){…}          //具体方法
    public abstract void method2();   //抽象方法
}
```

下面用反证法来说明为什么抽象类不能被实例化。假如允许创建抽象类本身的实例，代码如下：

```
Base base=new Base();       //假设 Java 编译器未报错
```

```
        base.method1();
        base.method2();        //运行时 Java 虚拟机无法执行这个方法
```

那么，在运行以上程序时，Java 虚拟机无法执行 base.method2()方法，因为 method2()方法是抽象方法，根本没有方法体。由此可见，Java 编译器不允许创建抽象类的实例是必要的。

10.4 小结

本章主要介绍了 abstract 修饰符的用法，本章涉及的 Java 知识点总结如下：
（1）abstract 修饰符所修饰的内容。
- 用 abstract 修饰的类表示抽象类，抽象类表示从具体子类中抽象出来的概念，抽象类本身没有实例。
- 用 abstract 修饰的方法表示抽象方法，抽象方法没有方法体。抽象方法用来描述类具有什么功能，但不提供具体的实现。

（2）abstract 修饰符的语法规则。
- 抽象类中可以没有抽象方法。
- 包含抽象方法的类必须被定义为抽象类。如果子类没有实现父类中所有的抽象方法，子类也必须被定义为抽象类。
- abstract 修饰符不能与 static 修饰符连用。
- 抽象类不能被实例化。

10.5 编程实战：金、银角大王的魔法宝物

孙悟空在西天取经路上曾经智斗金角大王和银角大王。这两个妖怪有一些能施展魔法的宝物：红葫芦、玉净瓶和幌金绳。这些宝物的魔法如下：
- 红葫芦 Gourd：把对手吸进葫芦。
- 玉净瓶 Bottle：把对手吸进瓶里。
- 幌金绳 Rope：捆绑对手。

编写一个抽象的宝物类 Treasure，再编写三个具体子类，分别表示三个具体的宝物类型。然后参考第 13 章（对外开放靠接口），编写一个 Target 接口，用来表示宝物所要降伏的目标，Monkey 类实现了这个 Target 接口。

再在程序入口 main()方法中编写一段程序，演绎这三种宝物分别对孙悟空施展魔法。

编程提示

如图 10-2 展示了所要创建的类和接口之间的关系。从这张图可以看出，Treasure 抽象类和 Target 接口位于应用的抽象层，它们规划了整个软件的框架蓝图，然后由其

第10章 abstract：虚拟抽象画蓝图

余的具体类来实现这一蓝图。

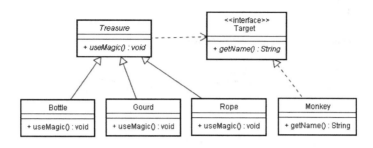

图 10-2 妖怪的宝物和对手的类框图

例程 10-1 列出了表示宝物所降伏的目标的 Target 接口和 Monkey 实现类的源代码。

例程 10-1　Target 接口和 Monkey 类

```java
public interface Target{ /* 表示宝物所降伏的目标 */
  public String getName();
}
public class Monkey implements Target{
  private String name;
  public Monkey(String name){
    this.name=name;
  }
  public String getName(){
    return name;
  }
}
```

例程 10-2 列出了表示宝物的 Treasure 抽象类和它的三个具体子类的源代码。

例程 10-2　Treasure 抽象类和它的三个子类

```java
public abstract class Treasure{
  /** 施展魔法 */
  public abstract void useMagic(Target target);

  public static void main(String args[]){
    Bottle bottle=new Bottle();
    Gourd gourd=new Gourd();
    Rope rope=new Rope();
    Monkey monkey=new Monkey("孙悟空");

    //三个宝物分别施展魔法
    bottle.useMagic(monkey);
    gourd.useMagic(monkey);
    rope.useMagic(monkey);
  }
}

public class Bottle extends Treasure{
  /** 施展魔法 */
  public void useMagic(Target target){
```

```java
        System.out.println("把"+target.getName()+"装进瓶里");
    }
}

public class Gourd extends Treasure{
    /** 施展魔法 */
    public void useMagic(Target target){
        System.out.println("把"+target.getName()+"装进葫芦里");
    }
}

public class Rope extends Treasure{
    /** 施展魔法 */
    public void useMagic(Target target){
        System.out.println("把"+target.getName()+"绑起来");
    }
}
```

　　Treasure 类的 useMagic(Target target)方法的参数是 Target 接口类型。为什么不把它定义为 Monkey 类型呢？这是因为把 target 参数定义为 Target 接口类型，可以使软件具有更好的可扩展性。如果日后要用宝物来捉拿猪八戒，只要让 Pig 类也实现 Target 接口即可：

```java
public class Pig implements Target{…}
```

　　这样，宝物就可以对猪八戒施展魔法了：

```java
Pig pig=new Pig("猪八戒");
Treasure treasure=new Bottle();
//宝物对猪八戒施展魔法
treasure.useMagic(pig);
```

　　运行例程 10-2 的 Treasure 类的 main()方法，就会演示三个宝物分别对悟空施展魔法的过程，得到以下打印结果：

```
把孙悟空装进瓶里
把孙悟空装进葫芦里
把孙悟空绑起来
```

第 11 章 final：一锤定音恒不变

花果山的铁公鸡开了水果店之后，由于他常常销售过期的水果，结果信誉越来越差，顾客越来越少。铁公鸡不思悔改，还想通过发布虚假信息继续招徕顾客。铁公鸡定义了一个 HonestMonkey 类，它是 Monkey 类的子类。HonestMonkey 类覆盖了 Monkey 类的 speak()方法：

```
public class HonestMonkey extends Monkey{
    public void speak(){      //覆盖 Monkey 父类的 speak()方法
        System.out.println("欢迎光临铁公鸡的水果店，"
                + "供应有机新鲜水蜜桃，价廉物美。");
    }
}
```

铁公鸡欣赏着自己创建的 HonestMonkey 类，得意地自言自语："如今花果山所有'最诚实'的猴子们一张口就赞美我的水果店，还愁生意不红火吗？"

铁公鸡悄悄地把 HonestMonkey 类上传到网络上。很快，这个实际上在说假话的 HonestMonkey 类就在花果山的计算机系统中传开了。可惜，铁公鸡的雕虫小技可瞒不过悟空的火眼金睛，悟空本想用金箍棒教训一通铁公鸡，后来转念一想，对付顽固不化的铁公鸡，防范比惩罚更有效。于是，悟空将自己先前创建的 Monkey 类的 speak()方法做了一个小小的改动：

```
public final void speak(){
    System.out.println("大家好，我是"+name);
}
```

悟空给 speak()方法增加了一个"final"修饰符。Monkey 类的 speak()方法有了 final 修饰符后，HonestMonkey.java 文件就无法通过编译了，而对于已经编译出来的 HonestMonkey.class 类，则无法在 Java 虚拟机中正常运行。就这样，悟空利用 final 修饰符，轻而易举地消灭了假冒伪劣的 HonestMonkey 类。

final 修饰符到底有什么样的威力，使得铁公鸡创建的假冒伪劣的 HonestMonkey 类遭到 Java 编译器和虚拟机的唾弃呢？final 具有"不可改变"的含义，它可以修饰类、成员方法和变量：

- 用 final 修饰的类不允许被继承，即没有子类。
- 用 final 修饰的方法不允许被子类的方法覆盖。
- 用 final 修饰的变量表示常量，只允许被赋一次值。

当 Monkey 类的 speak()方法被 final 修饰时，Monkey 类的子类就无法覆盖 speak() 方法。HonestMonkey 子类试图覆盖 Monkey 类的 speak()方法，结果被 Java 编译器拒绝通过编译。

本章内容主要围绕以下主题展开：
- 什么情况下可以对类用 final 修饰，用 final 修饰的类有什么特点？
- 什么情况下可以对方法用 final 修饰，用 final 修饰的方法有什么特点？
- 什么情况下可以对变量用 final 修饰，用 final 修饰的变量有什么特点？

11.1　final 类

用 final 修饰的类不允许有子类。在以下情况，可以考虑把类定义为 final 类型，使得这个类不能被继承：
- 不是专门为继承而设计的类，类本身的方法之间有复杂的调用关系。假如随意创建这些类的子类，子类有可能会覆盖父类的方法，并且错误地修改父类的实现细节。
- 出于安全的原因，类的实现细节不允许有任何改动。
- 确信这个类不会再被扩展。

例如，如果 Monkey 类被 final 修饰，那么铁公鸡就根本无法创建 Monkey 类的恶意 HonestMonkey 子类。不过，悟空考虑到智多星等需要创建 Monkey 类的合理子类，所以没有将 Monkey 类用 final 修饰，而是仅仅把 Monkey 类的 speak()方法用 final 修饰。

再例如，JDK 类库中的 java.lang.String 类被定义为 final 类型：

```
public final class String{…}
```

MyString 类试图继承 String 类，这会导致编译错误，代码如下：

```
//编译出错，不允许创建 String 类的子类
public class MyString extends String{…}
```

11.2　final 方法

在某些情况下，出于安全的原因，父类不允许子类覆盖某个方法，此时可以把这个方法声明为 final 类型。例如，悟空为了防止 Monkey 类的 speak()方法被子类恶意地覆盖，就把 speak()方法声明为 final 类型。再例如，在 java.lang.Object 类中，getClass()方法为 final 类型，而 equals()方法不是 final 类型的：

```
public class Object{
    /** 返回包含类的类型信息的 Class 实例
    public final Class getClass(){…}

    /** 比较参数指定的对象与当前对象是否相同
    public boolean equals(Object o){…}
    …
}
```

所有 Object 的子类都可以覆盖 equals()方法，但不能覆盖 getClass()方法。Cat 类试图覆盖 Object 类的 getClass()方法，会导致编译错误，代码如下：

```
public class Cat{
  private String name;
  public Cat(String name){this.name=name;}

  //编译出错,不允许覆盖 Object 类的 getClass()方法
  public Class getClass(){
    return Class.forName("Dog");        //返回包含 Dog 类的类型信息的 Class 实例
  }

  //合法,允许覆盖 Object 类的 equals()方法
  public boolean equals(Object obj){
    if(!(obj instanceof Cat)) return false;
    Cat other=(Cat)obj;
    if(name==null || other.getName()==null)return false;
    //只要两只猫的名字相同,就认为它们是相同的
    return name.equals(other.getName());
  }

  public String getName(){return name;}

  public void setName(String name){this.name=name;}
}
```

11.3　final 变量

用 final 修饰的变量表示取值不会改变的常量。例如，在 java.lang.Integer 类中定义了两个常量：

```
public static final int MAX_VALUE= 2147483647;    //表示 int 类型的最大值
public static final int MIN_VALUE= -2147483648;   //表示 int 类型的最小值
```

使用 final 变量时需要遵守以下语法规则：

（1）final 修饰符可以修饰静态变量、实例变量和局部变量，分别表示静态常量、实例常量和局部常量。

例如，某个中学的学生都有出生日期、姓名和年龄这些属性，其中学生的出生日期永远不会改变，姓名有可能改变，年龄每年都会变化。此外，该中学在招收学生时，对学生的年龄作了限制，只招收年龄在 10～23 岁的学生。以下是 Student 类的源程序，其中学生的最大年龄及最小年龄为静态常量，学生的出生日期为实例常量：

```
public class Student{
  public static final int MAX_AGE=23;      //静态常量
  public static final int MIN_AGE=10;      //静态常量
  private final LocalDate birthday;        //实例常量
  private String name;
  private int age;
```

```java
    public Student(Date birthday, String name, int age) {
        this.birthday=birthday;
        this.name=name;
        if(age>MAX_AGE || age<MIN_AGE)
            throw new IllegalArgumentException("年龄不符合入学要求");
        this.age=age;
    }

    public void setAge(int age){
        if(age>MAX_AGE || age<MIN_AGE)
            throw new IllegalArgumentException("年龄不符合入学要求");
        this.age=age;
    }
    …
}
```

以下代码创建了两个 Student 对象：

```
//Tom，1990/10/1 日出生，16 岁
Student tom=new Student(LocalDate.of(1990,Month.OCTOBER,1),
                        "Tom",16);
tom.setAge(17);        //把 Tom 的年龄改为 17 岁

//Mike，1992/11/1 日出生，14 岁
Student mike=new Student(LocalDate.of(1992,Month.NOVEMBER,1),
                         "Mike",14);
mike.setAge(15);       //把 Mike 的年龄改为 15 岁
```

静态常量一般以大写字母命名，单词之间以"_"符号分开。

（2）第 4 章的 4.4.1 节（成员变量的初始化）曾经提到类的成员变量可以不必显式初始化，但是这不适用于 final 类型的成员变量。final 变量都必须显式地初始化，否则会导致编译错误：

```java
public class NonInitSample{
    final int var1;              //编译出错，var1 实例常量必须被显式地初始化
    final static int var2;       //编译出错，var2 静态常量必须被显式地初始化

    final int var3=0;            //合法
    final static int var4=0;     //合法

    int var5;                    //合法，var5 被初始化为默认值 0
    static int var6;             //合法，var6 被初始化为默认值 0
}
```

对于 final 类型的实例变量，可以在定义变量时，或者在构造方法中进行初始化。例如，以下实例变量 a 在定义时就被初始化，实例变量 b 在构造方法中被初始化，这都是合法的：

```java
public class BothInitSample{
    final int a=0;               //定义时被初始化
    final int b;
```

```
    public BothInitSample(){
        b=0;                    //在构造方法中初始化
    }
}
```

对于 final 类型的静态变量，只能在定义变量时进行初始化，例如，在以下代码中，试图在构造方法中初始化 final 类型的静态变量 b，这是非法的：

```
public class InitErrorSample{
    static final int a=1;       //合法
    static final int b;

    public InitErrorSample(){
        b=1;                    //非法
    }
}
```

（3）final 变量只能赋一次值。例如，以下程序代码试图给 var1 实例常量和 var2 局部常量赋两次值，并且试图改变 final 类型的参数 param 的值，这会导致编译错误：

```
public class DualInitSample{
    private final int var1=1;    //定义并初始化 var1 实例常量

    public DualInitSample(){
        var1=2;                  //编译出错，不允许改变 var1 实例常量的值
    }

    public void method(final int param){
        final int var2=1;        //定义并初始化 var2 局部常量
        var2++;                  //编译出错，不允许改变 var2 局部常量的值
        param++;                 //编译出错，不允许改变 final 类型参数的值
    }
}
```

11.4 小结

本章主要介绍了 final 修饰符的用法，本章涉及的 Java 知识点总结如下：
（1）final 修饰符所修饰的内容。
- 用 final 修饰的类不允许被继承，即没有子类。
- 用 final 修饰的方法不允许被子类的方法覆盖。
- 用 final 修饰的变量表示常量，只允许被赋一次值。

（2）final 变量的语法规则。
- final 修饰符可以修饰静态变量、实例变量和局部变量，分别表示静态常量、实例常量和局部常量。
- final 变量必须显式地初始化，否则会导致编译错误。对于 final 类型的实例变量，可以在定义变量时，或者在构造方法中进行初始化。对于 final 类型的静态变量，只能在定义变量时进行初始化。

- final 变量只能赋一次值，不允许改变 final 变量的值。

11.5 编程实战：无法伪造篡改的生死簿

自从孙悟空到幽冥界擅自涂改生死簿后，幽冥界就开始对生死簿进行数字化管理，并且从技术上采取了安全防范措施。

编写一个表示生死簿的 LifeBook 类，为了防止出现伪造的生死簿，这个 LifeBook 类不允许被继承。另外，在生死簿中存放的是各种生灵的信息，这些信息不允许修改。编写一个表示生灵的 Creature 类，它包含编号 no、类别 category、名字 name、寿命 lifetime、生日 birthday、出生地 birthplace 属性。这些属性都不允许被修改。

在程序入口 main()方法中创建一个生死簿 LifeBook 对象，它包含了表示智多星的生灵的信息：编号是 1000，类别是猴类，寿命是 300 岁，出生地是花果山。

编程提示

Creature 类的所有属性都不允许被修改，因此用 final 来修饰它们。当这些属性在构造方法中被初始化后，就无法修改它们的取值。如例程 11-1 是 Creature 类的源代码。

例程 11-1 Creature.java

```java
import java.time.*;
public class Creature{                      //表示生死簿中的生灵
    private final int no;                   //编号
    private final String category;          //类别
    private final String name;              //姓名
    private final int lifetime;             //寿命
    private final LocalDate birthday;       //生日
    private final String birthplace;        //出生地

    public Creature(int no, String category,String name,int lifetime,
                LocalDate birthday,String birthplace){
        this.no=no;
        this.category=category;
        this.name=name;
        this.lifetime=lifetime;
        this.birthday=birthday;
        this.birthplace=birthplace;
    }

    public int getNo(){return no;}
    public String getCategory(){return category;}
    ……
    public String getBirthplace(){return birthplace;}
}
```

表示生死簿的 LifeBook 类不允许被继承，因此用 final 来修饰该类。如例程 11-2 是 LifeBook 类的源代码。

第 11 章　final：一锤定音恒不变

例程 11-2　LifeBook.java

```java
import java.util.*;
import java.time.*;
public final class LifeBook{
    //存放所有的生灵信息
    private Map<Integer,Creature> creatures=
                    new HashMap<Integer,Creature>();

    public void add(Creature creature){ /* 向生死簿中加入一个生灵 */
        creatures.put(creature.getNo(),creature);
    }

    public Creature get(int no){ /* 根据编号查阅特定生灵的信息 */
        return creatures.get(no);
    }

    public static void main(String[] args) {
        Creature creature=new Creature(1000,"猴类","智多星",300,
                LocalDate.of(2000,Month.JANUARY,1),"花果山");
        LifeBook lifeBook=new LifeBook();
        lifeBook.add(creature);              //在生死簿中加入智多星的信息

        creature=lifeBook.get(1000);    //查阅智多星的信息
        System.out.println("智多星的寿命是"+creature.getLifetime());
    }
}
```

以上 LifeBook 类的 creatures 属性是 java.util.Map 映射类型，关于这种类型的详细用法，可以参考本书第 18 章的 18.4 节（映射）。

读书笔记

第 12 章 static：静态家当共分享

类是其实例的模板。例如，Monkey 类是所有 Monkey 实例的模板，如图 12-1 所示。

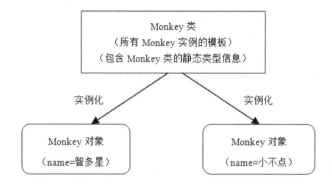

图 12-1 Monkey 类是所有 Monkey 实例的模板

当 Java 虚拟机执行 "new Monkey("智多星")" 语句时，首先会确保已经加载了 Monkey 类，即把作为模板的 Monkey 类的类型信息加载到内存中。接下来，Java 虚拟机再依照 Monkey 类这个模板，依葫芦画瓢地复制出一个具体的 Monkey 实例。

 Java 虚拟机什么时候会加载类呢？只有在程序首次主动使用一个类时才会加载它，并且只会加载一次。程序主动使用类的情形包括：创建类的实例及调用类的静态方法和静态变量等。

Java 语言用 static 修饰符来修饰类的静态信息，也称作类级别的信息。这些静态信息的特点是不依赖于类的特定的实例。static 修饰符可以用来修饰类的成员变量、成员方法和代码块：

- 用 static 修饰的成员变量称为静态变量或者类变量，可以直接通过类名来访问。
- 用 static 修饰的成员方法称为静态方法或者类方法，可以直接通过类名来访问。
- 用 static 修饰的程序代码块称为静态代码块，当 Java 虚拟机加载类时，就会执行该代码块。

被 static 所修饰的成员变量和成员方法表明归某个类所有，它不依赖于类的特定实例，被类的所有实例共享。

本章内容主要围绕以下问题展开：

- 如何定义和访问静态变量？静态变量与实例变量有什么区别？
- 如何定义和访问静态方法？静态方法与实例方法有什么区别？
- 静态代码块在什么时候被执行？静态代码块有什么作用？

12.1　static 变量

本书第 4 章的 4.1.1 节（实例变量和静态变量）已经介绍了静态变量的概念。本小节再对此做进一步介绍。类的成员变量有两种：一种是被 static 修饰的变量，叫类变量，或静态变量；一种是没有被 static 修饰的变量，叫实例变量。

静态变量和实例变量的区别如下：
- 当 Java 虚拟机加载类时，会为静态变量分配内存。在程序运行中，一个类最多只会被加载一次，因此，Java 虚拟机只会为每个静态变量分配一次内存，每个静态变量在内存中只有一个备份。程序可以直接通过类名访问静态变量。静态变量能被类的所有实例共享，可作为实例之间进行交流的共享数据。
- 对于实例变量，每创建一个实例，就会为实例变量分配一次内存，实例变量可以在内存中有多个备份，互不影响。

在类的内部，可以在任何方法内直接访问静态变量；在其他类中，可以通过特定类的类名来访问它的静态变量。例如：

```
class Sample1 {
  public static int number=9;       //定义一个静态变量
  public void method() {
    int x = number;                 //在类的内部直接访问 number 静态变量
  }
}

class Sample2 {
  public void method() {
    int x = Sample1.number;         //通过 Sample1 类名来访问 number 静态变量
  }
}
```

12.2　static 方法

成员方法分为静态方法和实例方法。用 static 修饰的方法叫静态方法或类方法，不用 static 修饰的方法就叫实例方法。

静态方法也和静态变量一样，无须创建类的实例，可以直接通过类名来访问，例如：

```
class Sample3 {
  public static int add(int x, int y) {    //静态方法
    return x + y;
  }
}
class Sample4 {
```

```
        public void method() {
            int result =Sample3.add(1,2);       //调用 Sample3 类的 add()静态方法
            System.out.println("result= " + result);
        }
    }
```

在 JDK 类库中有一个 java.lang.Math 类，提供了许多用于数学运算的静态方法，例如：

```
public static int max(int a,int b)    //返回两个参数中的最大值
public static int min(int a,int b)    //返回两个参数中的最小值
```

在程序中，只要直接通过 Math 类名就能访问它的静态方法，例如：

```
int result=Math.max(100,90);
```

12.2.1 静态方法可访问的内容

由于静态方法不需要通过它所属的类的任何实例就会被调用，因此在静态方法中不能使用 this 关键字，也不能直接访问所属类的实例变量和实例方法，但是可以直接访问所属类的静态变量和静态方法。

下面用反证法来推导为何在静态方法中不能直接访问所属类的实例变量和实例方法。下面的代码中，Monkey 类的 speak()方法被定义为静态方法，它试图访问 name 实例变量：

```
package mypack;
public class Monkey{
    String name;                          //实例变量
    static int count;                     //静态变量

    public Monkey(String name){
        this.name=name;
        count++;
    }

    public static void speak(){           //静态方法
        System.out.println("大家好，我是"+name);         //非法，不允许访问 name 实例变量
        System.out.println("目前共有"+count+"个猴子");    //合法，可以访问 count 静态变量
    }
}
```

假设以上 Monkey 类会通过编译，那么对于以下代码：

```
Monkey.speak();
```

直接通过 Monkey 类名来调用 speak()静态方法。Java 虚拟机将无法执行 speak()方法，因为 Java 虚拟机无法确定 speak()方法中的 name 实例变量到底属于哪个 Monkey 实例。由此可见，在静态方法中，无法直接访问当前类的实例变量和实例方法，因为实例变量和实例方法都依赖于特定的实例。

同理，在静态方法中也不能使用 this 关键字，因为 this 关键字引用当前实例，而在静态方法中，无法确定到底哪个是当前实例，还有可能不存在任何实例。

12.2.2 实例方法可访问的内容

如果一个方法没有用 static 修饰，那么它就是实例方法。在实例方法中可以直接访问所属类的静态变量、静态方法、实例变量和实例方法。

在下面的代码中，Monkey 类的 speak() 方法是实例方法，它会访问 name 实例变量和 count 静态变量，这是合法的：

```java
public class Monkey{
    String name;                //实例变量
    static int count;           //静态变量

    public Monkey(String name){
        this.name=name;
        count++;
    }

    public void speak(){        //实例方法
        System.out.println("大家好，我是"+name);        //合法，允许访问 name 实例变量
        System.out.println("目前共有"+count+"个猴子");  //合法，允许访问 count 静态变量
    }
}
```

对于以下代码：

```java
Monkey  m1=new Monkey("智多星");
Monkey  m2=new Monkey("小不点");
m1.speak();
m2.speak();
```

创建了两个 Monkey 实例，如图 12-2 所示，m1 变量和 m2 变量分别引用这两个 Monkey 实例。由于创建了两个 Monkey 实例，所以在内存中有两个 name 实例变量。而 Monkey 类的 count 静态变量在内存中是唯一的。

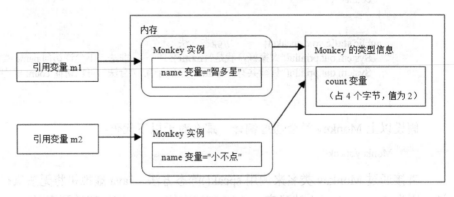

图 12-2　各个变量的内存分配情况

当 Java 虚拟机执行 m1.speak() 方法时，speak() 方法访问的 name 实例变量属于代表"智多星"的 Monkey 实例；当 Java 虚拟机执行 m2.speak() 方法时，speak() 方法访问的 name 实例变量属于代表"小不点"的 Monkey 实例。

无论 Java 虚拟机执行 m1.speak() 方法还是执行 m2.speak() 方法，speak() 方法访问的

count 静态变量始终是同一个。因为 count 静态变量属于 Monkey 类本身所有，当 Java 虚拟机加载 Monkey 类时，为 count 静态变量分配内存，count 静态变量在内存中只有一个。

12.2.3 静态方法必须被实现

静态方法用来表示某个类所特有的功能，这种功能的实现不依赖于类的具体实例，也不依赖于它的子类。既然如此，当前类必须为静态方法提供实现的机会。换句话说，一个静态方法不能被定义为抽象方法。以下方法的定义是非法的：

```
static abstract void method();   //编译出错，static 和 abstract 不能连用
```

static 和 abstract 修饰符是一对"冤家"，永远不能在一起使用。如果一个方法是静态的，那么它就必须自力更生，自己实现该方法；如果一个方法是抽象的，那么它就只表示类所具有的功能，但不会实现它，在子类中才会实现它。

12.2.4 作为程序入口的 main() 方法是静态方法

本书第 1 章的 1.3.3 节（程序入口 main() 方法）在介绍作为程序入口的 main() 方法时，曾强调 main() 方法必须用 static 修饰，现在可以理解为什么如此了吧？因为把 main() 方法定义为静态方法，就可以使得 Java 虚拟机只要加载了 main() 方法所属的类，就能执行 main() 方法，而无须先创建这个类的实例。

在 main() 静态方法中不能直接访问当前类的实例变量和实例方法。Java 初学者在调试程序时会经常遇到类似下面的编译错误：

```
public class Tester {
    int x;                //实例变量
    void method(){}       //实例方法

    public static void main(String args[]) {
        x = 9;            //编译错误
        this.x=9;         //编译错误
        method();         //编译错误
        this.method();    //编译错误
    }
}
```

正确的做法是通过 Tester 实例来访问实例方法和实例变量：

```
public class Tester{
    int x;
    void method(){}

    public static void main(String args[]) {
        Tester t=new Tester();
        t.x = 9;          //合法
        t.method();       //合法
    }
}
```

12.3　static 代码块

　　类中可以包含静态代码块，它不存在于任何方法体中。静态代码块可包含用于初始化类的操作。Java 虚拟机在加载类时，会执行这些静态代码块。如果类中包含多个静态块，那么 Java 虚拟机按它们在类中出现的顺序依次执行它们，每个静态代码块只会被执行一次。

　　例如，Sample 类中包含两个静态代码块，运行 Sample 类的 main()方法时，Java 虚拟机首先加载 Sample 类，在加载的过程中会依次执行两个静态代码块，Java 虚拟机加载了 Sample 类后，再执行 main()方法，代码如下：

```
public class Sample{
  static int i = 5;

  static {              //第一个静态代码块
    System.out.println(" First Static code i= "+ i++ );
  }
  static {              //第二个静态代码块
    System.out.println(" Second Static code i= "+ i++ );
  }
  public static void main(String args[]) {
    Sample s1=new Sample();
    Sample s2=new Sample();
    System.out.println("At last, i= "+ i );
  }
}
```

运行这个程序，将输出如下结果：

```
First Static code i=5
Second Static code i=6
At last，i=7
```

　　静态代码块与静态方法一样，也不能直接访问当前类的实例变量和实例方法，而必须通过实例来访问它们，例如：

```
public class ErrorSample{
  private int i;            //实例变量

  static{
    i=1;                    //编译出错
    method();               //编译出错
    new ErrorSample().method();  //合法
  }
  public void method(){i++;}   //实例方法
}
```

12.4 小结

本章主要介绍了 static 修饰符的用法，本章涉及的 Java 知识点总结如下：
（1）static 修饰符所修饰的内容。
- 用 static 修饰的成员变量称为静态变量或者类变量，可以直接通过类名来访问。
- 用 static 修饰的成员方法称为静态方法或者类方法，可以直接通过类名来访问。
- 用 static 修饰的程序代码块称为静态代码块，当 Java 虚拟机加载类时，就会执行该代码块。

（2）static 修饰符的语法规则。
- 在静态方法中不能使用 this 关键字，也不能直接访问所属类的实例变量和实例方法，但是可以直接访问所属类的静态变量和静态方法。
- 在类 A 的静态方法中，如果要访问类 A 的实例变量和实例方法，必须通过类 A 的特定实例来访问它们。
- 在实例方法中，可以直接访问所属类的静态变量、静态方法、实例变量和实例方法。
- 静态方法不能被 abstract 修饰。
- 当类被加载时，静态代码块只被执行一次。类中不同的静态代码块按它们在类中出现的顺序被依次执行。

12.5 编程实战：灵活配置绘制图形

编写一个 ShapeDrawer 类，它能根据配置文件 configuration.txt 所指定的形状和符号，来绘制相应的长方形、三角形或直线图形。configuration.txt 配置文件中的内容采用"属性名=属性值"的格式，例如：

```
shape=1
symbol=#
```

以上 shape 属性的可选值包括 1、2 和 3。1 表示长方形，2 表示三角形，3 表示直线。symbol 属性表示用来绘制图形的符号。如果取值为"#"，就意味着用"#"来绘制图形。

编程提示

在 ShapeDrawer 类中定义静态的 shape 变量和 symbol 变量。在静态代码块中读取 configuration.txt 配置文件，并且根据配置文件中的信息来为 shape 变量和 symbol 变量初始化。ShapeDrawer 类的 draw()方法是静态方法，它能够绘制特定的图形。例程 12-1 是 ShapeDrawer 类的源代码。

例程 12-1　ShapeDrawer.java

```java
import java.util.*;
import java.io.*;
public class ShapeDrawer{
  public static final int RECTANGLE=1;
  public static final int TRIANGLE=2;
  public static final int LINE=3;
  private static Properties conf=new Properties();
  private static int shape=1;        //所绘制的形状
  private static char symbol='*';    //所绘制的符号

  static{ /* 静态初始化代码块 */
    try{
      InputStream in=
          ShapeDrawer.class.getResourceAsStream("configuration.txt");
      conf.load(in); //把配置信息加载到 conf 对象中
      shape=Integer.parseInt((String)conf.get("shape"));
      symbol=((String)conf.get("symbol")).charAt(0);
    }catch(IOException e){throw new RuntimeException(e);}
  }

  /* 绘制各种形状，参数 n 决定形状的大小 */
  public static void draw(int n){
    switch(shape){
      case RECTANGLE: drawRectangle(n);break;
      case TRIANGLE:  drawTriangle(n);break;
      case LINE:      drawLine(n);break;
    }
  }

  private static void drawRectangle(int n){ /* 绘制长方形 */
    for(int i=1;i<=n;i++){
      for(int j=1;j<=n;j++){
        System.out.print(symbol);
      }
      System.out.println();
    }
  }

  private static void drawLine(int n){ /* 绘制直线 */
    for(int i=1;i<=n;i++){
      System.out.print(symbol);
    }
  }

  private static void drawTriangle(int n){ /* 绘制三角形 */
    for(int i=1;i<=n;i++){
      for(int j=1;j<=2*n-1;j++){
        if(j>n-i && j<n+i)
          System.out.print(symbol);
        else
```

```
            System.out.print(" ");
        }
        System.out.print("\n");         //打印换行
    }
}

public static void main(String args[]){
    int n=9;
    if(args.length>0){                  //读取命令行参数
        try{
            n=Integer.parseInt(args[0]);
        }catch(NumberFormatException e){
            System.out.println("请正确输入形状的大小");
            return;
        }
    }
    draw(n);
}
```

ShapeDrawer 类的静态初始化代码块中使用了 java.io 包中的输入流 InputStream 类，本书第 19 章（数据出入靠 I/O）详细介绍了 InputStream 类的用法。ShapeDrawer 类的 conf 变量是 java.util.Properties 类型。Properties 对象的 load()方法能把属性文件中的数据加载到自身的数据结构中。

ShapeDrawer 类的 main()方法会读取命令行参数，该参数用来决定形状的大小。运行 ShapeDrawer 类，要确保 configuration.txt 文件和 ShapeDrawer.class 文件位于同一个目录下。当 configuration.txt 配置文件的内容如下时：

```
shape=1
symbol=#
```

运行"java ShapeDrawer 5"，将得到如图 12-3 所示的打印形状。当 configuration.txt 配置文件的内容如下时：

```
shape=2
symbol=*
```

运行"java ShapeDrawer 5"，将得到如图 12-4 所示的打印形状。

图 12-3　绘制#

图 12-4　绘制*

读书笔记

第 13 章　对外开放靠接口

在日常生活中，两个不同的实体之间通过接口来连接。例如，计算机和移动硬盘通过标准的 USB 接口来连接；电源插头和电源插座之间通过标准接口来连接；螺丝和螺帽之间也通过标准接口来连接。

接口为不同类型的实体之间进行顺利交互提供了统一标准。分别由不同的厂家生产的计算机和移动硬盘，只要计算机和移动硬盘的 USB 接口匹配，都符合同样的标准，它们就能顺利地连接起来。

在 Java 领域，接口可以为两个不同的类顺利交互提供标准。例如为了避免算错账，如今花果山所有水果店的营业员们都用计算器来计算顾客应付的金额。悟空让花果山的猴子们学着用 Java 类来模拟营业员和计算器的行为。

智多星定义了代表营业员的 Seller 类：

```java
public class Seller{    /* 智多星编写的 Seller 类 */
    String name;
    Calculator cal;    //营业员使用的计算器

    public Seller(String name,Calculator cal){
        this.name=name;
        this.cal=cal;
    }

    public void quote(double price,double amount){ /** 报价 */
        //调用 Calculator 对象的 multiply()方法
        //以下 String.format()方法设定浮点数的输出格式，保留两位小数
        System.out.println("应付金额为"
            + String.format("%.2f",cal.multiply(price,amount))+"元.");
    }
}
```

小不点定义了代表计算器的 Calculator 类：

```java
public class Calculator {    /* 小不点编写的 Calculator 类 */
    public double cheng(double a,double b){    //进行乘法运算
        return a*b;
    }
}
```

智多星和小不点分别自说自话地定义了 Seller 类和 Calculator 类。智多星想当然地认为 Calculator 类应该有一个用于乘法运算的 multiply()方法。而实际上，小不点把该方法命名为"cheng()"。因此，Seller 类在 quote()方法中试图调用 Calculator 类的 multiply()方法是无效的。

为了保证任意两个程序员分别定义的 Seller 类和 Calculator 类能顺利交互，悟空制

定了 CalculatorIFC 接口，以下"interface"关键字用于定义接口类型：

```
public interface CalculatorIFC{
    public double multiply(double a, double b);    //抽象方法
}
```

不论是哪个程序员定义的 Seller 类，一律通过 CalculatorIFC 接口来访问计算器的功能：

```
public class Seller{
    String name;
    CalculatorIFC cal;    //cal 变量声明为 CalculatorIFC 接口类型

    public Seller(String name,CalculatorIFC cal){
        this.name=name;
        this.cal=cal;
    }

    public void quote(double price,double amount){ //报价
        System.out.println("应付金额为"
          + String.format("%.2f",cal.multiply(price,amount))+"元.");
    }
}
```

不论是哪个程序员定义的 Calculator 类，一律必须实现 CalculatorIFC 接口，下面代码中的"implements"关键字用于声明 Calculator 类实现了 CalculatorIFC 接口：

```
public class Calculator implements CalculatorIFC{    //实现 CalculatorIFC 接口
    public double multiply(double a,double b){       //实现 multiply 方法
        return a*b;
    }
}
```

如图 13-1 所示，CalculatorIFC 接口为 Seller 类与 Calculator 类顺利交互提供了统一标准。CalculatorIFC 接口规定它的实现类拥有进行乘法运算的 multiply()方法。CalculatorIFC 接口本身未实现 multiply()方法，凡是实现该接口的类负责实现 multiply()方法。

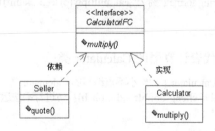

图 13-1　CalculatorIFC 接口为 Seller 类与 Calculator 类顺利交互提供了统一标准

在下面代码中的 Tester 类的 main()方法中，创建了一个 Calculator 对象和 Seller 对象，Seller 对象的 quote()方法会调用 Calculator 对象的 multiply()方法。

```
public class Tester{
    public static void main(String args[]){
        CalculatorIFC cal=new Calculator();
        Seller seller=new Seller("铁公鸡",cal);    //cal 变量引用 Calculator 对象
```

```
            seller.quote(5.8,3);                    //报价
      }
}
```

假如花果山的猴子老寿星也编写了一个实现 CalculatorIFC 接口的 Genius 类：

```
public class Genius implements CalculatorIFC{
    public double multiply(double a,double b){…}
}
```

智多星定义的 Seller 类照样可以顺利地访问老寿星编写的 Genius 类。因为在 Seller 类的源代码中，引用的是 CalculatorIFC 接口，而不是其实现类。对于以下 Tester 类的 main() 方法，当程序运行时，Seller 对象的 quote()方法将调用 Genius 对象的 multiply()方法：

```
public class Tester{
    public static void main(String args[]){
        CalculatorIFC cal=new Genius();
        Seller seller=new Seller("铁公鸡",cal);       //cal 变量引用 Genius 对象

        seller.quote(5.8,3);
    }
}
```

由此可见，CalculatorIFC 接口可以削弱 Seller 类对 CalculatorIFC 接口的实现类的依赖性，提高彼此的独立性。当 CalculatorIFC 接口的实现类发生变化时，只要 CalculatorIFC 接口保持不变，就不会对 Seller 类的源代码有任何影响。

本章内容主要围绕以下问题展开：

- 什么是接口？正确使用接口要遵循哪些语法规则？
- 接口与抽象类有什么异同，它们分别在什么场合使用？

13.1 接口的概念和语法规则

接口用于声明其实现类所具备的功能，或者说对外所提供的服务。例如，在 CalculatorIFC 接口中声明了 multiply()抽象方法，表明计算器 Calculator 类具备乘法运算的功能，或者说，计算器 Calculator 类能对外提供乘法运算的服务。

接口与抽象类有点相似，两者都包含抽象方法，都不能被实例化。如果读者一开始对接口比较陌生，可以暂且把接口看作一种特殊的抽象类。在下一节，还会进一步介绍接口与抽象类的区别。

接口对其成员变量和方法做了许多限制，接口的语法规则如下：

（1）接口中只能包含 public、static、final 类型的成员变量，必须被显式初始化。例如：

```
public interface StandardIFC{
    public static final int MAX_AGE=120;    //合法
    int MIN_AGE=1;                          //合法
    private int TOTAL=2;                    //编译出错，接口中不允许有 private 访问级别的成员
```

}

以上第二个变量 MIN_AGE 会被自动看作 public、static、final 类型的变量。

（2）接口中的方法默认情况下都是 public 访问级别的。而在 SampleIFC 接口中定义一些方法：

```
public interface SampleIFC{

    void method1();              //自动作为 public、abstract 类型方法
    public abstract void method2();   //抽象方法，显式地使用 public 修饰符

    default void method3(){      //声明一个默认方法
        System.out.println("default method3");
    }

    static void method4(){       //声明一个静态方法
        System.out.println("static method4");
    }
}
```

以上方法即使没有显式地用 public 来修饰，也会被自动看作公开访问级别。

（3）接口中可以包含三种对外公开的方法：抽象方法、静态方法和默认方法。例如，在上面的 SampleIFC 接口中，method1()和 method2()是抽象方法；mthod3()是默认方法，它拥有默认的实现，用 default 来修饰；method4()是静态方法，也包含了具体的实现，允许直接通过接口名字来访问它："SampleIFC.method4()"。

在 JDK9 版本以前，接口中所有的方法都必须是 public 访问级别的，即方法都可以对外公开。从 JDK9 开始，允许在接口中定义一些 private 访问级别的静态方法或非静态方法，供接口内 public 访问级别的静态方法或默认方法调用。例如，在下面代码的 MethodsIFC 接口中，forMethod2()方法是静态私有方法，它被静态的 method2()方法调用。forMethod3()方法是非静态私有方法，它被默认方法 method3()调用：

```
public interface MethodsIFC{
    public void method1();       //公开的抽象方法

    public static void method2(){   //公开的静态方法
        forMethod2();
    }

    public default void method3(){   //公开的默认方法
        forMethod3();
    }

    private static void forMethod2(){
        System.out.println("静态私有方法");
    }

    private void forMethod3(){
        System.out.println("非静态私有方法");
    }
}
```

(4) 一个接口可以继承多个其他接口。例如，接口 Z 继承接口 X 和 Y，因此接口 Z 会继承接口 X 的 methodX()方法，以及接口 Y 的 methodY()方法，接口 Z 被称为复合接口：

```
interface X{
    void methodX();
}
interface Y{
    void methodY();
}
interface Z extends X,Y{      //接口 Z 是复合接口
    void methodZ();
}
```

(5) 接口必须通过类来实现它的抽象方法。类实现接口的关键字为 implements：

```
public class Calculator implements CalculatorIFC{…}
```

(6) 不允许创建接口的实例，但允许定义接口类型的引用变量，该变量引用实现了这个接口的类的实例。例如，cal 实例变量被定义为 CalculatorIFC 接口类型，但实际上引用 Calculator 实例：

```
//引用变量 cal 被定义为 CalculatorIFC 接口类型，它引用 Calculator 实例
CalculatorIFC cal=new Calculator();
```

(7) 一个类只能继承一个直接的父类，但能实现多个接口。例如，MyPanel 类的直接父类为 JPanel，它还同时实现了 Runnable 和 MouseListener 接口：

```
public class MyPanel extends JPanel implements Runnable, MouseListener{…}
```

13.2 比较抽象类与接口

抽象类与接口都位于继承树的上层，它们具有以下相同点：
- 都位于继承树的上层抽象层。
- 都不能被实例化。
- 都能包含抽象方法，这些抽象方法用于描述类具备的功能，但不提供具体的实现。
- 都能包含非抽象方法，这些方法中包含具体的实现。

抽象类与接口主要有两大区别：

(1)接口中的成员变量只能是 public、static 和 final 类型的,成员方法只能是 public 和 private 访问级别的。而在抽象类中可以定义各种类型的成员变量，并且成员方法可以处于各种访问级别。这是抽象类的优势所在，它可以包含所有子类的共同成员变量，避免在子类中重复定义，而且抽象类可以利用各种访问级别来灵活地封装各种实现细节。

(2) 一个类只能继承一个直接的父类；但一个类可以实现多个接口，这是接口的优势所在。

对于已经存在的继承树,由于一个类允许实现多个接口,因此可以方便地从类中自下而上抽象出新的接口。另一方面,由于一个类只能继承一个直接的父类,因此从类中自下而上抽象出新的抽象类却不那么容易。所以接口更有利于软件系统的维护与重构。

如图 13-2 所示,假设在软件系统中已经存在两棵继承树,鸟 Bird 类和狗 Dog 类都继承动物 Animal 类,风筝 Kite 类和花篮 Basket 类都继承手工艺品 HandCraft 类。

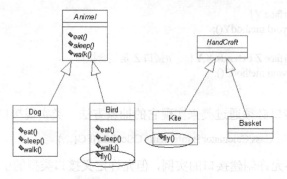

图 13-2 两棵继承树

在图 13-2 中,Bird 类和 Kite 类都具有表示飞翔功能的 fly() 方法。可否把这种飞翔功能抽象到一个共同的抽象父类 Flyable 中,使得 Bird 类与 Kite 类都继承这个父类型呢?由于 Bird 类与 Kite 类已经分别继承了 Animal 类和 HandCraft 类,所以无法使它们再继承 Flyable 抽象类:

```
abstract class Flyable{
    public abstract void fly();
}
class Bird extends Animal,Flyable{…}         //非法
class Kite extends HandCraft,Flyable{…}      //非法
```

如图 13-3 所示,如果把 Flyable 定义为接口,那么 Bird 类与 Kite 类可以方便地实现该接口:

```
interface Flyable{
    void fly();
}
class Bird extends Animal implements Flyable{…}      //合法
class Kite extends HandCraft implements Flyable{…}   //合法
```

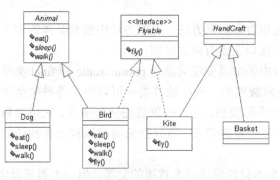

图 13-3 从 Bird 类与 Kite 类中抽象出 Flyable 接口

由此可见，借助接口，可以方便地对已经存在的软件系统进行自下而上的抽象。对于任意两个类，不管它们是否属于同一个父类，只要它们存在着相同的功能，就能从中抽象出一个接口类型。在本例中，鸟 Bird 类与风筝 Kite 类，本来是风马牛不相及的事物，却都可以实现同一个 Flyable 接口。

综上所述，接口和抽象类各有优缺点，开发人员应该扬长避短，发挥接口和抽象类各自的长处。使用接口和抽象类总的原则如下：

（1）接口是软件系统中最高层次的抽象类型。

（2）接口本身必须十分稳定，接口一旦被制定，就不允许随意修改，否则会对接口的实现类及接口的访问类都造成影响。

（3）通常用抽象类来定制软件系统中的扩展点。可以把抽象类看作介于"抽象"和"实现"之间的半成品，抽象类力所能及地完成了部分实现细节，但还有一些功能有待于它的子类去实现和扩展。

13.3 小结

本章涉及的 Java 知识点总结如下：

（1）接口的概念。

接口用于对外声明其实现类所具备的功能。

（2）接口的主要语法规则。

- 为了确保外部程序能访问接口中所声明的成员，接口中的成员变量必须是 public 访问级别的。方法必须是 public 或 private 访问级别。
- 接口没有构造方法，不能被实例化。接口中的变量都是静态常量。
- 一个类可以实现多个接口。

（3）接口与抽象类的区别。

- 抽象类的特点：抽象类可以灵活地封装部分实现细节，避免子类重复实现它们，从而提高代码的可重用性，但 Java 语言不允许一个类有多个直接的父类。
- 接口的特点：接口中的所有成员变量都是 public 访问级别的，成员方法只能处于 public 或 private 访问级别。一个类可以实现多个接口。

（4）接口与抽象类的使用场合。

- 可以把接口作为软件系统中最高层次的抽象类型。以营业员 Seller 类通过计算器接口 CalculatorIFC 来访问计算器 Calculator 实现类为例，站在营业员 Seller 类的角度，CalculatorIFC 接口向 Seller 类承诺其实现类能提供乘法运算服务；站在计算器 Calculator 类的角度，CalculatorIFC 接口要求 Calculator 类必须实现乘法运算功能。
- 抽象类可用来定制软件系统中的扩展点。可以把抽象类看作介于"抽象"和"实现"之间的半成品，抽象类力所能及地完成了部分实现细节，但还有一些功能有待于它的子类去实现和扩展。

13.4 编程实战：紧箍圈降伏诸顽劣

孙悟空属于 Monkey 类，黑熊精属于 Bear 类，牛魔王属于 Bull 类。Monkey 类、Bear 类和 Bull 类都是 Animal 抽象类的子类。假设孙悟空和黑熊精都能被观音菩萨用紧箍圈 Hoop 类来调教。当紧箍圈施展法力时，被调教者 Trainee 就会头痛难忍。孙悟空痛得火冒金星，黑熊精痛得嗷嗷叫。

编写 Animal 类、Monkey 类、Bear 类、Bull 类、Hoop 类，再编写一个 Trainee 接口，用来表示紧箍圈的受调教者。然后在程序入口 main()方法中演绎用紧箍圈调教孙悟空和黑熊精的过程。

编程提示

Monkey 类和 Bear 类继承了 Animal 类，并实现了 Trainee 接口，而 Bull 类仅仅继承 Animal 类，没有实现 Trainee 接口。如图 13-4 展示了这些类和接口的关系。

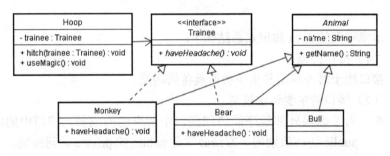

图 13-4　Hoop 类和 Trainee 接口等的类框图

例程 13-1 列出了 Trainee 接口及 Monkey 类和 Bear 类的源代码。Monkey 类和 Bear 类都实现了 Trainee 接口的 haveHeadache()方法。

例程 13-1　Trainee 接口以及 Monkey 类和 Bear 类的源代码

```java
public interface Trainee{
  public void haveHeadache();
}

public class Monkey extends Animal implements Trainee{
  public Monkey(String name){super(name);}
  public void haveHeadache(){
    System.out.println(getName()+"痛得火冒金星");
  }
}

public class Bear extends Animal implements Trainee{
  public Bear(String name){super(name);}

  public void haveHeadache(){
    System.out.println(getName()+"痛得嗷嗷叫");
```

　　　　}
　　}

例程 13-2 是表示紧箍圈的 Hoop 类的源代码。它的 hitch()方法模拟紧箍圈套住被调教者的行为，按照面向对象的角度理解，就是建立 Hoop 对象与 Trainee 对象之间的关联关系。useMagic()方法模拟紧箍圈施展法力的行为，它调用 Trainee 对象的 haveHeadache()方法，使被调教者头痛。

例程 13-2　Hoop.java

```java
package mypack;
public class Hoop{ /* 紧箍圈 */
    private Trainee trainee;   //被调教者

    /* 紧箍圈套住被调教者 */
    public void hitch(Trainee trainee){
        this.trainee=trainee;
    }

    /* 紧箍圈施展法力 */
    public void useMagic(){
        System.out.println("紧箍圈施展法力");
        if(trainee!=null)
            trainee.haveHeadache();
    }

    public static void main(String args[]){
        Monkey monkey=new Monkey("孙悟空");
        Bear bear=new Bear("黑熊精");

        Hoop hoopForMonkey=new Hoop();
        hoopForMonkey.hitch(monkey);      //给悟空套上紧箍圈
        hoopForMonkey.useMagic();         //对悟空施展法力

        Hoop hoopForBear=new Hoop();
        hoopForBear.hitch(bear);          //给黑熊精套上紧箍圈
        hoopForBear.useMagic();           //对黑熊精施展法力
    }
}
```

由于 Bull 类没有实现 Trainee 接口，因此不能被紧箍圈套住。以下代码试图用紧箍圈套住牛魔王，这会导致编译出错：

```java
Bull bull=new bull("牛魔王");
Hoop hoopForBull=new Hoop();
hoopForBull.hitch(bull);   //编译出错，bull 的类型与 hitch()方法的参数类型不匹配
```

运行 mypack.Hoop 类，会得到以下打印结果：

```
紧箍圈施展法力
孙悟空痛得火冒金星
紧箍圈施展法力
黑熊精痛得嗷嗷叫
```

第 14 章　出生入死话对象

花果山组织了一次热闹非凡的联欢晚会，在这个晚会上，每只猴子都登上舞台做了自我介绍。由于舞台空间有限，每只猴子做了自我介绍后，就要立刻下台，把舞台让给下一个上场的猴子。

下面的程序创建了分别代表智多星和小不点的两个 Monkey 对象，并且先后让他们做了自我介绍：

```
Monkey m=new Monkey("智多星");      //智多星上台
m.speak();                          //智多星做自我介绍

m=new Monkey("小不点");             //智多星下台，小不点上台
m.speak();                          //小不点做自我介绍
```

在程序运行时，会陆陆续续创建各种各样的对象，这些对象都会占用一定的内存空间。如图 14-1 所示，不妨把 Java 程序比作剧本，把 Java 虚拟机比作导演，把 Java 对象比作演员，把内存比作供各种对象登台演出的大舞台。当 Java 虚拟机执行 new 语句创建出一个 Java 对象时，就意味着这个 Java 对象登上了内存舞台。

图 14-1　内存是各种对象登台演出的大舞台

内存的容量是有限的，如果每个 Java 对象登上内存舞台，完成了表演任务，还一直赖在舞台上不肯下台，那么就会逐渐占用完所有的舞台空间，使得后续的 Java 对象无法上台表演，因为已经没有内存空间容纳后续的 Java 对象了。

可见，为了让各个 Java 对象在内存舞台上有条不紊地完成演出任务，必须确保它们表演结束后，就及时下台。到底由谁来负责让 Java 对象下台呢？是由"程序剧本"明确指定每个 Java 对象何时下台，还是由"虚拟机导演"来统一管理呢？本章的 14.2 节将给出答案：由 Java 虚拟机来负责让 Java 对象下台，即回收 Java 对象占用的内存。

Java 对象的内存被回收，就意味着这个对象被销毁了。对象从创建直至销毁的过

程构成了对象的生命周期。本章内容主要围绕以下问题展开：
- 构造方法之间如何相互调用？
- 什么是默认构造方法？
- 当创建子类的对象时，Java 虚拟机如何依次执行父类及子类的构造方法？
- 一个对象什么时候可以被 Java 虚拟机回收？
- Java 虚拟机的垃圾回收机制如何运作？

14.1 对象的构造方法

第 4 章的 4.4.3 节（用 new 关键字创建对象）已经介绍了用 new 语句创建对象的过程，本节再回顾一下。Java 虚拟机执行 new 语句来创建一个对象包含以下步骤：

（1）为对象分配内存空间，将对象的实例变量自动初始化为其变量类型的默认值。
（2）如果实例变量在声明时被显式地初始化，那就把初始化值赋给实例变量。
（3）调用构造方法。
（4）返回对象的引用。

从以上步骤可以看出，创建一个对象时，必定要调用这个对象的构造方法。构造方法负责对象的初始化工作，为实例变量赋予合适的初始值。构造方法必须满足以下语法规则：

- 方法名必须与类名相同。
- 不用声明返回类型。
- 不能被 static、final 和 abstract 修饰。构造方法不能被子类继承，所以用 final 和 abstract 修饰没有意义。构造方法用于初始化一个新建的对象，所以用 static 修饰没有意义。

在下面的 Sample 类中，具有 int 返回类型的 Sample(int *x*)方法只是个普通的实例方法，不能作为构造方法：

```
public class Sample {
    private int x;

    public Sample() {          //不带参数的构造方法
        this(1);
    }

    public Sample(int x) {     //带参数的构造方法
        this.x=x;
    }

    public int Sample(int x) { //不是构造方法
        return x++;
    }
}
```

以上例子尽管能编译通过，但是实例方法和构造方法同名，不是好的编程习惯，容易引起混淆。

14.1.1 重载构造方法

当通过 new 语句创建一个对象时，在不同的条件下，对象可能会有不同的初始化行为。例如，对于刚移居到花果山的一个猴子，在开始的时候，有可能他的姓名和年龄是未知的，也有可能仅仅他的姓名是已知的，也有可能姓名和年龄都是已知的。如果姓名是未知的，就暂且把姓名设为"无名氏"，如果年龄是未知的，就暂且把年龄设为-1。

我们可以通过重载构造方法来表达对象的多种初始化行为。例程 14-1 的 Monkey 类的构造方法有三种重载形式。在一个类的多个构造方法中，可能会出现一些重复操作。为了提高代码的可重用性，Java 语言允许在一个构造方法中，用 this 语句来调用另一个构造方法。

例程 14-1 Monkey.java

```java
public class Monkey {
  private String name;
  private int age;

  /** 当猴子的姓名和年龄都已知时，就调用此构造方法 */
  public Monkey(String name, int age) {
    this.name = name;
    this.age=age;
  }

  /** 当猴子的姓名已知而年龄未知时，就调用此构造方法 */
  public Monkey(String name) {
    this(name, -1);          //调用 Monkey(String name,int age)构造方法
  }

  /** 当猴子的姓名和年龄都未知时，就调用此构造方法 */
  public Monkey() {
    this("无名氏");          //调用 Monkey(String name)构造方法
  }

  public void setName(String name){this.name=name; }
  public String getName(){return name; }
  public void setAge(int age){this.age=age;}
  public int getAge(){return age;}
}
```

在 Monkey(String name)构造方法中，this(name,-1)语句用于调用 Monkey(String name,int age)构造方法。在 Monkey()构造方法中，this("无名氏")语句用于调用 Monkey(String name)构造方法。

下面的代码分别通过三个构造方法创建了三个 Monkey 对象：

```java
Monkey m1=new Monkey("智多星",11);
Monkey m2=new Monkey("小不点");
Monkey m3=new Monkey();
```

第二行代码创建的 Monkey 对象的 name 属性的值为"小不点",age 属性暂且设为 -1。第三行代码创建的 Monkey 对象的 name 属性暂且设为"无名氏",age 属性暂且设为 -1。

用 this 语句来调用其他构造方法时,必须遵守以下语法规则:

(1)假如在一个构造方法中使用了 this 语句,那么它必须作为构造方法的第一条语句(不考虑注释语句)。例如,以下构造方法是非法的:

```
public Monkey(){
    String name="无名氏";
    this(name);          //编译错误,this 语句必须作为第一条语句
}
```

(2)只能用 this 语句来调用其他构造方法,而不能通过方法名来直接调用构造方法。例如,以下对构造方法的调用方式是非法的:

```
public Monkey(){
    String name= "无名氏";
    Monkey(name);   //编译错误,不能通过方法名来直接调用构造方法
}
```

14.1.2 默认构造方法

默认构造方法是指没有参数的构造方法,可以分为两种:隐含的默认构造方法和程序显式定义的默认构造方法。

在 Java 语言中,每个类至少有一个构造方法。为了保证这一点,如果用户定义的类中没有提供任何构造方法,那么 Java 语言将自动提供一个隐含的默认构造方法。该构造方法没有参数,用 public 修饰,并且方法体为空,格式如下:

```
public ClassName(){}   //隐含的默认构造方法
```

在程序中也可以显式地定义默认构造方法,它可以是任意访问级别。例如:

```
protected Monkey() { //程序显式地定义的默认构造方法
    this("无名氏");
}
```

如果类中显式地定义了一个或多个构造方法,并且所有的构造方法都带参数,那么这个类就失去了默认构造方法。在下面的代码中,Sample1 类有一个隐含的默认构造方法,Sample2 类没有默认构造方法,Sample3 类有一个显式地定义的默认构造方法:

```
class Sample1{}        //具有隐含的默认构造方法

class Sample2{         //没有默认构造方法
    Sample2(int a){System.out.println("My Constructor");}
}

class Sample3{         //包含显式地定义的默认构造方法
    public Sample3(){System.out.println("My Default Constructor");}
}
```

可以调用 Sample1 类的默认构造方法来创建 Sample1 对象,代码如下:

```
Sample1 s=new Sample1();    //合法
```

Sample2 类没有默认构造方法，因此以下语句会导致编译错误：

```
Sample2 s=new Sample2();    //编译出错
```

Sample3 类显式地定义了默认构造方法，因此以下语句是合法的：

```
Sample3 s=new Sample3();
```

14.1.3 子类调用父类的构造方法

父类的构造方法不能被子类继承。假设 Base 父类有以下构造方法：

```
public Base(Srting msg){
    this.msg=msg;
}
```

以下 Sub 类继承了 Base 类：

```
//Sub 类只有一个隐含的默认构造方法
public class Sub extends Base{}
```

尽管在 Base 父类中定义了如下形式的构造方法：

```
public Base(String msg)
```

但 Sub 类不会继承以上 Base 类的构造方法，因此以下代码是不合法的：

```
//编译出错，Sub 类不存在这样的构造方法
Sub b=new Sub("Hello");
```

在子类的构造方法中，可以通过 super 语句调用父类的构造方法。例如：

```
public class Sub extends Base{
    public Sub(){
        //调用 Base 父类的 Base(String msg)构造方法
        super("Hello");
    }

    public Sub(String msg){
        //调用 Base 父类的 Base(String msg)构造方法
        super(msg);
    }
}
```

用 super 语句来调用父类的构造方法时，必须遵守以下语法规则：

（1）在子类的构造方法中，不能直接通过父类方法名调用父类的构造方法，而是要使用 super 语句，以下代码是非法的：

```
public Sub(String msg){
    Base(msg);          //编译错误
}
```

（2）假如在子类的构造方法中有 super 语句，它必须作为构造方法的第一条语句（不考虑注释语句），以下代码是非法的：

```
public Sub(){
    String msg= "Hello";
    super(msg);    //编译错误,super 语句必须作为构造方法的第一条语句
}
```

在创建子类对象时,Java 虚拟机首先执行父类的构造方法,然后再执行子类的构造方法。在多级继承的情况下,将从继承树最上层的父类开始,依次执行各个类的构造方法,这可以保证子类对象从所有直接或间接父类中继承的实例变量都被正确地初始化。例如,例程 14-2 的 Base 父类和 Sub 子类分别有一个实例变量 a 和 b,当构造 Sub 实例时,这两个实例变量都会被初始化。

例程 14-2　Base.java 和 Sub.java

```
/** Base.java */
package mypack1;
public class Base{
    private int a;
    public Base(int a){ this.a=a;}
    public int getA(){return a;}
}

/** Sub.java */
package mypack1;
public class Sub extends Base{
    private int b;
    public Sub(int a,int b){
        super(a);
        this.b=b;
    }

    public int getB(){return b;}

    public static void main(String args[]){
        Sub sub=new Sub(1,2);
        System.out.println("a="+sub.getA()+" b="+sub.getB());   //打印 a=1 b=2
    }
}
```

在例程 14-3 中,子类 Sub 的默认构造方法没有通过 super 语句调用父类的构造方法,而是通过 this 语句调用了自身的另一个构造方法 Sub(int i),而在 Sub(int i)中通过 super 语句调用了父类 Base 的 Base(int i)构造方法。这样,无论通过 Sub 类的哪个构造方法来创建 Sub 实例,都会先调用父类 Base 的 Base(int i)构造方法。

例程 14-3　Base.java 和 Sub.java

```
/** Base.java */
package mypack2;
public class Base{
    Base(int i){System.out.println("call Base(int i)");}
}

/** Sub.java */
package mypack2;
```

```
public class Sub extends Base{
    Sub(){
        this(0);
        System.out.println("call Sub()");
    }

    Sub(int i){
        super(i);
        System.out.println("call Sub(int i)");
    }

    public static void main(String args[]){
        Sub sub=new Sub();
    }
}
```

执行以上 Sub 类的 main()方法的 new Sub()语句，打印结果如下：

```
call Base(int i)
call Sub(int i)
call Sub()
```

此时构造方法的执行顺序如图 14-2 所示。

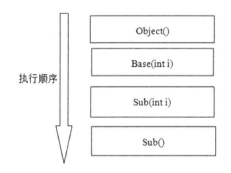

图 14-2　调用 Sub 类的默认构造方法时所有构造方法的执行顺序

如果子类的构造方法没有直接或间接地通过 super 语句调用父类的构造方法，那会怎么样呢？此时 Java 虚拟机会自动先调用父类的默认构造方法。例如，在例程 14-4 中，Base 类中有一个显式定义的默认构造方法。Sub 类的 Sub(int i)构造方法没有用 super 语句调用父类的构造方法，因此当创建 Sub 实例时，会先自动调用 Base 父类的默认构造方法。

例程 14-4　Base.java 和 Sub.java

```
/** Base.java */
package mypack3;
public class Base{
    public Base(){      //默认构造方法
        System.out.println("call Base()");
    }
}

/** Sub.java */
```

```
package mypack3;
public class Sub extends Base{
  Sub(){System.out.println("call Sub()");}

  public static void main(String args[]){
    Sub b=new Sub();
  }
}
```

运行例程 14-4 的 Sub 类的 main()方法，会得到以下打印结果：

```
call Base()
call Sub()
```

14.2 垃圾回收

当对象被创建以后，就会拥有一块内存。在程序运行时，Java 虚拟机会陆陆续续地创建无数对象，假如所有的对象都永久性地占有内存，那么内存有可能很快被消耗光，最后引发内存空间不足的错误。因此必须采取一种措施来及时回收那些无用对象的内存，以保证内存可以被重复利用。

在一些传统的编程语言（如 C 语言）中，回收内存的任务是由程序本身负责的。程序可以显式地为自己的变量分配一块内存空间，当这些变量不再有用以后，程序必须显式地释放变量所占用的内存。把直接操纵内存的权力赋予程序，尽管给程序带来了很多灵活性，但是也会导致以下弊端：

- 程序员有可能因为粗心大意，忘记及时释放无用变量的内存，从而影响程序的健壮性。
- 程序员有可能错误地释放核心类库所占用的内存，导致系统崩溃。

在 Java 语言中，内存回收的任务由 Java 虚拟机来担当，而不是由 Java 程序来负责的。在程序的运行环境中，Java 虚拟机提供了一个系统级的垃圾回收器线程，它负责自动回收那些无用对象所占用的内存，这种内存回收的过程被称为垃圾回收（Garbage Collection）。

Java 虚拟机负责垃圾回收有以下优点：

- 把程序员从复杂的内存追踪、监测和释放等工作中解放出来，减轻程序员进行内存管理的负担。
- 防止系统内存被非法释放，从而使系统更加健壮和稳定。

Java 虚拟机进行垃圾回收具有以下特点：

- 只有当对象不再被程序中的任何引用变量引用时，它才会成为无用对象，它的内存才可能被回收。
- 程序无法迫使垃圾回收器立即执行垃圾回收操作。
- 当垃圾回收器将要回收无用对象的内存时，会先调用该对象的 finalize()方法。

14.2.1 垃圾回收的时机

当一个对象不再被程序中的任何引用变量引用时，它就会变成无用对象，它的内存就可以被可以被垃圾回收。对于本章开头提到的程序代码：

```
Monkey m=new Monkey("智多星");    //第1行，智多星对象开始生命周期
m.speak();                       //第2行
m=new Monkey("小不点");           //第3行，智多星对象结束生命周期，小不点对象开始生命周期
m.speak();                       //第4行
```

从程序第1行开始，代表智多星的 Monkey 对象始终被变量 m 引用。到了程序第3行，变量 m 不再引用代表智多星的 Monkey 对象，这个 Monkey 对象不再被任何变量引用，它就变成了无用对象，因此执行完这一行代码后，这个 Monkey 对象就可以被垃圾回收器回收了。

再看下面的程序代码：

```
public void method(){
    Monkey m=new Monkey("智多星");    //第1行，智多星对象开始生命周期
    Monkey n=m;                      //第2行
    m=new Monkey("小不点");           //第3行，小不点对象开始生命周期
    m.speak();                       //第4行
}
```

在程序第1行，代表智多星的 Monkey 对象被变量 m 引用；到了程序第2行，这个 Monkey 对象还被变量 n 引用；到了程序第3行，尽管变量 m 不再引用这个 Monkey 对象，但是它仍然被变量 n 引用，所以它依旧处于生命周期中。如图14-3显示了执行完第3行代码后对象与变量的引用关系。

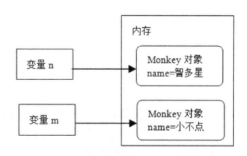

图14-3　执行完第3行代码后对象与变量的引用关系

那么，以上 method() 方法创建的两个 Monkey 对象何时变成无用对象呢？变量 m 和变量 n 都是 method() 方法定义的局部变量。当 Java 虚拟机执行完 method() 方法以后，变量 m 和变量 n 就结束生命周期，这两个变量曾经分别引用的 Monkey 对象不再被任何变量引用，也变成无用对象。所以，当 Java 虚拟机执行完 method() 方法以后，以上两个 Monkey 对象也将结束生命周期。

当一个对象变成了无用对象以后，它的内存就可以被回收了。但是 Java 虚拟机到底何时回收无用对象，程序是不知道的。程序只能决定一个对象何时不再被任何引用变量引用，使得它成为可以被回收的垃圾。如图14-4所示，这就像每个居民只要把不

再需要用的物品扔到垃圾堆里，就意味着该物品变成了垃圾（相当于无用的对象），清洁工人就会来把它收拾走。但是，垃圾到底什么时候被清洁工人收走，居民是不知道的，也无须对此了解。

图 14-4　Java 虚拟机回收无用对象

Java 虚拟机提供的垃圾回收器作为低优先级线程独立运行。在任何时候，程序都无法迫使垃圾回收器立即执行垃圾回收操作。在程序中可以调用 System.gc()或者 Runtime.gc()方法提示垃圾回收器尽快执行垃圾回收操作，但是这也不能保证调用完该方法后，垃圾回收线程就立即执行回收操作，而且不能保证垃圾回收线程一定会执行这一操作。这就像当小区内的垃圾成堆时，居民无法立即把环保局的清洁工人招来，令其马上清除垃圾。居民所能做的是给环保局打电话，催促他们尽快来处理垃圾。这种做法仅仅提高了清洁工人尽快来处理垃圾的可能性，但仍然存在清洁工人过了很久才来或者永远不来清除垃圾的可能性。

14.2.2　对象的 finalize()方法

当一个人去世后，除了要清理他的遗体，还要把他的生前用品也处理掉，或者焚烧，或者捐献等。同理，对象的 finalize()方法可用来完成一些诸如释放对象所占用的资源等收尾工作。

当 Java 虚拟机提供的垃圾回收器将要回收无用对象的内存时，会自动先调用该对象的 finalize()方法。如果在程序终止之前垃圾回收器始终没有执行垃圾回收操作，那么垃圾回收器将始终不会调用无用对象的 finalize()方法。在 Java 的 Object 祖先类中提供了 protected 类型的 finalize()方法，因此任何 Java 类都可以覆盖 finalize()方法，在这个方法中进行释放对象所占用的相关资源的操作。例如：

```
public class Wallet{              //表示钱包
    …
    protected void finalize(){    //覆盖 Object 类的 finalize()方法
        //如果钱包里还有钱，先把钱拿走
        …
    }
}
```

Java 虚拟机的垃圾回收操作对程序完全是透明的，因此程序无法预料某个无用对象的 finalize()方法何时被调用。另外，除非垃圾回收器认为程序需要额外的内存，否则它不会试图释放无用对象的内存。换句话说，以下情况是完全可能的：一个程序只占用了少量内存，没有造成严重的内存不足，于是垃圾回收器没有释放那些无用对象的内存，因此这些对象的 finalize()方法还没有被调用，程序就终止了。

即使程序显式地调用 System.gc()或 Runtime.gc()方法，也不能保证垃圾回收操作一定执行，因此不能保证无用对象的 finalize()方法一定被调用。所以，垃圾回收器是否会执行 finalize()方法及何时执行该方法，都是不确定的。

从 JDK9 开始，Object 类的 finalize()方法已经不再提倡使用（Deprecated）。所以，程序不能依赖对象的 finalize()方法来完成释放相关资源的收尾工作，而应该在那些确信能执行的方法中完成收尾工作。

14.3 小结

本章涉及的 Java 知识点总结如下：
（1）对象的生命周期的概念。

对象从被创建直至被销毁的过程构成了对象的生命周期。对象被创建好以后，就会占用一定的内存空间。当对象被销毁以后，它占用的内存空间就被回收。

（2）构造方法的作用。

构造方法用于在创建对象时，完成对象的初始化操作，例如初始化实例变量。

（3）构造方法的重载。

在同一个类中，构造方法允许有多种重载形式，这些重载的构造方法分别完成不同的初始化行为。

（4）用 this 关键字调用重载的构造方法。

在同一个类中，在一个构造方法中，允许通过 this 关键字来调用另一个重载的构造方法。this 语句必须位于构造方法的第 1 行（不考虑注释语句）。

（5）默认构造方法的概念。

默认构造方法是指不带参数的构造方法。

（6）默认构造方法的来源。

- 隐含的默认构造方法。如果类中没有显式地提供任何构造方法，那么 Java 语言将自动提供一个隐含的默认构造方法。该构造方法没有参数，用 public 修饰，并且方法体为空。
- 程序显式定义的默认构造方法。

如果类中显式定义了一个或多个构造方法，并且所有的构造方法都带参数，那么这个类就失去了默认构造方法。

（7）子类调用父类的构造方法。

子类调用父类的构造方法有两种方式：

通过 super 关键字显式调用父类的特定构造方法。super 语句必须位于子类构造方法的第 1 行（不考虑注释语句）。

当子类的构造方法没有用 super 语句显式调用父类的构造方法时，如果通过这样的构造方法创建子类对象，那么 Java 虚拟机会自动先调用父类的默认构造方法。

（8）创建子类对象时，构造方法的调用过程。

在创建子类对象时，Java 虚拟机首先执行父类的构造方法，然后再执行子类的构造方法。在多级继承的情况下，将从继承树最上层的父类开始，依次执行各个类的构造方法，这可以保证子类对象从所有直接或间接父类中继承的实例变量都被正确地初始化。

（9）无用对象的概念。

当一个对象不再被程序中的任何引用变量引用时，它就变成无用对象。

（10）Java 虚拟机垃圾回收的机制。

Java 虚拟机的垃圾回收器负责回收内存中的无用对象，但是何时回收，以及是否一定会回收无用对象，都是不确定的。

（11）System.gc()或者 Runtime.gc()方法的作用。

程序中可以调用 System.gc()或者 Runtime.gc()方法，提示垃圾回收器尽快执行垃圾回收操作。尽管如此，仍然不能保证垃圾回收器一定会回收无用对象。

（12）对象的 finalize()方法的作用。

当垃圾回收器将要回收无用对象的内存时，会自动先调用该对象的 finalize()方法。对象的 finalize()方法可用来完成一些诸如释放无用对象所占用的资源等收尾工作。由于垃圾回收器是否会回收无用对象是不确定的，因此程序不能完全依赖 finalize()方法来完成无用对象的收尾工作。

14.4　编程实战：玩转垃圾回收

垃圾回收的操作是由 Java 虚拟机的垃圾回收器来负责的，程序无法命令垃圾回收器立即执行垃圾回收操作。请设计一个测试程序，在短时间内制造出大量的无用对象，来探测垃圾回收操作的行为。

编程提示

如果内存中的无用 Java 对象只占用少量的内存空间，垃圾回收器有可能会对此置之不理。只有当内存中出现大量无用 Java 对象，会造成内存不足的危机时，垃圾回收器才会积极回收这些对象。如果大量无用对象源源不断地出现，垃圾回收器应接不暇，仍有可能导致程序在运行中由于内存不足出现异常导致运行终止。

例程 14-5 的 Product 类表示会占用较多内存的自定义 Java 类型，它的 data 属性是一个整型数组，包含 1024 个元素，每个 int 整型元素占用 4 个字节，因此 data 属性一共占用 4kB 内存。

Product 类覆盖了 Object 类的 finalize()方法。当 Java 虚拟机调用一个 Product 对象的 finalize()方法时，就意味着这个对象被回收。

在 main()方法中，会创建许多 Product 对象，这些 Product 对象被创建后，就不再被任何变量引用，变成了无用对象。main()方法所创建的 Product 对象的数目 n 由命令行参数来决定，默认为 10000。

例程 14-5　Product.java

```java
public class Product{
    private int data[]=new int[1024];       //数据缓存
    private int no;                         //Product 对象的编号

    public Product(int no){
        this.no=no;
    }

    protected void finalize(){
        System.out.println("回收产品"+no);
    }

    public static void main(String args[]){
        int n=10000;                        //表示需要创建的产品的数目
        if(args.length==1)
            n=Integer.parseInt(args[0]);

        for(int i=0;i<n;i++){
            Product p=new Product(i);
        }
    }
}
```

当运行命令"java Product 100"时，这时程序共创建了 100 个 Product 对象，此时没有任何打印结果，这说明没有任何 Product 对象的 finalize()方法被调用，也就是说，垃圾回收器没有回收任何 Product 对象。

当运行命令"java Product 10000"时，这时程序共创建了 10000 个 Product 对象，此时会输出一些 Product 对象的 finalize()方法的打印结果，这说明垃圾回收器回收了部分 Product 对象。

当运行命令"java Product 1000000"时，这时程序共创建了 1000000 个 Product 对象，此时会输出一些 Product 对象的 finalize()方法的打印结果，这说明垃圾回收器回收了部分 Product 对象。另外，程序会异常终止，终止原因是 OutOfMemoryError 错误。这表明垃圾回收器虽然已经在努力回收无用对象，仍然来不及释放出足够多的内存空间，最终导致内存不足的错误。

由于每台计算机的硬件配置不同，因此在不同的计算机里运行该程序，会有不同的打印结果，读者可以通过调整"Java Product"命令后面的命令行参数，来测试程序在本地机器上的运行效果。

值得注意的是，从 JDK9 开始，Object 类的 finalize()方法已经不再提倡使用（Deprecated）。本范例用到了对象的 finalize()方法，只是为了测试和跟踪 Java 虚拟机的垃圾回收行为。

14.5 编程实战：独一无二玉净瓶

观音菩萨有一个独一无二的宝物玉净瓶，它能装入整个大海的水，从瓶中倒出的水则能让动植物起死回生。如果把玉净瓶看作一种 Java 类，那么它只有一个实例。请编写一个表示玉净瓶的 JadeBottle 类，并且确保它只允许拥有一个实例。

编程提示

一般情况下，程序可以通过 new 语句来创建一个类的任意多个实例。如果要限制创建一个类的实例，一种解决方案是把这个类的所有构造方法都设为 private 访问级别，并且提供一个 public 访问级别的静态方法，由它负责返回类的唯一实例。

例程 14-6 是 JadeBottle 类的源代码。它的 jadeBottle 静态变量引用唯一的 JadeBottle 实例，它的 getInstance()静态方法返回这个唯一的 JadeBottle 实例。

例程 14-6　JadeBottle.java

```java
public class JadeBottle{
    private int water;    //表示瓶中的水
    //表示唯一的实例
    private static JadeBottle jadeBottle=new JadeBottle();

    private JadeBottle(){
        water=10000;    //瓶中的水初始为 10000 升
    }

    /* 返回唯一的实例 */
    public static JadeBottle getInstance(){
        return jadeBottle;
    }

    /* 向瓶中倒入水 */
    public void pourIn(int water){
        this.water+=water;
    }

    /* 从瓶中倒出水 */
    public void pourOut(int water){
        this.water-=water;
    }
}
```

由于 JadeBottle 类的构造方法是 private 访问级别的，因此其他程序无法通过 new 语句来构造 JadeBottle 实例。其他程序只能调用 JadeBottle 类的静态 getInstance()方法来获得唯一的 JadeBottle 实例：

```
JadeBottle bottle=JadeBottle.getInstance();
```

第 15 章 类型封装内部类

封装是面向对象编程的一个重要概念。前面已经介绍过利用特定的访问级别对类的成员变量和方法进行封装，那么类本身可以被封装吗？答案是肯定的。内部类就是用来灵活封装 Java 类型的一种方式。下面首先通过一个有趣的例子来展示内部类的作用。

当年悟空护送唐僧去西天取经，途中经过火陷山。为了灭火，悟空只能向铁扇公主借芭蕉扇。悟空一开始借到的是假扇子，那火越扇越旺。后来几经周折，才借到了真扇子，终于把火扑灭了。

不妨用 Java 语言来演绎这段故事。首先，定义一个扇子接口 FanIFC：

```
public interface FanIFC{
  public void blow();    //扇风
}
```

铁扇公主作为扇子的主人，属于 Owner 类的实例：

```
public class Owner{
  private FanIFC realFan;    //真扇子
  private FanIFC falseFan;   //假扇子
  …
  public FanIFC lend( boolean isFriend){ /* 借出扇子*/
    if(isFriend)
      return realFan;
    else
      return falseFan;
  }
}
```

铁扇公主拥有真扇子和假扇子，因此 Owner 类有两个实例变量：realFan 和 falseFan，它们分别引用真扇子实例和假扇子实例。

Owner 类的 lend()方法用于把扇子借给别人，如果对方是朋友，就把真扇子借给他，否则就把假扇子借给他。

铁扇公主一开始跟悟空有仇，就虚情假意地把假扇子借给悟空，悟空只知道这是一把扇子，并不知道这是假扇子。以下这段代码演示悟空向铁扇公主借了把假扇子，并用它来扇风：

```
//owner 变量表示铁扇公主
FanIFC fan=owner.lend(false);
fan.blow();
```

以上 fan 变量被定义为 FanIFC 接口类型，而实际上引用的是一个假扇子实例。铁扇公主不想让悟空知道她借出的到底是什么类型的扇子，这个秘密只有铁扇公主本人知道。体现在程序代码中，就是必须把 FanIFC 接口的实现类隐藏起来。如何隐藏呢？

不妨把 FanIFC 接口的实现类"藏"到 Owner 类中去。例程 15-1 的 Owner 类中包含两个内部类：RealFan 类和 FalseFan 类，分别表示真扇子和假扇子，它们都实现了 FanIFC 接口。

例程 15-1　包含内部类的 Owner 类

```java
public class Owner{
    private FanIFC realFan=new RealFan();          //真扇子
    private FanIFC falseFan=new FalseFan();        //假扇子

    public FanIFC lend( boolean isFriend){ /* 借出扇子*/
        if(isFriend)
            return realFan;
        else
            return falseFan;
    }

    private class RealFan implements FanIFC{   /* 能够灭火的真扇子类 */
        public void blow(){
            System.out.println("灭火");
        }
    }

    private class FalseFan implements FanIFC{   /* 能够放火的假扇子类 */
        public void blow(){
            System.out.println("放火");
        }
    }
}
```

在一个类的内部定义的类称为内部类。内部类可以处于 4 种访问级别（public、protected、默认和 private）之一。例如，以上 RealFan 内部类和 FalseFan 内部类均处于 private 访问级别。把一个类定义为内部类，就可以灵活地对内部类的类型进行封装。对于初学者而言，内部类似乎有些多余，但是随着对内部类的逐步了解，就会发现它有独到的用途。学会使用内部类，是掌握 Java 高级编程的一部分，它能够让程序结构变得更优雅、更安全。

为了叙述方便，本章把最外层的类称为顶层类，把内部类所在的类称为外部类。例如，在图 15-1 中，Outer 类是顶层类，Inner 类是内部类，并且 Outer 类是 Inner 类的外部类。Tester 类会访问 Outer 类和 Inner 类，因此把 Tester 类称为客户类。

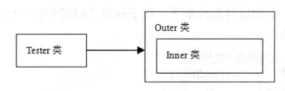

图 15-1　客户类、顶层类、外部类和内部类

本章内容主要围绕以下问题展开：
- Tester 客户类如何构造 Outer 类的 Inner 内部类的实例？

- Outer 类如何访问自身的 Inner 内部类的成员变量和成员方法？
- Inner 类如何访问 Outer 外部类的成员变量和成员方法？

15.1 内部类的种类

第 4 章的 4.1 节（变量的作用域）已经讲过，变量按照作用域的不同可进行如图 15-2 所示的分类。

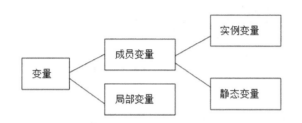

图 15-2 变量按照作用域的不同进行的分类

同样，内部类按照作用域可进行如图 15-3 所示的分类。程序员应该根据实际需求来决定内部类的作用域，从而精确地对内部类类型进行封装。

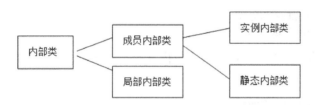

图 15-3 内部类按照作用域的分类

15.2 成员内部类

顶层类只能处于 public 和默认访问级别，而成员内部类可以处于 public、protected、默认和 private 这 4 种访问级别。在例程 15-2（Outer.java 和 Tester.java）中，在 Outer 类中定义了一个 public 类型的内部类 Inner。

例程 15-2 Outer.java 和 Tester.java

```
/* Outer.java */
package accessctrl;
public class Outer{

    public class Inner{           //内部类
        public int add(int a,int b){
            return a+b;
```

```
        }
     }
     private Inner inner=new Inner();
     public void add(int a,int b,int c){
        inner.add(inner.add(a,b),c);
     }
}

/*  Tester.java */
package accessctrl;
public class Tester{
   public static void main(String args[]){
      Outer o=new Outer();
      o.add(1,2,3);
      Outer.Inner inner=new Outer().new Inner();
   }
}
```

在 Outer 类中，可以直接访问 Inner 类，例如：

private Inner inner=new Inner();

Inner 类的完整类名为 Outer.Inner。Tester 类是 Outer 类及其内部类的客户类，如果要在 Tester 类中使用 Inner 类，必须引用它的完整类名，例如：

Outer.Inner inner1;
Outer.Inner inner2;

如果不希望客户程序访问成员内部类，外部类可以把成员内部类定义为 private 类型，例如：

```
public class Outer{
   private class Inner{      //内部类
      public int add(int a,int b){
         return a+b;
      }
   }
   …
}
```

此时如果在 Tester 类中试图访问内部类 Outer.Inner，会导致编译错误。

成员内部类还可分为两种：实例内部类和静态内部类，后者用 static 修饰。

15.2.1 实例内部类

实例内部类是成员内部类的一种，没有 static 修饰。15.2 节开头的例程 15-2 中的 Inner 类就是一个实例内部类。如图 15-4 所示，如果把外部类的实例比作妈妈，那么实例内部类的实例就好比妈妈的宝宝。实例内部类的实例依赖于外部类的特定实例，或者说，实例内部类的实例总是和外部类的特定实例关联在一起。

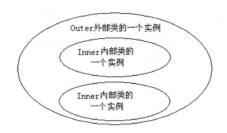

图 15-4　实例内部类的实例总是和外部类的特定实例关联在一起

实例内部类具有以下特点：

（1）当宝宝孕育而生之后，其妈妈肯定早已存在。同样，在创建实例内部类的实例时，外部类的实例必须已经存在。例如，要创建 Inner 类的实例，必须先创建 Outer 外部类的实例：

```
Outer.Inner inner=new Outer().new Inner();
```

以上代码等价于：

```
Outer outer=new Outer();
Outer.Inner inner =outer.new Inner()
```

以下代码会导致编译错误：

```
Outer.Inner inner=new Outer.Inner();
```

（2）一个宝宝只有一个亲生的妈妈，这个宝宝可以随意分享妈妈的所有物品。同样，实例内部类的实例自动持有外部类实例的引用。在内部类中，可以直接访问外部类的所有成员，包括成员变量和成员方法。

例如，在例程 15-3（A.java）中，类 A 有一个实例内部类 B，在类 B 中可以访问类 A 的各个访问级别的成员。

例程 15-3　A.java

```
package outerref;

public class A{
    private int a1;
    public int a2;
    static int a3;
    public A(int a1,int a2){this.a1=a1;this.a2=a2;}

    protected int methodA(){return a1*a2;}

    class B{                    //内部类
        int b1=a1;              //直接访问 private 的 a1
        int b2=a2;              //直接访问 public 的 a2
        int b3=a3;              //直接访问 static 的 a3
        int b4=methodA();       //访问 methodA()方法
    }
    public static void main(String args[]){
        A.B b=new A(1,2).new B();
```

```
        System.out.println("b.b1="+b.b1);    //打印 b.b1=1
        System.out.println("b.b2="+b.b2);    //打印 b.b2=2
        System.out.println("b.b3="+b.b3);    //打印 b.b3=0
        System.out.println("b.b4="+b.b4);    //打印 b.b4=2
    }
}
```

类 B 之所以能访问类 A 的成员,是因为当内部类 B 的实例存在时,外部类 A 的实例肯定已经存在,并且实例 B 自动持有当前实例 A 的引用。例如,在以下代码中,实例 B 会引用实例 A:

```
A.B b=new A(1,2).new B();
```

运行类 A 的 main()方法,打印结果如下:

```
b.b1=1
b.b2=2
b.b3=0
b.b4=2
```

(3)一位妈妈可能一个宝宝也没有,也可能有多个宝宝,妈妈可以获取每个宝宝实例的信息。同样,外部类可以访问内部类特定实例的成员变量和方法,但不能直接访问内部类的成员变量和方法。

例如,以下类 A 的 test()方法一开始试图直接访问内部类 B 的 b1 和 b2 成员变量,这是非法的,因为 Java 虚拟机无法确定到底是访问内部类 B 的哪个实例的成员变量。接下来,test()方法创建了内部类 B 的两个实例,并且分别访问它们的成员变量,这是合法的:

```
package innerref;
public class A{
    class B{              //类 B 是类 A 的内部类
        private int b1=1;
        public int b2=2;
    }

    public void test(){
        int v1=b1;         //编译错误,不能直接访问内部类 B 的成员变量 b1
        int v2=b2;         //编译错误,不能直接访问内部类 B 的成员变量 b2

        B x=new B();       //合法
        int v3=x.b1;       //合法,可以通过内部类 B 的实例访问变量 b1
        int v4=x.b2;       //合法,可以通过内部类 B 的实例访问变量 b2

        B y=new B();       //合法
        y.b2=5;            //合法,可以通过内部类 B 的实例访问变量 b2
    }
}
```

在上面类 A 的 test()方法中可以直接创建类 B 的实例,new B()语句相当于 this.new B()语句,因此新建的实例 B 引用当前实例 A。

15.2.2 静态内部类

静态内部类是成员内部类的一种，用 static 修饰，静态内部类的实例不依赖于外部类的特定实例。

静态内部类具有以下特点：

（1）静态内部类的实例不会自动持有外部类的特定实例的引用，在创建静态内部类的实例时，不必创建外部类的实例。例如，下面的类 A 有一个静态内部类 B，客户类 Tester 创建类 B 的实例时不必创建类 A 的实例：

```
package staticnew;

class A{
    public static class B{
        int v;
    }
}

class Tester{
    public void test(){
        A.B b=new A.B();
        b.v=1;
    }
}
```

（2）静态内部类可以直接访问外部类的静态成员，如果访问外部类的实例成员，必须通过外部类的实例去访问。

例如，在下面的静态内部类 B 中，可以直接访问外部类 A 的静态变量 a2，但是不能直接访问实例变量 a1。

```
package accessouter;

class A{
    private int a1;              //实例变量 a1
    private static int a2;       //静态变量 a2

    public static class B{
        int b1=a1;               //编译错误，不能直接访问外部类 A 的实例变量 a1
        int b2=new A().a1;       //合法，可以通过类 A 的实例访问变量 a1
        int b3=a2;               //合法，可以直接访问外部类 A 的静态变量 a2
    }
}
```

（3）客户类可以通过完整的类名直接访问静态内部类的静态成员，例如，在例程 15-4 中，Tester 类可通过 A.B.v2 的形式访问内部类 B 的静态变量 v2，但是不能用 A.B.v1 的形式访问内部类 B 的实例变量 v1。

例程 15-4　类 A 和 Tester 类

```
package visitstatic;

class A{
```

```
    public static class B{
      int v1;
      static int v2;

      public static class C{       //类 C 是类 B 的内部类
        static int v3;
        int v4;
      }
    }
}
class Tester{
  public void test(){
    A.B b=new A.B();
    A.B.C c=new A.B.C();
    b.v1=1;
    b.v2=1;
    A.B.v1=1;             //编译错误
    A.B.v2=1;             //合法
    A.B.C.v3=1;           //合法
  }
}
```

15.3 局部内部类

局部内部类是在一个方法中定义的内部类，它的可见范围是当前方法。和局部变量一样，局部内部类不能用访问控制修饰符（public、private 和 protected）及 static 修饰符来修饰。局部内部类具有以下特点：

（1）局部内部类只能在当前方法中使用。例如，类 A 的 method()方法中有一个局部内部类 B，在 method()方法中可以访问类 B，但在 method()方法以外就不能访问类 B 及它的成员了：

```
package local;

class A{
  B b=new B();         //编译错误，不允许访问方法内的局部内部类

  public void method(){
    class B{           //局部内部类
      int v1;
      int v2;
    }

    B b=new B();       //合法，在当前方法中访问局部内部类
  }
}
```

（2）局部内部类和实例内部类一样，可以直接访问外部类的所有成员。此外，局部内部类还可以访问所在方法中 final 类型的参数和变量，以及实际上的最终参数和变

量。例如：

```
package localaccess;

class A{
  int a;

  public void method(final int p1,int p2){
    int localV1=1;
    final int localV2=2;
    localV1=3;              //localV1 变量的值发生改变，localV1 变量不是最终变量

    class B{                //局部内部类
      int b1=a;             //合法，访问外部类的成员变量
      int b2=p1;            //合法，访问方法的 final 类型参数
      int b3=p2;            //合法。访问方法的最终参数
      int b4=localV1;       //编译错误。不允许访问方法的非最终变量
      int b5=localV2;       //合法。访问方法的最终变量
    }
  }
}
```

所谓实际上的最终参数和变量，是指虽然它们没有用 final 修饰，但是取值不会发生改变。在上面的 method()方法中，参数 p2 是最终参数，因为它的取值没有发生改变，而 localV1 不是最终变量。因此，内部类 B 可以访问最终参数 p2，但是不能访问非最终变量 localV1。

15.4 匿名类

匿名类是一种特殊的内部类，这种类没有名字，在例程 15-5 的类 A 的 main()方法中就定义了一个匿名类。

例程 15-5　A.java

```
package noname;
public class A{
  A(int v){System.out.println("another constructor");}

  A(){System.out.println("default constructor");}

  void method(){System.out.println("from A");};

  public static void main(String args[]){
    A a=new A(){      //匿名类
      void method(){System.out.println("hello");}
    };
    a.method();       //打印 hello
  }
}
```

上面的"new A(){...};"语句定义了一个继承类 A 的匿名类，并且会创建这个匿名

类的实例。大括号内是类 A 的类体。"A a=new A(){...};"语句的作用有点类似于以下用局部内部类实现的代码：

```java
class SubA extends A{          //定义局部类
    void method(){System.out.println("hello");}
}
A a=new SubA();                //创建局部类的实例
```

例程 15-5 的打印结果为：

```
default constructor
hello
```

匿名类具有以下特点：

（1）匿名类本身没有显式地定义构造方法，但是会调用父类的构造方法。例如，例程 15-5 中的"new A(){...};"语句会调用父类 A 不带参数的默认构造方法。再例如，下面的匿名类会调用父类 A 的 A(int v)构造方法：

```java
public static void main(String args[]){
    A a=new A(1){              //匿名类
        void method(){System.out.println("world");}
    };
    a.method();                //打印 world
}
```

以上代码的打印结果为：

```
another constructor
world
```

（2）匿名类除了可以继承类，还可以实现接口，例如：

```java
public class Sample{
    public static void main(String args[]){
        Thread t=new Thread(new Runnable(){
            public void run(){
                for(int i=0;i<100;i++)
                    System.out.println(i);
            }
        });
        t.start();
    }
}
```

上面的匿名类实现了 java.lang.Runnable 接口，这个匿名类的实例的引用作为参数，传给 java.lang.Thread 类的构造方法。main()方法的第一条语句的作用类似于以下代码：

```java
Runnable r=new Runnable(){    //定义一个实现 Runnable 接口的匿名类并创建它的实例
    public void run(){
        for(int i=0;i<100;i++)
            System.out.println(i);
    }
};
Thread t=new Thread(r);
```

（3）匿名类和局部内部类一样，可以访问外部类的所有成员，如果匿名类位于一个方法中，还能访问所在方法的 final 类型的变量和参数，以及实际上的最终变量和参数。

15.5 用 Lambda 表达式代替内部类

JDK 在不断升级的过程中，要致力于解决的问题之一就是让程序代码变得更加简洁。从 JDK8 开始引入的 Lambda 表达式在简化程序代码方面大显身手，它用简明扼要的语法来表达某种功能所包含的操作。

Lambda 表达式的基本语法为：

```
(Type1 param1, Type2 param2, …, TypeN paramN) -> {
   statment1;
   statment2;
   //...
   return statmentM;
}
```

从 Lambda 表达式的基本语法可以看出，Lambda 表达式可以理解为一段带有输入参数的可执行语句块，这种语法表达方式也可称为函数式表达。

Lambda 表达式的一个重要用武之地是代替内部类。例如，在下面的例程 15-6 的 InnerTester 类中，用三种方式创建了 Thread 线程类（关于 Thread 类的用法参见本书第 20 章）。其中方式二和方式三使用了 Lambda 表达式。

例程 15-6　InnerTester.java

```java
import java.util.*;
public class InnerTester {
  public static void main(String[] args) {

    //方式一：使用匿名内部类
    Runnable r1 = new Runnable(){
      public void run() {
        System.out.println("Hello world !");
      }
    };

    new Thread(r1).start();

    //方式二：使用 Lambda 表达式
    Runnable r2 = ()-> System.out.println("Hello world !");
    new Thread(r2).start();

    //方式三：使用 Lambda 表达式
    new Thread(()-> System.out.println("Hello world !")).start();
  }
}
```

方式二和方式三都使用了 Lambda 表达式：

```
()-> System.out.println("Hello world !")
```

上面的 Lambda 表达式相当于创建了实现 Runnable 接口的匿名对象，由于 Runnable 接口的 run()方法不带参数，因此，Lambda 表达式的参数列表也相应为空"()"，Lambda 表达式中符号"->"后面的可执行语句块相当于 run()方法的方法体。

例程 15-7 先定义了一个 Divider 接口，接下来在 LambdaUser 类的 main()方法中，用 Lambda 表达式创建一个实现了 Divider 接口的匿名类的实例：

例程 15-7　Tool 接口和 LambdaUser 类

```
interface Divider{
    public int divide(int a,int b);
}

public class LambdaUser{
    public static void main(String[] args){
        Divider divider=(a,b)->a/b;
        System.out.println(divider.divide(8,2));        //打印 4
    }
}
```

上面的 main()方法中的"(a,b)->a/b"就是 Lambda 表达式，它的"a/b"子句为 Divider 接口的 divide(int a,int b)方法提供了具体的实现。

Lambda 表达式"(a,b)->a/b"也可以写成"(int a,int b)->a/b"，由于 Java 虚拟机会在运行时根据上下文判断出参数 a 和 b 的类型，所以可以在 Lambda 表达式中省略声明它们的类型。通过这个例子可以看出，使用 Lambda 表达式会使程序非常简洁。

15.6　小结

本章介绍了内部类的语法及用途。假设类 B 是类 A 的内部类，表 15-1 对实例内部类、静态内部类和局部内部类做了比较。

表 15-1　比较实例内部类、静态内部类和局部内部类

比较方面	实例内部类	静态内部类	局部内部类
主要特征	内部类的实例引用特定的外部类的实例	内部类的实例不与外部类的任何实例关联	可见范围是所在的方法
内部类可以访问外部类的哪些成员	可以直接访问外部类的所有成员	只能直接访问外部类的静态成员	可以直接访问外部类的所有成员，并且能访问所在方法的 final 类型的变量和参数，以及实际上的最终变量和参数
外部类如何访问内部类的成员	必须通过内部类的实例来访问	对于静态成员，可以通过内部类的完整类名来访问	在内部类所在的方法内，通过内部类的实例来访问
客户类如何构造内部类的实例	new A().new B()	new A.B()	客户类无法访问局部内部类

匿名类是一种特殊的内部类，这种类没有名字。"new A(){...};"语句定义了一个继承类 A 的匿名类，并且会创建这个匿名类的实例。

15.7 编程实战：内部类回调外部类

下面的 Robot 类中已经有一个 calculate(int *a*,int *b*)方法，它返回两个参数的和：

```
public class Robot{
   public int calculate(int a,int b){
      return a+b;       //计算两个参数的和
   }
}
```

假设 Robot 类还要实现一个 Tool 接口，并且 Tool 接口中也有一个 calculate(int *a*,int *b*)方法，但该方法的功能是返回两个参数的乘积。在这种情况下，Robot 类该如何实现 Tool 接口的 calculate(int *a*,int *b*)方法呢？

编程提示

在一个类中，不允许存在参数签名相同的两个同名的方法。因此在 Robot 类中只能有一个 calculate(int *a*,int *b*)方法。下面对 Robot 类的修改虽然实现了 Tool 接口，但原先的那个用于计算两个参数和的 calculate(int *a*,int *b*)方法丢失了：

```
public class Robot implements Tool{
   public int calculate(int a,int b){   /* 实现 Tool 接口的方法*/
      return a*b;                //计算两个参数的乘积
   }
}
```

如何让 Robot 类同时具有计算两个参数的和，以及乘积的功能呢？可以借助内部类来实现，步骤如下：

（1）在 Robot 类中提供一个 private 类型的 multiply(int *a*,int *b*)方法，它实现了对两个参数的乘法运算。

（2）在 Robot 类中定义一个 private 类型的内部类 InnerTool，它实现了 Tool 接口。它的 calculate(int *a*,int *b*)方法通过回调 Robot 类的 multiply(int *a*,int *b*)方法来进行乘法运算。

（3）在 Robot 类中定义一个 public 类型的 getTool()方法，该方法返回内部类 InnerTool 的一个实例。

例程 15-8 是修改后的 Robot 类的源代码。

例程 15-8　Robot.java

```
public class Robot{
   public int calculate(int a,int b){
      return a+b; //加法运算
   }
```

```java
    private int multiply(int a,int b){
      return a*b;    //乘法运算
    }

    /* 内部类实现 Tool 接口 */
    private class InnerTool implements Tool{
      public int calculate(int a,int b){
        //回调外部类的乘法运算方法
        return multiply(a,b);
      }
    }

    public Tool getTool(){   /* 返回内部类的一个实例 */
      return new InnerTool();
    }
}
```

Robot 类借助 private 类型的 InnerTool 内部类来实现 Tool 接口。InnerTool 类仅充当一种被封装的类型,它并没有真正实现乘法运算的功能,而是通过回调外部类 Robot 的 multiply(int *a*,int *b*)方法来进行乘法运算。

例程 15-9 的 RobotUser 类是 Robot 类的客户程序,RobotUser 类会访问 Robot 类的乘法运算的功能。

例程 15-9　RobotUser.java

```java
public class RobotUser{
  public static void main(String args[]){
    Robot robot=new Robot();
    Tool tool=robot.getTool();    //获得实现了 Tool 接口的 InnerTool 实例

    int result=tool.calculate(2,3);
    System.out.println(result);
  }
}
```

InnerTool 内部类本身是 private 访问级别,InnerTool 类型被封装在 Robot 类中,所以 RobotUser 客户程序无法访问 InnerTool 类型。不过,InnerTool 类的 calculate(int *a*,int *b*)方法是 public 访问级别,所以 RobotUser 客户程序调用 robot.getTool()方法得到了实现 Tool 接口的 InnerTool 实例后,就可以调用它的 calculate(int *a*,int *b*)方法。

第 16 章 降伏异常有策略

每年夏季,花果山会举办隆重的蟠桃博览会,来自天上和人间的游客络绎不绝。游客们参观蟠桃博览会的正常流程是:

```
入花果山登记
游玩
离开花果山
```

偶尔也会发生一些异常情况。例如,在游玩过程中,有的游客迷了路,还有的游客忽然疾病发作。去年有一位小猪游客冒失地一口吞下一只硕大的桃子,结果桃子卡在喉咙,由于未得到及时治疗,最后被噎死了。

为了让游客能平平安安地在花果山游玩,对于今年的蟠桃博览会,悟空对可能出现的突发性异常也提前做了充分准备。悟空动员一千只猴子充当蟠桃博览会的志愿者,如果游客迷了路,可以随时向志愿者问路。悟空还组织了若干支医疗队随时待命,以便及时抢救那些疾病发作的游客。

Java 程序在运行过程中也会遇到异常情况,如果预先就估计到了可能出现的异常,并且准备好了处理异常的措施,那么就会降低突发性异常发生时造成的损失。Java 语言用 try-catch 语句来处理异常:

```
try{
    /* 正常流程   */
    入花果山登记
    游玩
    离开花果山
}catch(迷路异常 e){   /* 处理迷路异常的流程 */
    向志愿者询问路线
    在志愿者的帮助下到达目的地
}catch(疾病发作异常 e){  /* 处理疾病发作异常的流程 */
    找医疗队救助
}
```

本章将介绍 Java 语言提供的完善的异常处理机制。正确运用这套机制,有助于提高程序的健壮性。所谓程序的健壮性,就是指程序在多数情况下都能够正常运行,返回预期的正确结果;即使偶尔遇到异常情况,程序也能采取周到的解决措施。而不健壮的程序则没有事先充分预计到可能出现的异常,或者没有提供强有力的异常解决措施,导致程序在运行时,经常莫名其妙地被终止,或者返回错误的运行结果,而且难以检测出现异常的原因。

本章内容主要围绕以下问题展开:

- Java 异常处理机制是什么?

- Java 异常处理语句要遵循哪些语法规则？
- 什么是运行时异常和受检查异常？两者有什么区别？
- 如何自定义异常类？

16.1 Java 异常处理机制概述

Java 虚拟机用方法调用栈（method invocation stack）来跟踪一系列的方法调用过程。堆栈是一种特殊的数据结构，新数据被加入到堆栈的顶端（也称作末端），并且从堆栈的顶端取出数据，因此，数据的存取遵循"后进先出"的原则。Java 虚拟机的方法调用栈就采用了堆栈结构，它保存了每个调用方法的本地信息（比如方法的局部变量）。当一个新方法被调用时，Java 虚拟机把描述该方法的栈结构置入栈顶，位于栈顶的方法为正在执行的方法。如图 16-1 所示描述了方法调用栈的结构。在图 16-1 中，方法的调用顺序为：main()方法调用 methodB()方法，methodB()方法调用 methodA()方法。

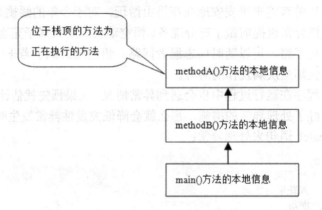

图 16-1 Java 虚拟机的方法调用栈

 当 methodB()方法调用 methodA()方法时，为了叙述方便，本书有时把 methodB()称为 methodA()的方法调用者。

如果方法中的代码块可能抛出异常，有以下两种处理办法：

（1）如果当前方法有能力自己解决异常，就在当前方法中通过 try-catch 语句捕获并处理异常，例如：

```
public void methodA(int status){
    try{
        //以下代码可能会抛出 SpecialException
        if(status==-1) throw new SpecialException("Monster");
    }catch(SpecialException e){
        处理异常
    }
}
```

（2）如果当前方法没有能力自己解决异常，就在方法的声明处通过 throws 语句声明抛出异常，例如：

```
public void methodA(int status) throws SpecialException{
    //以下代码可能会抛出 SpecialException
    if(status==-1) throw new SpecialException("Monster");
}
```

当一个方法正常执行完毕以后，Java 虚拟机会从调用栈中弹出该方法的栈数据，然后继续处理前一个方法。如果在执行方法的过程中抛出异常，Java 虚拟机必须找到能捕获该异常的 catch 代码块。它首先察看当前方法是否存在这样的 catch 代码块，如果存在，就执行该 catch 代码块；否则，Java 虚拟机会从调用栈中弹出该方法的栈数据，继续到前一个方法中查找合适的 catch 代码块。

例如，当 methodA()方法抛出 SpecialException 时，如果在该方法中提供了捕获 SpecialException 的 catch 代码块，就执行这个异常处理代码块。如果 methodA()方法未捕获该异常，而是采用第二种方式声明抛出 SpecialException，那么 Java 虚拟机的处理流程将退回到上层调用方法 methodB()，再查看 methodB()方法有没有捕获 SpecialException。如果在 methodB()方法中存在捕获该异常的 catch 代码块，就执行这个 catch 代码块，此时 methodB()方法的定义如下：

```
public void methodB(int status){
    try{
        methodA(status);
    }catch(SpecialException e){
        处理异常
    }
}
```

由此可见，在回溯过程中，如果 Java 虚拟机在某个方法中找到了处理该异常的代码块，那么该方法的栈数据将成为栈顶元素，程序流程将转到该方法的异常处理代码部分继续执行。

如果 methodB()方法也没有捕获 SpecialException，而是声明抛出该异常，那么 Java 虚拟机的处理流程将退回到 main()方法，此时 methodB()方法的定义如下：

```
public void methodB(int status) throws SpecialException{
    methodA(status);
}
```

当 Java 虚拟机追溯到调用栈最底部的 main()方法时，如果仍然没有找到处理该异常的代码块，将调用异常对象的 printStackTrace()方法，打印来自方法调用栈的异常信息，随后整个应用程序被终止。例如，运行例程 16-1（Sample.java），将打印如下异常信息：

```
Exception in thread "main" SpecialException: Monster
        at Sample.methodA(Sample.java:4)
        at Sample.methodB(Sample.java:10)
        at Sample.main(Sample.java:15)
```

例程 16-1　Sample.java

```java
public class Sample{
    public void methodA(int status)throws SpecialException{
        if(status==-1)
            throw new SpecialException("Monster");

        System.out.println("methodA");
    }

    public void methodB(int status)throws SpecialException{
        methodA(status);
        System.out.println("methodB");
    }

    public static void main(String args[])throws SpecialException{
        new Sample().methodB(-1);
    }
}
```

SpecialException 类表示某种异常，例程 16-2 是它的源程序。

例程 16-2　SpecialException.java

```java
public class SpecialException extends Exception{
    public SpecialException(){}

    public SpecialException(String msg){
        super(msg);
    }
}
```

　　为了便于让读者理解 Java 异常处理机制，可以再打一个通俗的比方。假设 methodA() 方法代表孙悟空护送唐僧去西天取经的行为，methodB() 方法代表观音菩萨关照唐僧师徒去西天取经的行为，把 methodA() 方法中出现的 SpecialException 比作西天取经中遇到的妖怪。如果悟空自己有能力消灭妖怪，就自己在 methodA() 方法中通过 try-catch 语句来抓获并消灭它；否则，就仅仅通过 throws 语句声明："我可能会遇到妖怪，我自己没办法对付。" 这样，消灭妖怪的任务就转交给观音菩萨来处理。同样，如果观音菩萨自己有能力消灭妖怪，就自己在 methodB() 方法中通过 try-catch 语句来抓获并消灭它，否则，就通过 throws 语句声明："我可能会遇到妖怪，我自己有没办法对付。"

　　更具体的情况是，有些妖怪悟空自己能消灭，有些妖怪则要靠其他神仙来降伏，那么，methodA() 方法可以按如下方式实现：

```java
/** 代表孙悟空护送唐僧去西天取经的行为 */
public void methodA() throws 红孩儿异常, 六耳猕猴异常, 黑熊怪异常{
    try{
        护送唐僧去西天取经
    }catch(白骨精异常 e){     //自己处理的妖怪
        三打白骨精
    }catch(黄狮精异常 e){     //自己处理的妖怪
        用金箍棒将其消灭
    }catch(花豹精异常 e){     //自己处理的妖怪
```

```
            用金箍棒将其消灭
    }
}
```

从以上代码可以看出，悟空有能力对付白骨精异常、黄狮精异常和花豹精异常，而对于红孩儿异常、六耳猕猴异常和黑熊怪异常，则要另请高人来降伏。

16.2 运用 Java 异常处理机制

上一节介绍了 Java 异常处理机制，本节介绍如何在应用程序中运用这种机制，来处理实际的异常情况。

16.2.1 try...catch 语句：捕获异常

在 Java 语言中，用 try...catch 语句用来捕获异常。格式如下：

```
try {
    可能会出现异常情况的代码
}catch (SQLException e) {
    处理操纵数据库出现的异常
}catch (IOException e) {
    处理操纵输入流和输出流出现的异常
}
```

对于以上代码，当程序操纵数据库出现异常时，将出现一个 SQLException 异常对象。catch (SQLException e)语句中的引用变量 e 引用这个 SQLException 对象。

在例程 16-3（MainCatcher.java）中，当 methodA()方法抛出 SpecialException 异常，流程退回到 methodB()方法，由于 methodB()方法未捕获该异常，流程继续退回到 main()方法，main()方法提供了处理该异常的 catch 代码块，因此 main()方法的正常流程被中断，Java 虚拟机跳转到该 catch 代码块，执行处理异常的代码。

例程 16-3 MainCatcher.java

```java
public class MainCatcher{
    public void methodA(int status)throws SpecialException{
        if(status==-1)
            throw new SpecialException("Monster");

        System.out.println("methodA");
    }

    public void methodB(int status) throws SpecialException{
        methodA(status);
        System.out.println("methodB");
    }

    public static void main(String args[]){
        try{
            new MainCatcher().methodB(-1);
```

```
            System.out.println("main");
        }catch(SpecialException e){
            System.out.println("Kill Monster");
        }
    }
}
```

以上程序的打印结果如下：

```
Kill Monster
```

如果把 main()方法中的 methodB(-1)改为 methodB(1)，就会按正常流程执行，程序的打印结果如下：

```
methodA
methodB
main
```

16.2.2　finally 语句：任何情况下必须执行的代码

由于异常会强制中断正常流程，这会使得某些不管在任何情况下都必须执行的步骤被忽略，从而影响程序的健壮性。例如，小王开了一家小店，在店里上班的正常流程为：打开店门、工作 8 小时、关门。异常流程为：小王在工作时突然犯病，因而提前下班。以下 work()方法表示小王的上班行为：

```
public void work()throws LeaveEarlyException {
    try{
        开门
        工作 8 小时                        //可能会抛出 DiseaseException 异常
        关门
    }catch(DiseaseException e){
        throw new LeaveEarlyException();   //提前下班异常
    }
}
```

假如小王在工作时突然犯病，那么流程会跳转到 catch 代码块，这意味着关门的操作不会被执行，这样的流程显然是不安全的，必须确保关门的操作在任何情况下都会被执行。在一些实用程序中，应该确保占用的资源被释放，比如及时关闭数据库连接、关闭输入流或者关闭输出流。finally 代码块能保证特定的操作总是会被执行，它的形式如下：

```
public void work()throws LeaveEarlyException {
    try{
        开门
        工作 8 小时                        //可能会抛出 DiseaseException 异常
    }catch(DiseaseException e){
        throw new LeaveEarlyException();
    }finally{
        关门
    }
}
```

不管 try 代码块中是否出现异常，都会执行 finally 代码块。下面的例程 16-4 中（WithFinally.java）的 main()方法的 try 代码块后面跟了 finally 代码块：

例程 16-4　WithFinally.java

```
public class WithFinally {
  public void methodA(int status)throws SpecialException{
    if(status==-1) throw new SpecialException("Monster");
    System.out.println("methodA");
  }

  public static void main(String args[]){
    try{
      new WithFinally().methodA(-1);          //抛出 SpecialException 异常
      System.out.println("main");
    }catch(SpecialException e){
      System.out.println("Kill Monster");
    }finally{
      System.out.println("Finally");
    }
  }
}
```

上面程序的打印结果如下：

```
Kill Monster
Finally
```

如果把 main()方法中的"methodA(-1)"改为"methodA(1)"，程序将正常运行，打印结果如下：

```
methodA
main
Finally
```

16.2.3　throws 子句：声明可能会出现的异常

如果一个方法可能会出现异常，但是没有能力处理这种异常，可以在方法声明处用 throws 子句来声明抛出异常。例如，汽车在运行时可能会出现故障，汽车本身没有办法处理这个故障，因此 Car 类的 run()方法声明抛出 CarWrongException：

```
public void run()throws CarWrongException{
  if(车子无法刹车)throw new CarWrongException("车子无法刹车");
  if(发动机无法启动)throw new CarWrongException("发动机无法启动");
  …
}
```

Worker 类的 gotoWork()方法调用以上 run()方法，gotoWork()方法捕获并处理 CarWrongException 异常，在异常处理过程中，又生成了新的迟到异常 LateException，gotoWork()方法本身不会再处理 LateExeption，而是声明抛出 LateExeption 异常：

```
public void gotoWork()throws LateException{
  try{
    car.run();
```

```
        }catch(CarWrongException e){            //处理车子出故障的异常
           walk(); //步行上班
           LocalTime arriveTime=LocalTime.now();  //获得当前到达时间
           String reason=e.getMessage();
           //创建一个LateException对象，并将其抛出
           throw new LateException(reason,arriveTime);
        }
    }
```

谁会来处理 Worker 类的 LateException 呢？显然是职工的老板，如果某职工上班迟到，可能会扣除他的相应工资。

一个方法可能会出现多种异常，throws 子句允许声明抛出多个异常，例如：

```
public void method() throws SQLException,IOException{…}
```

16.2.4 throw 语句：抛出异常

throw 语句用于抛出异常，例如以下代码表明汽车在运行时会出现故障：

```
public void run()throws CarWrongException{
    if(车子无法刹车) throw new CarWrongException("车子无法刹车");
    if(发动机无法启动)throw new CarWrongException("发动机无法启动");
    …
}
```

值得注意的是，由 throw 语句抛出的对象必须是 java.lang.Throwable 类或者其子类的实例。以下代码是不合法的：

```
throw new String("有人溺水啦，救命啊!");   //编译错误，String 类不是异常类型
```

throws 和 throw 关键字尽管只有一个字母之差，却有着不同的用途，注意不要将两者混淆。

16.2.5 异常处理语句的语法规则

异常处理语句主要涉及 try、catch、finally、throw 和 throws 关键字，要正确使用它们，就必须遵守必要的语法规则。

（1）try 代码块不能脱离 catch 代码块或 finally 代码块而单独存在。try 代码块后面至少有一个 catch 代码块或 finally 代码块。以下代码会导致编译错误：

```
public static void main(String args[])throws SpecialException{
    try{
      new Sample().methodA(-1);
      System.out.println("main");
    }  //编译错误，不允许出现孤立的 try 代码块

    System.out.println("Finally");
```

（2）try 代码块后面可以有零个或多个 catch 代码块，还可以有零个或至多一个 finally 代码块。

（3）try 代码块后面可以只跟 finally 代码块，例如：

```
public static void main(String args[])throws SpecialException{
  try{
    new Sample().methodA(-1);
    System.out.println("main");
  }finally{
    System.out.println("Finally");
  }
}
```

（4）当 try 代码块后面有多个 catch 代码块时，Java 虚拟机会把实际抛出的异常对象依次和各个 catch 代码块声明的异常类型匹配，如果异常对象为某个异常类型或其子类的实例，就执行这个 catch 代码块，不会再执行其他 catch 代码块。在以下代码中，code1 语句抛出 FileNotFoundException 异常，FileNotFoundException 类是 IOException 类的子类，而 IOException 类是 Exception 的子类。Java 虚拟机先把 FileNotFoundException 对象与 IOException 类匹配，因此当出现 FileNotFoundException 时，程序的打印结果为"IOException"：

```
try{
  code1;   //可能抛出 FileNotFoundException
}catch(SQLException e){
  System.out.println("SQLException");
}catch(IOException e){
  System.out.println("IOException");
}catch(Exception e){
  System.out.println("Exception");
}
```

在以下程序中，如果出现 FileNotFoundException，打印结果为"Exception"，因为 FileNotFoundException 对象与 Exception 类匹配：

```
try{
  code1;   //可能抛出 FileNotFoundException
}catch(SQLException e){
  System.out.println("SQLException");
}catch(Exception e){
  System.out.println("Exception");
}
```

（5）为了简化编程，从 JDK7 开始，允许在一个 catch 子句中同时捕获多个不同类型的异常，用符号"|"来分割，例如：

```
void method(){
  try{
    //do something...
  }catch(FileNotFoundException | InterruptedIOException e){
    //deal with Exception ....
  }
}
```

}

（6）如果一个方法可能出现受检查异常，要么用 try...catch 语句捕获，要么用 throws 子句声明将它抛出，否则会导致编译错误。关于受检查异常的概念参见本章第 16.3.2 节（受检查异常）。下面代码中的 method1()方法声明抛出 IOException，它是受检查异常，其他方法调用 method1()方法：

```java
void method1() throws IOException{}   //合法

//编译错误，必须捕获或声明抛出 IOException
void method2(){
   method1();
}

//合法，声明抛出 IOException
void method3()throws IOException {
   method1();
}

//合法，声明抛出 Exception，IOException 是 Exception 的子类
void method4()throws Exception {
   method1();
}

//合法，捕获 IOException
void method5(){
  try{
     method1();
  }catch(IOException e){…}
}

//编译错误，必须捕获或声明抛出 Exception
void method6(){
  try{
     method1();
  }catch(IOException e){throw new Exception(e.getMessage());}
}

//合法，声明抛出 Exception
void method7()throws Exception{
  try{
     method1();
  }catch(IOException e){throw new Exception(e.getMessage());}
}
```

上面的 method6()和 method7()方法在 catch 代码块中又继续抛出异常，对于 catch 代码块出现的异常，也是要么捕获它，要么声明抛出它。

判断一个方法可能会出现异常的依据如下：
- 方法中有 throw 语句。例如，以上 method7()方法的 catch 代码块有 throw 语句。
- 调用了其他方法，其他方法用 throws 子句声明抛出某种异常。例如，method3()方法调用了 method1()方法，method1()方法声明抛出 IOException，因此当 method3()方法调用 method1()方法时可能会出现 IOException。

16.2.6 异常流程的运行过程

异常流程由 try...catch...finally 语句来控制。如果程序中还包含 return 和 System.exit() 语句，会使流程变得更加复杂。本节结合具体例子来说明异常流程的运行过程。

（1）finally 语句不被执行的唯一情况是先执行了用于终止程序的 System.exit()方法。java.lang.System 类的静态方法 exit()用于终止当前的 Java 虚拟机进程，Java 虚拟机所执行的 Java 程序也随之终止。exit()方法的定义如下：

```
public static void exit(int status)
```

exit()方法的参数 status 表示程序终止时的状态码，按照编程惯例，零表示正常终止，非零数字表示异常终止。

下面的 try 代码块调用了 System 类的 exit()方法，因此 finally 代码块及 try...finally 语句后面的代码都不会被执行：

```
public void method(int status){
  try{
    System.out.println("Begin");
    if(status==0)System.exit(0);
  }finally{
    System.out.println("Finally");
  }
  System.out.println("End");
}
```

调用 method(1)方法，打印结果为：Begin、Finnally 和 End；调用 method(0)方法，打印结果为：Begin，因为当执行了 System.exit(0)后，就终止了程序。

下面的程序代码在执行"methodA(-1)"语句时出现异常，流程跳转到 catch 代码块。catch 代码块打印"Wrong"后继续抛出异常，main()方法将会异常终止，但在终止之前仍然会执行 finally 代码块：

```
public static void main(String args[])throws Exception{
  try{
    System.out.println("Begin");
    new Sample().methodA(-1);   //出现异常
    System.exit(0);
  }catch(Exception e){
    System.out.println("Wrong");
    throw e;   //如果把此行注释掉，将得到不同的运行结果
  }finally{
    System.out.println("Finally");
  }
  System.out.println("End");
}
```

以上程序代码中的粗体字部分表示运行时会执行的代码，程序的打印结果为：

```
Begin
Wrong
Finally
java.lang.SpecialException
```

...

如果把 catch 代码块中的"throw e"语句注释掉，那么在执行完 finally 代码块后还会执行 try...catch...finally 语句后面的代码，程序的打印结果为：

```
Begin
Wrong
Finally
End
```

（2）return 语句用于退出本方法。在执行 try 或 catch 代码块中的 return 语句时，假如有 finally 代码块，会先执行 finally 代码块。例如，在例程 16-5（WithReturn.java）的 methodB() 方法中，在 try 和 catch 代码块中都有 return 语句，其中粗体字部分表示运行时会执行的代码，注释中的编号表示执行的顺序：

例程 16-5　WithReturn.java

```java
public class WithReturn{
  public int methodA(int status)throws SpecialException{
    if(status==-1) throw new SpecialException("Monster");   //3
    return status;
  }

  public int methodB(int status){
    try{
      System.out.println("Begin");   //1
      int result=methodA(status);   //2
      return result;
    }catch(SpecialException e){
      System.out.println(e.getMessage());   //4
      return -100;   //6
    }finally{
      System.out.println("Finally");   //5
    }
  }

  public static void main(String args[]){
    System.out.println(new WithReturn().methodB(-1));   //7
  }
}
```

以上程序的打印结果为：

```
Begin
Monster
Finally
-100
```

16.3　Java 异常类

在程序运行过程中，任何中断正常流程的因素都被认为是异常。Java 语言是面向对象的编程语言，一切都是对象，不仅猴子、猫和狗等是对象，连异常也是对象。所有异常类的祖先类为 java.lang.Throwable 类，它及子类的实例表示异常对象，可以通过 throw 语句抛出。Throwable 类提供了访问异常信息的一些方法，常用的方法包括：

- getMessage()：返回 String 类型的异常信息。
- printStackTrace()：打印跟踪方法调用栈而获得的详细异常信息。在程序调试阶段，此方法可用于跟踪错误。

例程 16-6（ExTrace.java）演示了 getMessage()和 printStackTrace()方法的用法。

例程 16-6　ExTrace.java

```
public class ExTrace{
    public void methodA(int status)throws SpecialException{
        if(status==-1) throw new SpecialException("Monster");
    }
    public void methodB(int status)throws Exception{
        try{
            methodA(status);
        }catch(SpecialException e){
            System.out.println("---Output of methodB()---");
            System.out.println(e.getMessage());
            throw new Exception("Wrong");
        }
    }
    public static void main(String args[]){
        try{
            new ExTrace().methodB(-1);
        }catch(Exception e){
            System.out.println("---Output of main()---");
            e.printStackTrace();
        }
    }
}
```

以上程序的打印结果为：

```
---Output of methodB()---
Monster
---Output of main()---
java.lang.Exception: Wrong
        at ExTrace.methodB(ExTrace.java:12)
        at ExTrace.main(ExTrace.java:18)
```

Throwable 类有两个直接子类：

（1）Error 类：表示单靠程序本身无法恢复的严重错误，比如内存空间不足或者 Java 虚拟机的方法调用栈溢出。在大多数情况下，遇到这样的错误时，建议将程序终止。

（2）Exception 类：表示程序本身可以处理的异常，本章所有的例子都是针对这类异常的。当程序运行时出现这类异常，应该尽可能地处理异常，并且使程序恢复运行，而不应该随意终止程序。

JDK 中预定义了一些具体的异常类，如图 16-2 所示为常见异常类的类框图。

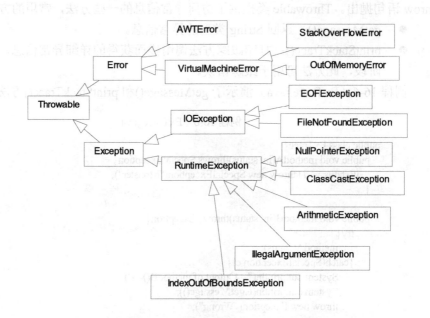

图 16-2　主要 Java 异常类的类框图

下面对一些常见的异常类进行简要的介绍。

（1）IOException 类：操作输入流和输出流时可能出现的异常。

（2）ArithmeticException 类：数学异常。如果把整数除以 0，就会出现这种异常，例如：

```
int a=12 / 0;                //抛出 ArithmeticException
```

（3）NullPointerException 类：空指针异常。当引用变量为 null 时，试图访问对象的属性或方法，就会出现这种异常，例如：

```
Monkey m= null;
m.speak()                    //抛出 NullPointerException
```

（4）IndexOutOfBoundsException 类：下标越界异常，它的子类 ArrayIndexOutOfBoundsException 表示数组索引越界异常，以下代码会导致这种异常：

```
int[] array=new int[4];      //创建包含 4 个元素的数组
array[0]=1;
array[7]=1;                  //抛出 ArrayIndexOutOfBoundsException
```

（5）ClassCastException 类：类型转换异常，参见第 7 章的 7.6 节（多态）。

（6）IllegalArgumentException 类：非法参数异常，可用来检查方法的参数是否合法，例如：

```
public void setName(String name){
    if(name==null)throw new IllegalArgumentException("姓名不能为空");
    this.name=name;
```

}

Exception 类的异常还可分为两种：运行时异常和受检查异常，下面分别介绍。

16.3.1 运行时异常

RuntimeException 类及其子类都称为运行时异常，这种异常的特点是 Java 编译器不会检查它。也就是说，当程序中可能出现这类异常时，即使没有用 try-catch 语句捕获它，也没有用 throws 子句声明抛出它，也会编译通过。例如，当以下 divide()方法的参数 b 为 0，执行 "a/b" 操作时，会出现 ArrithmeticException 异常，它属于运行时异常，Java 编译器不会检查它：

```
public int divide(int a,int b){
    return a/b;         //当参数 b 为 0 时，抛出 ArrithmeticException
}
```

再例如，例程 16-7（WithRuntimeEx.java）中的 IllegalArgumentException 也是运行时异常，divide()方法既没有捕获它，也没有声明抛出它。

例程 16-7　WithRuntimeEx.java

```
public class WithRuntimeEx{
    public int divide(int a,int b){
        if(b==0)throw new IllegalArgumentException("除数不能为 0");
        return a/b;
    }
    public static void main(String args[]){
        new WithRuntimeEx().divide(1,0);
        System.out.println("End");
    }
}
```

由于程序代码不会处理运行时异常，因此当程序在运行时出现了这种异常时，就会导致程序异常终止，以上程序的打印结果为：

```
Exception in thread "main" java.lang.IllegalArgumentException: 除数不能为 0
        at WithRuntimeEx.divide(WithRuntimeEx.java:3)
        at WithRuntimeEx.main(WithRuntimeEx.java:8)
```

16.3.2 受检查异常（Checked Exception）

除了 RuntimeException 及其子类以外，其他的 Exception 类及其子类都属于受检查异常。这种异常的特点是 Java 编译器会检查它。也就是说，当程序中可能出现这类异常时，要么用 try-catch 语句捕获它，要么用 throws 子句声明抛出它，否则编译不会通过，参见本章 16.2.5 节（异常处理语句的语法规则）。

16.3.3 区分运行时异常和受检查异常

受检查异常表示程序可以处理的异常，如果抛出异常的方法本身不能处理它，那么方法调用者应该去处理它,从而使程序恢复运行,不至于终止程序。例如,喷墨打印机在打印文件时,如果纸用完或者墨水用完,就会暂停打印,等待用户添加打印纸或更换墨盒,如果用户添加了打印纸或更换了墨盒,就能继续打印。可以用 OutOfPaperException 类和 OutOfInkException 类来分别表示纸张用完和墨水用完这两种异常情况,由于这些异常是可以修复的,因此是受检查异常,可以把它们定义为 Exception 类的子类:

```java
public class OutOfPaperException extends Exception{…}
public class OutOfInkException extends Exception{…}
```

以下是打印机的 print()方法:

```java
public void print(){
    while(文件未打印完){
        try{
            打印一行
        }catch(OutOfInkException e){
            do{
                等待用户更换墨盒
            }while(用户没有更换墨盒)
        }catch(OutOfPaperException e){
            do{
                等待用户添加打印纸
            }while(用户没有添加打印纸)
        }
    }
}
```

运行时异常表示无法让程序恢复运行的异常,导致这种异常的原因通常是由于执行了错误操作。一旦出现了错误操作,建议终止程序,因此 Java 编译器不检查这种异常。

如果程序代码中有错误,就可能导致运行时异常,例如,以下 for 语句的循环条件不正确,会导致 ArrayIndexOutOfBoundsException 异常:

```java
public void method(int[] array){
    for(int i=0;i<=array.length;i++){
        //当 i 的取值为 array.length 时,将抛出 ArrayIndexOutOfBoundsException
        array[i]=2*i+1;
    }
}
```

只要对程序代码进行适当修改,就能避免数组索引越界异常:

```java
public void method(int[] array){
    for(int i=0;i<array.length;i++){
        array[i]=2*i+1;
    }
}
```

再例如,对于以下代码,如果变量 m 为 null,访问"m.getName()"会导致 NullPointerException 异常:

```java
Monkey m=null;
```

```
if(m!=null & m.getName().equals("Tom")){...}
```

只要对程序代码进行适当修改,就能避免 NullPointerException 异常:

```
if(m!=null && m.getName().equals("Tom")){......}
```

由此可见,运行时异常是应该尽量避免的,在程序调试阶段,遇到这种异常时,正确的做法是改进程序的设计和实现方式,修改程序中的错误,从而避免这种异常。捕获它并且使程序恢复运行并不是明智的办法,这主要有两方面的原因:

(1) 一旦发生这种异常,我们将损失严重。

(2) 即使程序恢复运行,也有可能会导致程序的业务逻辑错乱,并导致更严重的异常,或者得到错误的运行结果。

16.4 用户定义异常

在特定的问题领域,可以通过扩展 Exception 类或 RuntimeException 类来创建自定义的异常,异常类包含和异常相关的信息,这有助于负责捕获异常的 catch 代码块,正确地分析并处理异常。以下代码定义了一个上班迟到异常 LateException:

```
import java.time.LocalTime;
public class LateException extends Exception {
    private LocalTime arriveTime;    //到达时间

    public LateException (String reason,LocalTime arriveTime){
        super(reason);               //设置迟到原因
        this.arriveTime = arriveTime;
    }

    public LocalTime getArriveTime() {
        return arriveTime;
    }
}
```

以下代码使用 throw 语句来抛出上述 LateException 异常:

```
throw new LateException("车子故障", LocalTime.now());
```

以下代码在 catch 代码块中处理 LateException 异常:

```
try{
    ...            //可能抛出 LateException
}catch(LateException e){
    System.out.println("迟到原因: "+e.getMessage());
    System.out.println("实际到达时间: "+e.getArriveTime());
    ...            //根据情况给予警告或罚款
}
```

16.5 小结

本章涉及的 Java 知识点总结如下：

（1）程序中处理异常的办法。

如果当前方法有能力自己解决异常，就在当前方法中通过 try...catch 语句捕获并处理异常；如果当前方法没有能力自己解决异常，就在方法的声明处通过 throws 语句声明抛出异常。

（2）Java 虚拟机处理异常的流程。

当 Java 虚拟机在执行方法的过程中遇到异常时，Java 虚拟机必须找到能捕获该异常的 catch 代码块。它首先检查当前方法是否存在这样的 catch 代码块，如果存在，就执行该 catch 代码块；否则，Java 虚拟机会从方法调用栈中弹出该方法的栈数据，继续到前一个方法中查找合适的 catch 代码块。如果找到合适的 catch 代码块，就执行该代码块；否则，整个应用程序被终止。

（3）try、catch、finally、throw 和 throws 关键字的用途。

- try-catch 语句：捕获异常。
- finally 语句：任何情况下必须执行的代码。
- throws 子句：声明方法可能会出现的异常。
- throw 语句：抛出异常。

（4）异常处理语句的语法规则。

- try 代码块后面至少有一个 catch 代码块或 finally 代码块。
- try 代码块后面可以有零个或多个 catch 代码块，还可以有零个或至多一个 finally 代码块。
- 当 try 代码块后面有多个 catch 代码块时，Java 虚拟机会把实际抛出的异常对象依次和各个 catch 代码块声明的异常类型匹配，如果异常对象为某个异常类型或其子类的实例，就执行这个 catch 代码块，不会再执行后续其他的 catch 代码块。

（5）运行时异常。

RuntimeException 类及其子类都称为运行时异常，这种异常的特点是 Java 编译器不会检查它，也就是说，当程序中可能出现这类异常时，即使没有用 try...catch 语句捕获它，也没有用 throws 子句声明抛出它，也会编译通过。

（6）受检查异常。

除了 RuntimeException 及其子类以外，其他的 Exception 类及其子类都属于受检查异常。如果一个方法可能出现受检查异常，要么用 try...catch 语句捕获，要么用 throws 子句声明将它抛出，否则会导致编译错误。

16.6 编程实战：囧途开车遇异常

当路面结冰或有积水时，开车容易打滑。如果驾驶员遇到车子打滑的情况，正确的操作是松开油门让车子自然减速。如果驾驶员酒后开车，可能会猛地急刹车，使车子失控，导致撞车异常，而撞车异常又会导致驾驶员撞伤异常。

请编写一段程序，模拟上述开车过程，合理地处理开车途中遇到的各种异常。如果驾驶员出现撞伤异常 InjuryException，那么开车过程只能异常终止。

编程提示

本范例共涉及三个异常类：打滑异常 SlipException、撞车异常 CrashException 和驾驶员撞伤异常 InjuryException。它们都是 Exception 类的子类。SlipException 类的定义如下：

```java
package driving;
public class SlipException extends Exception{
  public SlipException(String msg){
    super(msg);
    System.out.println(msg);
  }
}
```

例程 16-8 中的 Car 类表示汽车，它的 run() 方法会在路面打滑的情况下抛出打滑异常 SlipException。另外，它的 brakeSharply() 方法模拟猛地刹车的行为，在路面打滑的情况下该方法会抛出撞车异常 CrashException。

例程 16-8 Car.java

```java
package driving;
public class Car{
  //表示路面状况，是否打滑
  private boolean isRoadSlippery=false;

  public void setRoadStatus(boolean isRoadSlippery){
    this.isRoadSlippery=isRoadSlippery;
  }

  public void run()throws SlipException{
    System.out.println("车子向前奔驰……");
    if(isRoadSlippery)
      throw new SlipException("出现车子打滑异常");
  }

  public void brakeSharply()throws CrashException{ /* 猛地刹车*/
    if(isRoadSlippery)
      throw new CrashException("出现车子碰撞异常");

    System.out.println("车子猛地停下");
  }
```

```
public void decelerate(){ /* 松开油门减速 */
    System.out.println("松开油门平稳减速");
}
}
```

例程 16-9 中的 Driver 类表示驾驶员，如果没有喝酒，那么他开车会一路平安，即使遇到 SlipException 异常，也会正确处理异常。而如果是酒后开车，当遇到 SlipException 异常时，他会进行误操作，导致 CrashException 异常。

例程 16-9　Driver.java

```
package driving;
public class Driver{

    private boolean isWineDrinked=false;

    public void setWineStatus(boolean isWineDrinked){
        this.isWineDrinked=isWineDrinked;
    }

    public void drive(Car car)throws InjuryException{
        try{
            car.run();
        }catch(SlipException e){
            dealWithEmergency(car);
        }

        System.out.println("驾驶员到达目的地\n");
    }

    /* 处理打滑异常 */
    public void dealWithEmergency(Car car) throws InjuryException{
        try{
            if(isWineDrinked)           //如果喝过酒，猛地刹车
                car.brakeSharply();
            else                        //否则，松开油门平稳减速
                car.decelerate();
        }catch(CrashException e){
            throw new InjuryException("出现驾驶员被撞伤异常");
        }
    }

    public static void main(String args[])throws InjuryException{
        Driver driver1=new Driver();
        driver1.setWineStatus(false);   //未喝酒
        Car car1=new Car();
        car1.setRoadStatus(false);      //路面不打滑
        driver1.drive(car1);

        Driver driver2=new Driver();
        driver2.setWineStatus(false);   //未喝酒
        Car car2=new Car();
        car2.setRoadStatus(true);       //路面打滑
        driver2.drive(car2);
```

```
        Driver driver3=new Driver();
        driver3.setWineStatus(true);      //喝过酒
        Car car3=new Car();
        car3.setRoadStatus(true);         //路面打滑
        driver3.drive(car3);
    }
}
```

以上 Driver 类的程序入口 main()方法分别创建了三个 Driver 对象和 Car 对象。这三个 Driver 对象分别在不同的情况下开车，将产生不同的运行流程。运行"java driving.Driver"命令，会得到以下打印结果：

```
车子向前奔驰……
驾驶员到达目的地

车子向前奔驰……
出现车子打滑异常
松开油门平稳减速
驾驶员到达目的地

车子向前奔驰……
出现车子打滑异常
出现车子碰撞异常
出现驾驶员被撞伤异常
Exception in thread "main" driving.InjuryException: 出现驾驶员被撞伤异常
```

第 17 章　数组元素排排坐

花果山的猴子们向悟空学习翻筋斗云。悟空首先让猴子们花 30 天的时间练习翻跟斗。为了跟踪猴子们的练习情况，悟空在 Monkey 类中定义了 30 个变量，用来记录每天翻跟斗的数目，参见例程 17-1。

例程 17-1　Monkey.java

```
package original;
public class Monkey{
  String name;
  int count1;            //第 1 天翻跟斗的数目
  int count2;            //第 2 天翻跟斗的数目
  int count3;            //第 3 天翻跟斗的数目
  int count4;            //第 4 天翻跟斗的数目
  …
  int count30;           //第 30 天翻跟斗的数目

  public Monkey(String name){this.name=name;}

  public void max(){     //找出翻的跟斗数目最多的一天
    int maxCount=-1;
    int day=-1;

    if(count1>maxCount){
      maxCount=count1;
      day=1;
    }
    if(count2>maxCount){
      maxCount=count2;
      day=2;
    }
    if(count3>maxCount){
      maxCount=count3;
      day=3;
    }
    …
    if(count30>maxCount){
      maxCount=count30;
      day=30;
    }
    System.out.println("第"+day+"天翻的跟斗数目最多，为"
                       +maxCount+"个");
  }

  public static void main(String args[]){
```

```java
    Monkey m=new Monkey("智多星");
    m.count1=1;
    m.count2=2;
    m.count3=3;
    m.count4=45;
    …
    m.count30=77;

    m.max();                    //打印：第 20 天翻的跟斗数目最多，为 94 个
  }
}
```

以上程序尽管可行，但是代码太冗长，如果悟空要统计猴子 100 天之内每天练习翻跟斗的数目，那就需要定义 100 个 count i 变量了。为了简化编程，可以用数组来存放猴子特定天数内每天翻跟斗的数目，参见例程 17-2。

例程 17-2　运用了 Java 数组的 Monkey.java

```java
public class Monkey{
  String name;
  public Monkey(String name){this.name=name;}

  public void max(int[] counts){    // 找出翻的跟斗数目最多的一天
    int maxCount=-1;
    int day=-1;

    for(int i=0;i<counts.length;i++){
      if(counts[i]>maxCount){
        maxCount=counts[i];
        day=i+1;
      }
    }
    System.out.println("第"+day+"天翻的跟斗数目最多，为"
                      +maxCount+"个");
  }

  public static void main(String args[]){
    Monkey m=new Monkey("智多星");
    int[] counts=new int[]{1,2,3,45,1,33,44,55,61,47,
                           8,92,11,33,43,60,17,46,29,94,
                           2,8,3,7,61,23,41,15,61,77};
    m.max(counts);              //打印：第 20 天翻的跟斗数目最多，为 94 个
  }
}
```

以上程序代码把猴子每天翻跟斗的数目存放在一个 int 类型的 counts 数组里，大大简化了程序代码。本章将介绍数组的语法和用法。本章内容主要围绕以下问题展开：

- 如何创建及初始化数组？
- 如何访问数组的元素和长度属性？
- 如何为数组排序？
- 如何使用多维数组？

17.1 数组简介

数组是指一组类型相同的数据的集合，数组中的每个数据称为元素。在 Java 中，数组本身也是 Java 对象。数组中的元素可以是任意类型（包括基本类型和引用类型），但同一个数组里只能存放类型相同的元素。创建数组大致包括如下步骤：

（1）声明一个数组类型的引用变量，简称数组变量。

（2）用 new 语句构造数组的实例。new 语句为数组分配内存，并且为数组中的每个元素赋予默认值。

（3）初始化，即为数组的每个元素设置合适的初始值。

17.2 数组变量的声明

以下代码声明了两个引用变量 counts 和 hobbies，它们分别为 int 数组类型和 String 数组类型：

```
int[] counts;          //counts 数组存放 int 类型的数据
String[] hobbies;      //hobbies 数组存放 String 类型的数据
```

以下数组变量的声明方式也是合法的：

```
int counts[];
String hobbies[];
```

声明数组变量的时候，不能指定数组的长度，以下声明方式是非法的：

```
int counts[30];        //编译出错
int hobbies[10];       //编译出错
```

17.3 创建数组对象

数组对象和其他 Java 对象一样，也用 new 语句创建，例如：

```
int[] counts=new int[30];    //创建一个 int 数组，存放 30 个 int 数据
```

new 语句执行以下操作：

（1）在内存中为数组分配内存空间，以上代码创建了一个包含 30 个元素的 int 类型数组。每个元素都是 int 类型，占 4 字节，因此整个数组对象在内存中占用 120 字节。

（2）为数组中的每个元素赋予其数据类型的默认值。以上 int 数组中的每个元素都是 int 类型，因此它们的默认值都为 0。在以下程序中，counts[0]表示 counts 数组中

的第一个元素，它是 int 类型，默认值为 0；switches[0]是 boolean 类型，默认值为 false；hobbies[0]是 String 类型，默认值为 null：

```
int[] counts=new int[30];
System.out.println(counts[0]);        //打印 0，counts[0]为 int 基本类型

boolean[] switches=new boolean[100];
System.out.println(switches[0]);      //打印 false，switches[0]为 boolean 基本类型

String[] hobbies=new String[10];
System.out.println(hobbies[0]);       //打印 null，hobbies[0]为引用类型
```

（3）返回数组对象的引用。

在用 new 语句创建数组对象时，需要指定数组长度，数组长度表示数组中包含的元素数目。数组长度可以用直接数表示，也可以用变量表示。例如：

```
int[] x = new int[10];
或者：
int size=10;
int[] x=new int[size];                //数组长度用变量表示
```

数组的长度可以为 0，此时数组中一个元素也没有。例如：

```
int[] x=new int[0];
```

对于 Java 类的程序入口方法 main(String args[])，如果运行这个类时没有输入参数，那么 main()方法的参数 args 并不是 null，而是一个长度为 0 的数组。例如，下面代码中的 Sample 类的 main()方法会访问数组参数的长度"args.length"：

```
public class Sample{
    public static void main(String args[]){
        System.out.println(args.length);
    }
}
```

运行命令"java Sample"，将打印数组 args 的长度为 0；运行命令"java Sample one two"，将打印数组 args 的长度为 2。其中，args[0]的值为"one"，args[1]的值为"two"。

创建数组对象后，它的长度是固定的。数组对象的长度是无法改变的，但是数组变量可以改变所引用的数组对象。在以下程序代码中，数组变量 x 先引用一个长度为 3 的 int 数组对象，后来又改为引用一个长度为 4 的 int 数组对象：

```
int[] x=new int[3];
int[] y=x;
x=new int[4];
```

以上程序用 new 语句创建了两个数组对象，每个数组对象的长度都是无法改变的，如图 17-1 显示了执行完以上代码后数组变量和数组对象在内存中的关系。

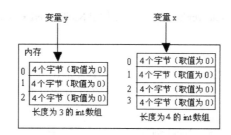

图 17-1 数组变量和数组对象在内存中的关系

17.4 访问数组的元素和长度

数组中的每个元素都有一个索引，或者称为下标。数组中第一个元素的索引为 0，第二个为 1，以此类推。以下程序创建了一个长度为 2 的字符串数组，hobbies[0]表示第一个元素，hobbies[1]表示第二个元素：

```
String[] hobbies=new String[2];
hobbies[0]="dance";              //把 hobbies 数组的第一个元素设为 "dance"
System.out.println(hobbies[0]);  //打印 dance
System.out.println(hobbies[1]);  //打印 null
System.out.println(hobbies[2]);  //抛出 ArrayIndexOutOfBoundsException 异常
```

在以上 hobbies 数组中，最后一个元素为 hobbies[1]，如果访问 hobbies[2]，由于索引超出了 hobbies 数组的边界，运行时会抛出 ArrayIndexOutOfBoundsException 运行时异常。这种异常是由于程序代码中的错误引起的，应该在程序调试阶段通过改进程序代码来消除它们。

所有 Java 数组都有一个 length 属性，表示数组的长度，它的声明形式为：

```
public final length;
```

length 属性被 public 和 final 修饰，因此在程序中可以读取数组的 length 属性，但不能修改这一属性：

```
int[] x=new int[4];
System.out.println(x.length);    //打印 4
for(int i=0; i<x.length;i++) x[i]=i;
```

以下代码试图修改 x 数组的 length 属性，这是非法的：

```
int[] x=new int[4];
x.length=10;                     //编译出错，length 属性为 final 类型，不能被修改
```

数组变量必须先引用一个数组对象，才能访问其元素。以下数组变量 x 作为 ArrayTester 类的静态变量，没有引用任何数组对象，其默认值为 null：

```
public class ArrayTester{
  static int[] x;
  public static void main(String args[]){
    System.out.println(x);       //打印 null
```

```
            System.out.println(x[0]);        //抛出 NullPointerException
    }
}
```

当数组的元素为引用类型时，数组中存放的是对象的引用。在以下程序代码中，先创建了一个 Monkey 对象，然后把它的引用加入到一个 Monkey 类型的数组中：

```
Monkey m=new Monkey("智多星");       //第 1 行
Monkey[] ms=new Monkey[2];           //第 2 行
ms[0]=m;                             //第 3 行
m=null;                              //第 4 行
ms[0]=null;                          //第 5 行
```

执行完第 3 行后，Monkey 对象被变量 m 引用，并且被 Monkey 数组中的第一个元素 ms[0]引用，如图 17-2 所示。

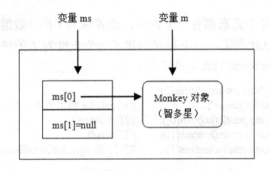

图 17-2　Monkey 对象被 m 变量及 ms 变量引用的 Monkey 数组中的第一个元素引用

执行完第 5 行后，Monkey 对象不被任何引用变量引用，此时 Monkey 对象结束生命周期。

17.5　数组的初始化

数组被创建后，每个元素被自动赋予其数据类型的默认值。另外，还可以在程序中对数组元素显式初始化。例如：

```
//创建数组
int[] x= new int[5];
//初始化数组 x
for(int i=0; i<x.length;i++)
    x[i]=x.length−i;
```

为了简化编程，也可以按如下方式创建并初始化数组：

```
//创建并初始化数组
int[] x= new int[]{5, 4, 3, 2, 1};           //创建长度为 5 的 int 数组，并且对它初始化
char[] y= new char[] {'a','b','c','d'};      //创建长度为 4 的 char 数组，并且对它初始化
String[] z={"Monday","Tuesday"};             //创建长度为 2 的 String 数组，并且对它初始化
```

以下是非法的数组初始化方式：

```
int[] x= new int[5]{5, 4, 3, 2, 1};        //编译出错,不能在[]中指定数组的长度
```

以下也是非法的数组初始化方式,因为{5, 4, 3, 2, 1}必须在声明数组变量的语句中使用,不能单独使用:

```
int[] x;
x={5, 4, 3, 2, 1};                         //编译出错
```

17.6 数组排序

数组排序是指把一组数据按照特定的顺序排列。在实际应用中,经常需要对数据排序。比如,教师对学生的分数排序,操作系统的资源管理器按照文件的大小或文件的名字对文件排序。数据排序有多种算法,本节介绍一种简单的排序算法:选择排序。假设数组中的原始数据为:{95,77,48,69,82}。选择排序算法会依次选择出每个索引位置上应该摆放的数字。对于索引为 0 的位置,应该摆放的是整个数组范围内的最小数字。接下来对于索引为 1 的位置,应该摆放从索引 1 到末尾的数组范围内的最小数字,以此类推。例程 17-3 的 Sorter 类的 sort()方法实现了选择排序算法。

例程 17-3　Sorter.java

```java
public class Sorter{
  public static void sort(int[] array){
    for(int i=0;i<array.length;i++){              //第一重 for 循环

      //变量 min 表示数组中从索引 i 开始的元素中最小数字的索引
      int min=i;
      for(int j=i+1;j<array.length;j++){          //第二重 for 循环
        if(array[j]<array[min])
            min=j;
      }
      //把当前索引为 i 的元素与索引为 min 的元素交换位置
      int temp=array[min];
      array[min]=array[i];
      array[i]=temp;

      System.out.println("第"+(i+1)+"次排序后的数组");
      print(array);
    }
  }

  public static void print(int[] array){
    for(int d : array)
       System.out.print(d+" ");
    System.out.println(); //打印换行符
  }
  public static void main(String args[]){
    int[] array=new int[]{95,77,48,69,82};
    sort(array);
  }
}
```

运行 Sorter 类，得到以下打印结果：

第 1 次排序后的数组
48 77 95 69 82
第 2 次排序后的数组
48 **69** 95 77 82
第 3 次排序后的数组
48 69 **77** 95 82
第 4 次排序后的数组
48 69 77 **82** 95
第 5 次排序后的数组
48 69 77 82 **95**

以上打印结果展示了 sort()方法中第一重 for 循环的每次排序结果。对于第 1 次循环，将最小的数字 48 摆放在索引为 0 的位置。对于第 2 次循环，把 69 摆放在索引为 1 的位置，以此类推。到了第 5 次循环，确认把 95 摆在索引为 4 的位置。

Sorter 类的 print(int[] array)方法使用了 for 语句的一种简化方式：

```
for(int d : array)
    System.out.print(d+" ");
```

上述代码相当于：

```
for(int i=0;i<array.length;i++){
    int d=array[i];
    System.out.print(d+" ");
}
```

17.7 多维数组

假设有 10 个运动员参加长跑比赛，可以用下面的一维数组来存放所有运动员的姓名：

```
String[] sporters={"Tom","Mike","Jack","Peter","Mary",
                   "Alice","Linda","Rose","David","Jason"};
```

假设有 10 个运动员参加篮球比赛，将他们分成两组，每组 5 个人。如何表示这样的数据结构呢？一种便捷的表达方式是采用两维数组：

```
String[][] sporters=new String[2][];        //两维数组
sporters[0]=new String[]{"Tom","Mike","Jack","Peter","Mary"};
sporters[1]=new String[]{"Alice","Linda","Rose","David","Jason"};
System.out.println(sporters[0][2]);         //打印 Jack;
System.out.println(sporters[1][4]);         //打印 Jason;
```

上面代码中的 sporters 变量引用了一个两维的数组，sporters[0]表示第一个小组的所有运动员，sporters[1]表示第二个小组的所有运动员。sporters[0][2]表示第一个小组的第三个运动员"Jack"。

假设有 8 个运动员，其中 4 个参加羽毛球双打比赛，4 个参加乒乓球双打比赛，每两个人是一对固定的搭档。可以用三维数组来表示这个数据结构：

```
String[][][]sporters={{{"Tom","Mike"},{"Jack","Peter"}},
                     {{"Alice","Linda"},{"Rose","David"}}};

System.out.println(sporters[0][1][1]);              //打印 Peter;
```

从以上程序代码可以看出,"Tom"和"Mike"联手,"Jack"和"Peter"联手,两方进行羽毛球比赛;"Alice"和"Linda"联手,"Rose"和"David"联手,两方进行乒乓球比赛。sporters[0][1][1]表示参加羽毛球比赛的第二组的第二个运动员"Peter"。

17.8 用符号"…"声明数目可变参数

假设有个max()方法要从一组int类型的数据中找出最大值,而这组数据的数目不固定,数目在2~6范围内。一种很呆板的实现方式是定义多个max()方法的重载方法:

```
int max(int a,int b)
int max(int a,int b,int c)
…
int max(int a,int b,int c,int d,int e,int f)
```

比较灵活的实现方式是用一个int类型的数组来作为max()方法的参数:

```
int max(int[] a)
```

为了进一步简化编程,JDK5 开始增加了一个新特性:用符号"…."来声明数目可变参数(简称可变参数)。可变参数适用于参数的数目不确定而类型确定的情况。例如上面的max()方法可以定义为:

```
int max(int…  a)
```

可变参数具有以下特点:

(1) 只能出现在参数列表的最后,作为最后一个参数。相对于数组类型的参数,这是可变参数的局限性。例如,下面的代码定义了一些合法的可变参数和非法的可变参数:

```
void method(int p1, float p2, String… p3)   //合法
void method(int p1, String… p2, float p3)   //非法,可变参数必须作为最后一个参数
```

假设有一个方法 method(int p1,int…p2),如果调用该方法的代码为"method(3,2,4)",那么参数 p1 的值为 2,可变参数 p2 的值为{2,4}。

(2) 符号"…"位于参数类型和参数名之间,前后有无空格都可以。

(3) Java 虚拟机在运行时为可变参数隐含创建一个数组,因此在方法体内允许以数组的形式访问可变参数。

例程 17-4 的 Varable 类演示了可变参数的用法。

例程 17-4 Varable.java

```
public class Varable {
    public static int max(int... datas) {       //datas 为可变参数
        if(datas.length==0)
```

```java
            return -1;

        int result=0;
        for(int a: datas)                    //遍历访问可变参数
            if(result<a)result=a;

        return result;
    }
    public static void main(String[] args) {
        System.out.println(max(5));
        System.out.println(max(5,8,2,4,5));
        System.out.println(max(new int[]{4,10,6,5}));       //传入数组
    }
}
```

在上面的范例中，max()方法不仅接受变长数目的 int 类型参数，而且接受 int[]数组类型参数。

17.9 小结

本章涉及的 Java 知识点总结如下：
- 数组中存放的数据类型。

数组可以存放基本类型或引用类型的数据。同一个数组中只能存放类型相同的数据。
- 定义数组变量举例。

```
int[] counts;    或 int counts[];
String[] hobbies;   或 String hobbies[]
```

- 数组的创建。

Java 数组也是一种对象，必须通过 new 语句来创建，例如：

```
int[] counts=new int[30];
String[] hobbies=new String[10];
```

- 数组中元素的默认值。

用 new 语句创建了一个数组后，数组中的每个元素都会被自动赋予为其数据类型的默认值。例如，int 类型数组中所有元素的默认值为 0，boolean 类型数组中所有元素的默认值为 false，String 类型数组中所有元素的默认值为 null。
- 数组的初始化举例。

```
int[] a= new int[5];
for(int i=0; i<a.length;i++)        //初始化数组 a
    a[i]=a.length-i;

int[] x= new int[]{5, 4, 3, 2, 1};       //初始化数组 x
char[] y= new char[] {'a','b','c','d'};  //初始化数组 y
```

String[] z={"Monday","Tuesday"}; //初始化数组 z
- 数组的长度。

数组有一个 length 属性，表示数组中元素的数目，该属性可以被读取，但是不能被修改。
- 数组中元素的索引。

数组中的每个元素都有唯一的索引，它表示元素在数组中的位置。第一个元素的索引为 0，最后一个元素的索引为 length-1。
- 访问数组中的元素。

对于 counts 数组，counts[0]表示 counts 数组中的第 1 个元素，counts[1]表示 counts 数组中的第 2 个元素，counts[counts.length-1]表示 counts 数组中的最后一个元素。

17.10 编程实战：多位数字加密

第 5 章的 5.10 节（数字加密）实现了对 4 位数字加密。现在改为对 n 位数字加密。加密规则为：每位数字都加上 5，然后用和除以 10 的余数代替该数字，再将第 1 位和第 n 位交换，第 2 位和第 n-1 位交换，以此类推。

编程提示

对于一个 n 位数字，首先要获得每一位上的数字，把这些数字放到一个长度为 n 的数组中，再对数组中的每个元素进行加密。接下来再交换数组中元素的位置，把索引为 0 和 n-1 的两个元素交换，把索引为 1 和 n-2 的两个元素交换，以此类推。

例程 17-5 的 DataEncryption 类就实现了对多位数字的加密。

例程 17-5　DataEncryption.java

```java
public class DataEncryption{
    /* 对参数 data 进行加密，返回加密后的数字*/
    public int encrypt(int data){
        //获得 data 的字符串形式
        String dataStr=Integer.valueOf(data).toString();

        //创建一个存放数据的每位数字的数组
        int[] digitals=new int[dataStr.length()];

        for(int i=0;i<dataStr.length();i++){
            //获得每一位的数字
            digitals[i]=Integer.parseInt(dataStr.substring(i,i+1));
            //对每一位数字加密
            digitals[i]=(digitals[i]+5)%10;
        }

        //交换各个位上的数字
        for(int i=0;i<digitals.length/2;i++){
            int temp=digitals[i];
            digitals[i]=digitals[digitals.length-1-i];
```

```java
        digitals[digitals.length-1-i]=temp;
    }

    int result=0;
    //计算加密后的数字
    for(int i=0;i<digitals.length;i++)
        result+=digitals[i]*Math.pow(10,digitals.length-i-1);

    return result;
}

public static void main(String args[]){
    int data=39267;
    int result=new DataEncryption().encrypt(data);
    //打印 39267 加密后为: 21748
    System.out.println(data+"加密后为:"+result);
}
}
```

以上 DataEncryption 类的 encrypt(int data)方法，先把 int 类型的 data 参数转换为一个字符串 dataStr，然后再把这个 dataStr 字符串中的每个字符转换为整数，放到 digitals 数组中。"dataStr.substring($i,i+1$)" 用于获得子字符串。String 类具有一个 substring(int beginIndex,int endIndex)方法，会返回字符串中从索引 beginIndex 到 endIndex-1 的子字符串。例如"39267".substring(0,1)方法将返回 "3"。

java.lang.Math 类的静态 pow()方法支持乘方运算，例如，pow(10,3)会返回 10 的 3 次方的运算结果。例如，下面的代码把 digitals 数组中的每位数重新组合成一个整数：

```java
for(int i=0;i<digitals.length;i++)
    result+=digitals[i]*Math.pow(10,digitals.length-i-1);
```

如果 digitals 数组中的内容为{2,1,7,4,8}，那么 result 变量的值为：$2*10^4+1*10^3+7*10^2+4*10+8$，即 21748。

17.11 编程实战：用数组实现堆栈

堆栈是一种可以存放一组后进先出数据的集合，即后加入堆栈的数据优先被取出来。如图 17-3 所示，用一个 buffer 数组来实现堆栈，它有一个 point 指针，取值为最后加入堆栈的元素的索引。假设堆栈 buffer 中本来有三个字符串类型的数据，加入新的数据"Rose"的操作为：

```java
point++;
buffer[point]="Rose";
```

第 17 章　数组元素排排坐

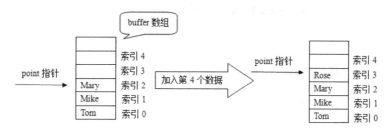

图 17-3　向堆栈加入数据

如图 17-4 所示，从堆栈中取出一个数据的操作为：

> 取出 buffer[point]对应的数据 "Rose"；
> point--;

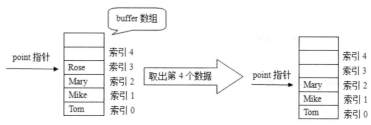

图 17-4　从堆栈中取出数据

请编写一个表示上述堆栈的 MyStack 类，它存放 String 类型的数据，它的默认容量为 1000，用户也可以在构造 MyStack 对象时显式地指定堆栈的容量。

编程提示

堆栈的数据存放在一个 String 类型的 buffer 数组中，MyStack 类的 point 属性表示指向堆栈中最顶端元素（即最后加入的元素）的指针。point 属性的取值为最顶端元素在 buffer 数组中的索引，它的初始值为-1。例程 17-6 是 MyStack 类的源代码。它的 push()方法用于向堆栈中加入数据，pop()方法用于从堆栈中取出数据。

例程 17-6　MyStack.java

```java
public class MyStack{
    private int capicity;       //堆栈的容量
    private int point=-1;       //指向堆栈中最顶端数据的指针
    private String[] buffer;    //存放堆栈数据的缓存

    public MyStack(){
        this(1000);             //堆栈默认容量为 1000，即可以存放 1000 个元素
    }

    public MyStack(int capicity){
        this.capicity=capicity;
        buffer=new String[capicity];
    }

    public void push(String data){ /* 向堆栈中加入数据 */
        if(point==capicity-1){
```

239

```java
            System.out.println("堆栈已经满了");
            return;
        }
        
        if(data==null){
            System.out.println("不允许向堆栈加入null");
            return;
        }
        
        buffer[++point]=data;
    }
    
    public String pop(){    /* 从堆栈中取出数据 */
        if(point==-1){
            System.out.println("堆栈是空的");
            return null;
        }
        return buffer[point--];
    }
    
    public static void main(String[] args){
        MyStack stack=new MyStack();
        stack.push("Tom");
        stack.push("Mike");
        stack.push("Mary");
        stack.push("Rose");
        
        for(int i=0;i<4;i++)
            System.out.println(stack.pop());
    }
}
```

MyStack类的main()方法向堆栈中依次加入4个数据：Tom、Mike、Mary、Rose，当通过pop()方法取数据时，会先取出最后加入的数据，因此取出数据的顺序为Rose、Mary、Mike、Tom。

第 18 章 集合元素大操练

数组的一个特点是一旦创建，它的长度就固定了，无法改变它的长度。假如，要扩充数组的容量，唯一的办法就是重新创建一个新的容量更大的数组，把原来数组的内容复制到新的数组中。

假如，有一批数据，我们需要经常对这批数据进行添加或删除操作，也就是说，这批数据的数目是不固定的。把这样的数据存放在长度固定的数组中，操作起来很不方便。在这种情况下，可以使用 Java 集合。

与数组不同的是，Java 集合是通过类来实现的。Java 集合不仅可以方便地存放数据，而且提供了对数据进行添加、读取和删除等方法。

与数组的另一个不同之处是，Java 集合中不能存放基本类型的数据，而只能存放引用类型的数据。如图 18-1 所示，Java 集合主要分为三种类型：

- Set（集）：集合中的对象不按特定方式排序，并且没有重复对象。它的有些实现类（TreeSet）能对集合中对象按特定方式排序。
- List（列表）：集合中的对象按照索引位置排序，可以有重复对象，允许按照对象在集合中的索引位置检索对象。List 与数组有些相似。
- Queue（队列）：集合中的对象按照先进先出的规则来排列。在队列的末尾添加元素，在队列的头部删除元素。可以有重复对象。双向队列则允许在队列的末尾和头部添加和删除元素。

除了以上三种集合，还有一种 Map（映射）。它和集合有点类似，其特殊之处在于集合中的每一个元素包含一对键（Key）对象和值（Value）对象，集合中没有重复的键对象，值对象可以重复。它的有些实现类（TreeMap）能对集合中的键对象进行排序。

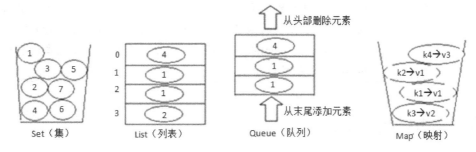

图 18-1　各种 Java 集合

本章内容主要围绕以下问题展开：
- Set 有什么特点？如何对 Set 集进行存取操作？
- List 有什么特点？如何对 List 列表进行读取、在任意位置添加和删除元素的操作？
- Queue 有什么特点？如何对 Queue 队列进行先进先出的存取操作？
- Map 有什么特点？如何对 Map 映射的键对象和值对象进行存取操作？

18.1 Java 集合的类框架

Java 集合主要位于 JDK 类库的 java.util 包中，如图 18-2 显示了常用的集合接口和类。

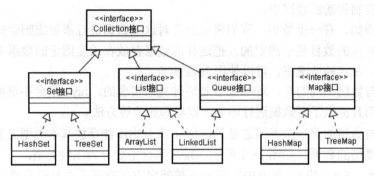

图 18-2 常用的集合接口和类

图 18-2 展示了由集合接口和类组成的大家庭，它们一起构成了 Java 集合的基本框架。Set 接口、List 接口和 Queue 接口继承自 Collection 接口。Set 接口有两个实现类：HashSet 和 TreeSet；List 接口有两个实现类：ArrayList 和 LinkedList；Queue 接口有一个实现类：LinkedList；Map 接口有两个实现类：HashMap 和 TreeMap。这些不同的实现类到底如何使用？它们有什么区别呢？在下一节，将通过具体的范例来展示它们的用法。

 作为 Java 开发人员，不仅要熟悉 Java 编程的语法，而且要善于运用 JDK 类库及第三方提供的类库中现成的接口与类。如何了解这些现成的接口与类的用法呢？可以查阅它们的 JavaDoc 文档。JDK 的类库的 JavaDoc 文档的网址为：http://docs.oracle.com/javase/9/docs/api/。此外，在 javathinker.net 网站的主页上，也会提供最新版本的 JDK 类库的 JavaDoc 文档的链接。

18.2 集合的基本用法

以下代码创建了一个存放 String 对象的集合，向这个集合中加入了三个元素，然后遍历访问这个集合：

Set<String> colors=new HashSet<String>();
colors.add("红色");

```
colors.add("黄色");
colors.add("白色");

//遍历访问集合中的元素，打印集合中的所有颜色
for(String s:colors)
    System.out.println(s);
```

以上 for(String s:colors)语句的作用是依次从 colors 集合中取出每个 String 类型的元素，把它赋值给 s 变量，再打印这个 s 变量。

在声明集合类型时，允许把变量声明为接口类型，而实际上引用一个具体实现类的实例，例如：

Set\<String\> colors=new HashSet\<String\>();
或者：
Collection\<String\> colors=new ArrayList\<String\>();

以上"\<String\>"标记指明了集合中存放的元素类型为 String 类型。

18.2.1　包装类的自动装箱和拆箱

下面的代码创建了一个存放 Integer 对象的集合，并向这个集合中加入了三个元素，然后遍历访问这个集合：

```
List<Integer> scores=new ArrayList<Integer>();
//向集合中加入元素，int 类型的元素会自动转变为 Integer 对象，自动装箱
scores.add(78);
scores.add(89);
scores.add(93);

//获得列表中索引为 0 的元素，score=78
int score=scores.get(0); //Integer 对象自动转换为 int 类型，自动拆箱
```

集合中只能存放对象，可是以上代码会直接向 scores 集合中加入 int 基本类型的数据，这是怎么回事呢？原来，为了方便开发人员编程，JDK 会自动进行基本类型与相应的包装类型之间的转换。

对于以上代码，scores.add(78)方法会自动把 int 类型的直接数 78 转换为表示 78 的 Integer 对象，再把它加入到集合中。scores.get(0)方法返回的是列表中索引为 0 的 Integer 对象，JDK 会自动把 Integer 对象转换为 int 基本类型数据，再把它赋值给变量 score。

把 int 基本类型自动转换为 Integer 对象的过程叫作装箱，把 Integer 对象自动转换为 int 基本类型的过程叫作拆箱。除了 Integer 类型，其他的 Long、Double 和 Float 等类型也支持自动装箱和拆箱。

18.2.2　Set（集）和 List（列表）的各种具体实现类的特点

下面的例程 18-1 的 Comp 类演示了集合的基本用法，并且比较了 HashSet、TreeSet 和 ArrayList 这些集合具体实现类的特点。

例程 18-1　Comp.java

```java
import java.util.*;
public class Comp{
    private int[] data={33,11,55,33};

    /* 对各种类型的集合进行添加、删除和遍历操作 */
    public void test(Collection<Integer> col){
        for(int i=0;i<data.length;i++)    //把数组中的元素依次加入到集合中
            col.add(data[i]);

        System.out.println("集合中的初始元素如下：");
        print(col);                       //打印集合中的内容

        col.remove(11);                   //删除集合中的元素 11

        System.out.println("删除 11 后集合中的元素如下：");
        print(col);                       //打印集合中的内容

        col.add(44);                      //向集合中加入元素 44

        System.out.println("集合中加入 44 后的元素如下：");
        print(col);                       //打印集合中的内容
    }

    public static void print(Collection<Integer> col){
        for(Integer d : col)              //遍历访问集合
            System.out.print(d+" ");
        System.out.println();             //打印换行符
    }

    public static void main(String args[]){
        Comp comp=new Comp();
        System.out.println("---测试 HashSet---");
        comp.test(new HashSet<Integer>());

        System.out.println("---测试 TreeSet---");
        comp.test(new TreeSet<Integer>());

        System.out.println("---测试 ArrayList---");
        comp.test(new ArrayList<Integer>());
    }
}
```

Comp 类的 print()方法中的"for(Integer d : col){…}"语句依次从 col 集合中读取一个元素，把它赋值给变量 d，然后在循环体中打印变量 d。

在 Comp 类的 main()方法中，调用 test()方法，依次对 HashSet、TreeSet 和 ArrayList 进行测试，分别对这些集合进行添加元素和删除元素的操作，然后遍历访问集合，观察集合中元素的变化。

运行"java Comp"命令，得到以下打印结果：

```
---测试 HashSet---
集合中的初始元素如下：
```

```
33 55 11
删除 11 后集合中的元素如下：
33 55
集合中加入 44 后的元素如下：
33 55 44

---测试 TreeSet---
集合中的初始元素如下：
11 33 55
删除 11 后集合中的元素如下：
33 55
集合中加入 44 后的元素如下：
33 44 55

---测试 ArrayList---
集合中的初始元素如下：
33 11 55 33
删除 11 后集合中的元素如下：
33 55 33
集合中加入 44 后的元素如下：
33 55 33 44
```

从以上打印结果可以发现被测试集合的以下特点：

- HashSet 和 TreeSet 集合中都不允许存放重复的元素，而 ArrayList 列表中可以存放重复的元素。
- 存放到 TreeSet 集合中的元素会按照数字由小到大自动排序，而 HashSet 和 ArrayList 中的元素不会按照数字由小到大自动排序。
- 存放在 HashSet 集合中的元素没有固定的存放顺序，遍历 HashSet 集合时读取元素的顺序和向集合中添加元素的顺序不一致。
- 向 ArrayList 列表中添加元素时，这些元素按照索引排序，第一个元素的索引为 0。遍历访问 ArrayList 时，按照索引从小到大依次读取列表中的元素。所以列表的特性和数组有相似之处。

对于列表，可以通过 get(int index)方法来获取索引 index 所对应的元素，列表中第一个元素的索引为 0。例如：

```
List<Integer> list=new ArrayList<Integer>();
list.add(3);            //自动把 3 转换为相应的 Integer 对象，再把它加入到 List 中
list.add(4);
list.add(5);
list.add(2);

int a=list.get(1);      //获取索引为 1 的元素。a=4
int b=list.get(3);      //获取索引为 3 的元素。b=2
int c=list.get(0);      //获取索引为 0 的元素。c=3
```

18.2.3 集合的静态 of()方法

当程序向一个集合中添加元素时，如果集合中包含很多元素，需要多次调用集合的 add()方法，例如：

```
Set<String> colors=new HashSet<String>();
colors.add("红色");
colors.add("橙色");
……
colors.add("紫色");
```

为了简化编程,从 JDK9 开始,Set 和 List 接口都增加了静态 of()方法,它能够创建并返回一个不可改变的 Set 或 List 对象,并且添加到集合中的元素可以直接在 of()方法的参数中指定。of()方法用多种重载形式,例如,Set 接口包含以下多个重载的 of()方法:

```
of(E... elements)
of(E e1, E e2)
of(E e1, E e2, E e3)
of(E e1, E e2, E e3, E e4)
of(E e1, E e2, E e3, E e4, E e5)
of(E e1, E e2, E e3, E e4, E e5, E e6)
of(E e1, E e2, E e3, E e4, E e5, E e6, E e7)
of(E e1, E e2, E e3, E e4, E e5, E e6, E e7, E e8)
of(E e1, E e2, E e3, E e4, E e5, E e6, E e7, E e8, E e9)
of(E e1, E e2, E e3, E e4, E e5, E e6, E e7, E e8, E e9, E e10)
```

of()方法的参数用来设定集合中存放的元素。以下 OfTester 类演示了 of()方法的用法:

```
import java.util.*;
public class OfTester{
  public static void main(String[] args){
    Set<String> colors=Set.of("红色","橙色","黄色",
                     "绿色","蓝色","靛色","紫色");

    for(String s:colors)
      System.out.println(s);          //打印集合中的颜色

    colors.add("白色");                //运行时抛出异常
  }
}
```

OfTester 类的 main()方法首先调用 Set.of("红色"…)静态方法,获得一个 Set 对象,它包含了参数中指定的 7 个 String 类型的元素。由此可见,调用 Set.of()方法可以简化向集合添加元素的编码。

值得注意的是,使用集合的 of()方法必须遵守一个重要约束,即返回的集合对象是不可改变的,这意味着不允许对这样的集合对象进行添加或删除元素的操作。

运行 OfTester 类,当 Java 虚拟机执行 main()方法中的"colors.add("白色");"语句时,会抛出 UnsupportedOperationException 异常,原因就在于不允许对不可改变的 colors 集合进行添加元素的操作。

18.3 List（队列）

多数人都有过在火车站售票大厅排队等待购票的经历。后加入的人排在队列的末尾，排在队列前面的人优先购票后离开队列。从 JDK5 开始，用 java.util.Queue 接口来表示队列。队列的特点是向末尾添加元素，从队列头部删除元素，队列中允许有重复元素。

LinkedList 类不仅实现了 List 接口，还实现了 Queue 接口，因此，可以对 LinkedList 进行先进先出的队列操作。

假设"Tom""Mike""Linda"和"Mary"依次排队去买火车票。以下程序代码就演示了这 4 个人进入队列及离开队列的过程：

```java
Queue<String> queue=new LinkedList<String>();

//从尾部进入队列
queue.add("Tom");
queue.add("Mike");
queue.add("Linda");
queue.add("Mary");

//从头部离开队列
System.out.println(queue.remove());    //打印 Tom
System.out.println(queue.remove());    //打印 Mike
System.out.println(queue.remove());    //打印 Linda
System.out.println(queue.remove());    //打印 Mary
```

18.4 Map（映射）

Map（映射）是一种把键对象和值对象进行映射的集合，它的每一个元素都包含一对键对象和值对象。向 Map 集合中加入元素时，必须提供一对键对象和值对象，从 Map 集合中检索元素时，只要给出键对象，就会返回对应的值对象。下面的程序代码通过 Map 的 put(Object key,Object value)方法向集合中加入元素，通过 Map 的 get(Object key)方法来检索与键对象对应的值对象：

```java
Map<String,String> map=new HashMap<String,String>();
map.put("1","Monday");
map.put("2","Tuesday");
map.put("3","Wendsday");
map.put("4","Thursday");

String day=map.get("2");    //day 的值为 "Tuesday"
```

以上"Map<String,String>"中的"<String,String>"用来指定键对象和值对象的类型。Map 集合中的键对象不允许重复，对于值对象则没有唯一性的要求，可以将任意多个键对象映射到同一个值对象上。例如，下面代码中的 Map 集合中的键对象 "1" 和 "one" 都和同一个值对象 "Monday" 对应：

```
Map<String,String> map=new HashMap<String,String>();
map.put("1","Mon.");
map.put("1","Monday");
map.put("one","Monday");

Set<Map.Entry<String,String>> set=map.entrySet();
for(Map.Entry entry : set)    //entry 表示 Map 中的一对键与值
    System.out.println(entry.getKey()+":"+entry.getValue());
```

由于第一次和第二次加入 Map 中的键对象都为 "1"，因此第一次加入的值对象将被覆盖，Map 集合中最后只有两个元素，分别为：

```
"1" 对应 "Monday"
"one" 对应 "Monday"
```

Map 的 entrySet()方法返回一个 Set 集合，在这个集合中存放了 Map.Entry 类型的元素，每个 Map.Entry 对象代表 Map 中的一对键与值。Map.Entry 对象的 getKey()方法返回键，getValue()方法返回值。

从 JDK9 开始，Map 接口也和 Set 及 List 接口一样，增加了静态的 of()方法。Map 接口的 of()方法用来创建并返回一个不可改变的 Map 对象，并且添加到 Map 中的元素由 of()方法的参数指定，例如：

```
Map<String,String> map=
    Map.of("1","Monday","2","Tuesday","3","Wendsday","4","Thursday");
```

Map 有两种比较常用的实现：HashMap 和 TreeMap。HashMap 按照哈希算法来存取键对象，有很好的存取性能。TreeMap 能对键对象进行排序。下面程序代码中的 TreeMap 会对 4 个 String 类型的键对象 "1" "3" "4" 和 "2" 自动进行排序：

```
Map<String,String> map=new TreeMap<String,String>();
map.put("1","Monday");
map.put("3","Wednesday");
map.put("4","Thursday");
map.put("2","Tuesday");

Set<String> keys=map.keySet();
for(String key:keys){
    String value=map.get(key);
    System.out.println(key+" "+value);
}
```

TreeMap 及本章前文提到的 TreeSet 都有排序功能，默认情况下，它们会进行自然排序。例如，对于数字，就从小到大排序；对于字符串，就按照字典中的顺序来排序。Map 的 keySet()方法返回集合中所有键对象的集合，以上程序的打印结果为：

```
1 Monday
2 Tuesday
3 Wednesday
4 Thursday
```

18.5 用 Lambda 表达式遍历集合

本书第 15 章的 15.5 节（用 Lambda 表达式代替内部类）已经介绍了 Lambda 表达式的一些用法，本节将介绍如何用 Lambda 表达式来遍历集合。从 JDK5 开始，Java 集合都实现了 java.util.Iterable 接口，它的 forEach()方法能够遍历集合中的每个元素。forEach()方法的完整定义如下：

```
default void forEach(Consumer<? super T> action)
```

forEach()方法有一个 Consumer 接口类型的 action 参数，这个参数用来指定对集合中每个元素的具体操作行为。action 参数所引用的 Consumer 实例必须实现 Consumer 接口的 accept(T t)方法，在该方法中指定对参数 t 所执行的具体操作。

例如，以下 forEach()方法中的 Lambda 表达式相当于 Consumer 类型的匿名对象，它指定对每个元素的操作为打印这个元素：

```
Set<String> names=Set.of("Tom","Mike","Mary");
//打印 names 集合中的每个元素
names.forEach((name) -> System.out.println(name + ","));
```

以下 forEach()方法中的 Lambda 表达式指定了更加复杂的遍历 datas 列表中元素的行为，会比较每个元素与 bottom 变量的大小，并且打印比较结果：

```
List<Integer> datas=List.of(67,50,88,34,79);
final int bottom=50;

//打印 datas 集合中的每个元素与 bottom 变量比较的结果
datas.forEach((data) ->{
  if(data>bottom)
    System.out.println(data+">"+bottom);
  else if(data==bottom)
    System.out.println(data+"=="+bottom);
  else
    System.out.println(data+"<"+bottom);
});
```

以上 Lambda 表达式中"->"符号后面的可执行语句有好几行，因此放在大括号内"{}"。运行上面的程序代码，会得到以下打印结果：

```
67>50
50==50
88>50
34<50
79>50
```

18.6 小结

本章涉及的 Java 知识点总结如下：
- 集合和数组的区别。

集合的长度可变，而数组的长度固定。集合中只能存放引用类型的数据，而数组可以存放基本类型和引用类型的数据。集合除了可以存放数据外，还提供了各种灵活地操纵数据的方法；而数组的操作方式比较单一。

- Set（集）。

集是最简单的一种集合，集合中的对象不按特定方式排序，并且没有重复对象。Set 接口主要有两个实现类 HashSet 和 TreeSet。HashSet 类按照哈希算法来存取集合中的对象，存取速度比较快。TreeSet 类具有排序功能。

- List（列表）。

列表的主要特征是其元素以线性方式存储，列表中允许存放重复对象。List 接口主要的实现类包括：ArrayList 和 LinkedList。ArrayList 代表长度可变的数组，允许对元素进行快速的随机访问，但是向 ArrayList 中插入与删除元素的速度较慢。LinkedList 在实现中采用链表数据结构。对顺序访问进行了优化，向 List 中插入和删除元素的速度较快，随机访问则相对较慢。随机访问是指检索位于特定索引位置的元素。

- Queue（队列）。

队列的特点是向末尾添加元素，从队列头部删除元素，队列中允许有重复元素。LinkedList 实现了 Queue 接口。

- Map（映射）。

映射是一种把键对象和值对象进行映射的集合，它的每一个元素都包含一对键对象和值对象。Map 有两种比较常用的实现：HashMap 和 TreeMap。HashMap 按照哈希算法来存取键对象，有很好的存取性能。TreeMap 能对键对象进行排序。

18.7 编程实战：计算数学表达式

假设用户在命令行输入的第一个参数是一个数学表达式（例如"8+2*3+8-3"），这个表达式中的运算符包括："+""-""*"或者"/"，表达式中的数字可以是浮点数或整数。请编写一个程序来计算这个数学表达式。

编程提示

例程 18-2 的 Calculater 类实现了计算数学表达式的功能。它通过 parse()方法解析字符串形式的数学表达式，把其中的数字和运算符都存放到一个列表中，这样可以更方便地存取表达式中的内容。接下来再通过 calculater()方法计算存放在列表中的数学表达式。

例程 18-2 Calculater.java

```java
import java.util.*;
import java.text.DecimalFormat;
public class Calculater{
  //存放表达式支持的所有符号
  protected final Set<String> symbols;

  public Calculater(){
    symbols=new HashSet<String>();
    symbols.add("+");
    symbols.add("-");
    symbols.add("*");
    symbols.add("/");
  }

  /* 判断表达式中的一个字符是否属于专有符号 */
  private boolean isSymbol(String s){
    return symbols.contains(s);      //判断 symbols 集合中是否包含 s
  }

  /* 计算只包含一个操作符的简单表达式 */
  public double calculateSimple(List<String> expr){
    Double data1=Double.parseDouble(expr.get(0));
    Double data2=Double.parseDouble(expr.get(2));
    switch(expr.get(1)){
      case "+": return data1+data2;
      case "-": return data1-data2;
      case "*": return data1*data2;
      case "/": return data1/data2;
      default: return 0;
    }
  }

  /* 获得子列表*/
  public List<String> subExpr(List<String> expr, int startIndex){
    return expr.subList(startIndex,expr.size());
  }

  /* 在列表开头增加一位数据 */
  public List<String> expandExpr(double data,List<String> expr){
    expr.add(0,Double.valueOf(data).toString());
    return expr;
  }

  /* 把表达式中的"+"改为"-", 把"-"改为"+" */
  public  List<String> convert(List<String> expr){
    for(int i=0;i<expr.size();i++){
      if(expr.get(i).equals("+"))
        expr.set(i,"-");
      else if(expr.get(i).equals("-"))
        expr.set(i,"+");
    }
    return expr;
```

```java
}
/* 计算列表中表达式的值 */
public double calculate(List<String> expr){
   if(expr.size()<3) return Double.parseDouble(expr.get(0));
   if(expr.size()==3)return calculateSimple(expr);

   //以下代码处理表达式中有两个以上操作符的情况

   Double data1=Double.parseDouble(expr.get(0));
   Double data2=Double.parseDouble(expr.get(2));
   switch(expr.get(1)){
      case "+":      //例如表达式为 8+2*3+8-3,那么计算 8+(2*3+8-3)
         return data1+calculate(subExpr(expr,2));
      case "-":      //例如表达式为 8-2*3+8-3,那么计算 8-(2*3-8+3),
                     //要把子表达式中的 "+" 和 "-" 颠倒
         return data1-calculate(convert(subExpr(expr,2)));
      case "*":      //例如表达式为 2*3+8-3,那么计算 6+8-3
         return calculate(expandExpr(data1*data2,subExpr(expr,3)));
      case "/":      //例如表达式为 6/3+8-3,那么计算 2+8-3
         return calculate(expandExpr(data1/data2,subExpr(expr,3)));
      default: return 0;
   }
}

/*  把字符串表达式中的数字和运算符存放到字符串列表中     */
public List<String> parse(String exprStr){
   List<String> expr=new LinkedList<String>();

   //lastIndex 变量表示上一个运算符在字符串表达式中的索引
   int lastIndex=-1;

   //nextIndex 变量表示下一个运算符在字符串表达式中的索引
   int nextIndex=-1;

   for(int i=0;i<exprStr.length();i++){
      //如果遇到符号,而不是数字
      if(isSymbol(exprStr.substring(i,i+1))){
         nextIndex=i;
         //加入上一个操作元
         expr.add(exprStr.substring(lastIndex+1,nextIndex));
         //加入当前操作符
         expr.add(exprStr.substring(nextIndex,nextIndex+1));

         lastIndex=nextIndex;
      }
   }
   //加入最后一个操作元
   expr.add(exprStr.substring(lastIndex+1,exprStr.length()));

   /* 以下代码展示了用 Iterator 枚举对象来遍历集合中元素的方式
      用于校正表达式,去除其中多余的空格和空字符 */
   Iterator<String> it = expr.iterator();
   while(it.hasNext()){
      String s = it.next();    //得到集合中的下一个元素
```

```
        //在循环中删除表达式中的所有""空字符或者" "空格
        if(s.equals("") || s.equals(" "))
            it.remove();    //删除元素
    }

    //返回包含表达式的列表
    return expr;
}

/*  程序入口 main()方法 */
public static void main(String args[]){
    Calculater calculater=new Calculater();
    double result=calculater.calculate(
                    calculater.parse(args[0]));
    //指定数据显示格式,保留两位小数
    DecimalFormat decimalFormat = new DecimalFormat("#.00");
    System.out.println(decimalFormat.format(result));
  }
}
```

以上 Calculater 类的 parse(String exprStr)方法的参数 exprStr 是待处理的字符串表达式，该方法会把这个字符串形式表达式中的数字和运算符取出来，把它们存放到 expr 列表中，并将它返回。

假设 exprStr 参数的值为"2.5+10*2/2-1.5"，那么 expr 列表的内容为{"2.5""+""10""*""2""/""2""-""1.5"}。

以上 exprStr 参数为 String 类型，它的 length()方法返回字符串的长度，例如字符串"2.5+10*2/2-1.5"的长度为 14。String 类的 substring(int beginIndex,int endIndex)方法从源字符串中获取子字符串。起始索引是 beginIndex，结束索引是 endIndex-1。字符串中第一个字符的索引是 0。因此 expr.substring(0,1)的返回值是"2",expr.substring(4,8)的返回值是"10*2"。

Calculater 类的 calculate(List<String> expr)运用了递归算法。下面结合具体的表达式来分析 calculate(List<String> expr)的运算流程。主要分为三种情况：
- expr 列表中只有一个元素，例如 expr 为{"5"}，那么直接返回"5"。
- expr 列表中有三个元素，例如 expr 为{"8""+""11"}，包含三个元素，那么调用 calculateSimple({"8""+""11"})方法，得到 19。
- expr 列表中有三个以上元素，这时又分 4 种情况：
  > expr 列表中第一个运算符是加号"+"，例如 expr 为{"8""+""2""*""3""+""8""-""3"}，那么用递归算法，继续调用 calculate({"2""*""3""+""8""-""3"})来计算子表达式，得到 11，然后计算 8+11，得到 19。
  > expr 列表中第一个运算符是减号"-"，例如 expr 为{"8""-""2""*""3""+""8""-""3"}，那么用递归算法，继续调用 calculate({"2""*""3""-""8""+""3"})来计算子表达式，得到 1，然后计算 8-1，得到 7。由于 expr 数组中的第二个元素为"-"，此时递归运算的子表达式是"2*3-8+3"，其中的"+"和"-"跟原先的相应子表达式做了符号

颠倒。
- ➤ expr 列表中第一个运算符是乘号 "*"，例如 expr 为{ "2" "*" "3" "+" "8" "-" "3"}，那么先计算 2*3=6，再用递归算法，继续调用 calculate({"6" "+" "8" "-" "3" })，得到 11。
- ➤ expr 列表中第一个运算符号是除号 "/"，例如 expr 为{ "6" "/" "3" "+" "8" "-" "3"}，那么先计算 6/3=2，再用递归算法，继续调用 calculate({"2" "+" "8" "-" "3" })，得到 7。

Calculater 类的 subExpr(List<String>expr, int startIndex)方法用于从参数 expr 列表中截取一个子列表。它调用了 List 接口的 subList(int fromIndex,int endIndex)方法，该方法返回一个子列表，它包含了原列表中索引从 fromIndex 到 endIndex-1 的元素。例如，假设列表 expr 中的内容为{"8" "+" "2" "*" "3" "+" "8" "-" "3"}，那么 expr.subList(2,9)返回的子列表的内容是{ "2" "*" "3" "+" "8" "-" "3" }。

Calculater 类的 convert(List<String> expr)方法用于把 expr 列表中的 "+" 和 "-"分别替换为 "-" 和 "+"。它调用了 List 接口的 set(int index, E element)方法，该方法会重新设置 index 索引对应的元素。例如，假设列表 expr 中的内容为{ "8" "-" "3" }，那么 expr.set(1, "+")会使得列表 expr 的内容变为{ "8" "+" "3" }。

Calculater 类的 expandExpr(int data,List<String> expr) 方法用于在 expr 列表开头插入一位数据。它调用了 List 接口的 add(int index, E element)方法，该方法会在 index 索引位置插入一个元素，列表中原先从 index 索引开始的元素全部向后移动。例如，假设列表 expr 中的内容为{ "+" "8" "-" "3" }，那么 expr.add(0, "2")会使得列表的内容变为{ "2" "+" "8" "-" "3" }。

运行"java Calculater 8+2*3+8-3"，将打印表达式的运算结果为"19.00"。运行"java Calculater 2.5+10*2/2-1.5"，将打印表达式的运算结果为 "11.00"。在 Calculater 类的 main()方法中，利用 java.text.DecimalFormat 类来指定浮点数的显示格式为 "#.00"，即保留两位小数。

18.8 编程实战：计算带括号的数学表达式

本节将扩展本章 18.7 节的 Calculater 类的功能，使表达式可以包含括号。扩展后的计算器能计算类似 "(1.1+3.3)*20-(4.8/0.2+5)" 这样的表达式。

编程提示

表达式中括号的优先级别最高，因此要先计算出一对括号内的子表达式的值。例如对于表达式 "[1*(2+3)-(5-4)]/2 "，它的运算步骤如下：

（1）计算(2+3)得 5，再计算[1*5-(5-4)]/2
（2）计算(5-4)得 1，再计算(1*5-1)/2
（3）计算(1*5-1)得 4，再计算 4/2 得 2。

例程 18-3 的 Calculater1 类就实现了能对带括号的表达式运算的计算器。

例程 18-3　Calculater1.java

```java
import java.util.*;
import java.text.DecimalFormat;
public class Calculater1 extends Calculater{        //继承 Calculater 类

    public Calculater1(){
        //在表达式所支持的符号中增加"("和")"
        symbols.add("(");
        symbols.add(")");
    }

    public double calculate(List<String> expr){
        boolean hasBracket;                         //表达式中是否有括号
        int leftIndex=0,rightIndex=0;               //这两个变量表示一对左括号和右括号的索引

        do{
            hasBracket=false;

            //寻找表达式中第一对要处理的括号。
            //例如，对于(1*(2+3)-(5-4))/2，第一对要处理的括号是(2+3)
            for(int i=0;i<expr.size();i++){
                String s=expr.get(i);
                if(s.equals("(")){
                    leftIndex=i;
                    hasBracket=true;
                }else if(s.equals(")")){
                    rightIndex=i;
                    break;
                }
            }

            if(hasBracket){
                //获得括号内的子表达式
                List<String> subExpr=expr.subList(leftIndex+1,rightIndex);
                //计算括号内子表达式的值
                double result=super.calculate(subExpr);
                //删除原表达式中的子表达式
                expr.subList(leftIndex,rightIndex+1).clear();
                //把子表达式的值插入到原表达式中
                expr.add(leftIndex,Double.valueOf(result).toString());
            }

        }while(hasBracket);

        return super.calculate(expr);
    }

    /*   程序入口 main()方法   */
    public static void main(String args[]){
        Calculater1 calculater=new Calculater1();
        double result=calculater.calculate(
                            calculater.parse(args[0]));
        //指定数据显示格式，保留两位小数
        DecimalFormat decimalFormat = new DecimalFormat("#.00");
```

```
            System.out.println(decimalFormat.format(result));
        }
    }
```

　　Calculater1 类继承了 Calculater 父类。在 Calculater 父类中定义了一个 symbols 集合属性，用来存放表达式支持的所有符号。Calculater1 类的构造方法向 symbols 集合属性中增加了"("和")"元素，确保 Calculater 父类的 parse()方法能够正确地解析包含括号的字符串表达式。例如，对于字符串表达式"(1.1+3.3)*20"，解析后得到的列表中的元素为：{ "(" "1.1" "+" "3.3" ")" "*" "20" }。

　　Calculater1 类覆盖了 Calculater 父类的 calculate()方法。Calculater1 类的 calculate(List<String> expr)方法的运算流程如下：

　　（1）在一个 do...while 循环中寻找第一对要处理的括号，例如，对于表达式"[1*(2+3)-(5-4)]/2"，第一对要处理的括号是"(2+3)"。

　　（2）接下来调用 Calculater 父类的 calculate(String[] expr)方法，计算"2+3"得 5。然后把原来表达式中的"(2+3)"替换为"5"。

　　（3）继续在 do...while 的下一个循环中处理表达式"[1*5-(5-4)]/2"。如此循环下去，直到表达式中没有括号，变成"4/2"。

　　（4）退出 do...while 循环，调用 Calculater 父类的 calculate(String[] expr)方法，计算"4/2"得 2。

　　对于以上第二个步骤，把原来表达式中的"(2+3)"替换为"5"，对应的程序代码如下：

```
//删除原表达式中的子表达式
expr.subList(leftIndex,rightIndex+1).clear();
//把子表达式的值插入到原表达式中
expr.add(leftIndex,Double.valueOf(result).toString());
```

　　List 类的 subList()方法返回当前列表的子列表。例如对于 expr.subList(leftIndex,rightIndex+1)，会返回一个子列表，里面包含了 expr 列表中索引从 leftIndex 到 rightIndex 的元素。对于表达式"[1*(2+3)-(5-4)]/2"，expr.subList(3,8) 返回的子列表为"(2+3)"。

　　"expr.subList(leftIndex,rightIndex+1).clear()"中的 clear()方法清空子列表。由于子列表实际上只是源列表的一个视图，因此当清空子列表时，expr 源列表中的相应内容也被清空。

　　expr.add(leftIndex,Double.valueOf(result).toString())方法在索引为 leftIndex 的位置插入数据。在 List 实现类的 add(int index, E element)方法向列表中加入元素时，如果 index 索引位置已经有一个元素，那么这个元素及后续元素会自动右移。例如，假设 List 中的内容本来为{ "6" "+" "-" "3" }，执行 add(2, "5")方法后，List 的内容变为{ "6" "+" "5" "-" "3" }。

　　运行命令"java Calculater1 (1.1+3.3)*20-(4.8/0.2+5)"，将对命令行提供的表达式进行计算，得到运算结果为"59.00"。

18.9 编程实战：用集合工具对数字排序

第 17 章的 17.6 节（数组排序）介绍了用选择算法来对一批数字进行排序。实际上，除了自己辛苦实现复杂算法来对数字排序之外，还可以利用现成的工具类进行排序。java.util.Collections 类是为 Java 集合提供服务的一个工具类，它的 sort(List list)方法能够对列表中的元素进行排序。请查阅相关的 API 文档（即 JavaDoc 文档），编写一个程序，利用 Collections 类来为一批数字排序。

编程提示

例程 18-4 的 Sorter 类的 sort()方法能对一个整形数组中的数据进行排序，它先调用 Arrays 集合工具类的 asList(array)静态方法，把 array 数组参数转换成一个 List 对象。接下来 Sorder 类再调用 Collections 集合工具类的 sort(list)静态方法对参数 list 列表中的元素排序。最后，Sorter 类把排序后的列表中的元素重新存放到数组 array 中。

例程 18-4　Sorter.java

```java
import java.util.*;
public class Sorter{
    /* 对数组中的数字进行排序 */
    public static void sort(Integer[] array){
        //把数组中的元素存放到一个 List 列表中
        List<Integer> list=Arrays.asList(array);

        Collections.sort(list); //对列表中的元素排序

        //把列表中的元素依次存放到原来的数组中
        for(int i=0;i<list.size();i++)
            array[i]=list.get(i);

        print(array); //打印数组中的内容
    }

    public static void print(Integer[] array){
        for(Integer d : array)
            System.out.print(d+" ");
        System.out.println(); //打印换行符
    }

    public static void main(String args[]){
        //int 自动转换为 Integer 类型
        Integer[] array=new Integer[]{95,77,48,69,82};
        sort(array);
    }
}
```

18.10　编程实战：按月份先后顺序数兔子

本书第 6 章的 6.8 节（数兔子）已经介绍了一个数兔子的实战编程题：有一对兔子第 1 个月出生，从出生后第 3 个月起每个月都生一对兔子，新出生的每对兔子长到第 3 个月后每个月又生一对兔子，假如兔子都不死，请问到了第 *n* 个月，共有多少对兔子？

第 6 章的 6.8 节的例程 6-3（RabbitCouple.java）运用了递归算法来数兔子。这种方法虽然能正确地统计所有兔子对数，但是它不是按照月份的先后顺序来统计的。假如要按照月份的先后顺序循环，依次清点每个月出生的兔子对，该如何实现呢？

编程提示

可以把已经出生的兔子对放在一个 rabbitCouples 列表中，然后在一个循环中，依次在每个月份都遍历这个列表。在每个月份中，只要列表中的兔子对达到了生兔子的年龄，就会创建一个新的 RabbitCouple 对象，这个对象又被添加到列表中。

例程 18-5 的 RabbitCouple 类就按照这种方式来数兔子。它有一个静态成员变量 rabbitCouples 列表，用来存放所有的兔子对。它的 giveBirthAllMonths(int months)方法负责在参数 months 指定的所有月份内统计出生的兔子对总数。

例程 18-5　RabbitCouple.java

```java
import java.util.*;
public class RabbitCouple{    /* 表示一个兔子对 */
   //变量 sum 为静态变量，表示所有兔子的对数。初始值为 0
   private static int sum=0;
   private int bornMonth;      //兔子对出生的月份
   private static List<RabbitCouple> rabbitCouples
             =new ArrayList<RabbitCouple>();         //存放所有的兔子对

   public RabbitCouple(int bornMonth){
     this.bornMonth=bornMonth;
     sum++;                //每当有新的一对兔子出生，sum 就增加 1

     //新出生的这对兔子加入到 rabbitCouples 列表中
     rabbitCouples.add(this);
     System.out.println("出生一对新兔子，出生月份："
              +bornMonth+" ，目前共有"+sum+"对兔子");
   }

   public void giveBirth(int month){    /* 在特定的月份生兔子 */
     if(month>=bornMonth+2)
        new RabbitCouple(month);          //生出一对兔子
   }

   public static void giveBirthAllMonths(int months){  /* 每个月依次生兔子 */
     for(int i=1;i<=months;i++){            //依次在每个月份中遍历兔子对列表
        int size=rabbitCouples.size();       //获得列表的当前长度
```

```
            //尝试让 rabbitCouples 列表中的每对兔子生新兔子
            for(int j=0;j<size;j++)
                rabbitCouples.get(j).giveBirth(i);
        }
    }
    /*  程序入口 main()方法  */
    public static void main(String args[]){
        int months=8;
        RabbitCouple firstCouple=new RabbitCouple(1);    //第一对兔子在第一个月出生
        RabbitCouple.giveBirthAllMonths(months);         //从第一对兔子开始生小兔子
        System.out.println(months+"个月，一共有"+sum+"对兔子");
    }
}
```

运行 RabbitCouple 类，将得到以下打印结果，从这个打印结果可以看出，RabbitCouple 类能按照月份的先后顺序来数兔子对。

```
出生一对新兔子，出生月份：1 ，目前共有 1 对兔子
出生一对新兔子，出生月份：3 ，目前共有 2 对兔子
出生一对新兔子，出生月份：4 ，目前共有 3 对兔子
出生一对新兔子，出生月份：5 ，目前共有 4 对兔子
出生一对新兔子，出生月份：5 ，目前共有 5 对兔子
出生一对新兔子，出生月份：6 ，目前共有 6 对兔子
出生一对新兔子，出生月份：6 ，目前共有 7 对兔子
出生一对新兔子，出生月份：6 ，目前共有 8 对兔子
出生一对新兔子，出生月份：7 ，目前共有 9 对兔子
出生一对新兔子，出生月份：7 ，目前共有 10 对兔子
出生一对新兔子，出生月份：7 ，目前共有 11 对兔子
出生一对新兔子，出生月份：7 ，目前共有 12 对兔子
出生一对新兔子，出生月份：7 ，目前共有 13 对兔子
出生一对新兔子，出生月份：8 ，目前共有 14 对兔子
出生一对新兔子，出生月份：8 ，目前共有 15 对兔子
……
出生一对新兔子，出生月份：8 ，目前共有 21 对兔子
8 个月，一共有 21 对兔子
```

18.11　编程实战：用映射来存放学生信息

有位老师要管理一组学生的信息，每个学生都有唯一的 id。要求根据学生的 id 来检索相应学生的详细信息，或者根据 id 来删除相应学生的信息，还需要打印所有学生的信息。

编程提示

可以用 map 映射来建立 id 与学生信息之间的对应关系。例程 18-6 的 Student 类表示学生。

例程 18-6　Student.java

```
public class Student{
```

```java
private int id;
private String name;
private int age;

public Student(int id,String name,int age){
   this.id=id;
   this.name=name;
   this.age=age;
}

public int getId(){return id;}
public void setId(int id){this.id=id;}

public String getName(){return name;}
public void setName(String name){this.name=name;}

public int getAge(){return age;}
public void setAge(int age){this.age=age;}
}
```

例程 18-7 的 Students 类能够管理一组学生信息，它的 map 属性用来存放所有的 id 和 Student 对象之间的对应关系。

例程 18-7　Students.java

```java
import java.util.*;
public class Students{
   Map<Integer,Student> map=new TreeMap<Integer,Student>();

   /* 加入学生*/
   public void add(Integer id,Student student){
      map.put(id,student);
   }

   /* 根据 id 检索学生*/
   public Student get(Integer id){
      return map.get(id);
   }

   /* 根据 id 删除学生*/
   public void remove(Integer id){
      map.remove(id);
   }

   /* 打印学生信息 */
   public void print(){
      System.out.println("学号      姓名        年龄");

      Set<Integer> ids=map.keySet();          //获得所有学生的 id
      for(Integer id:ids){
         Student student=map.get(id);
         System.out.println(id+"         "
            +student.getName()+"        "+student.getAge());
      }
   }
```

```java
    public static void main(String[] args){
        Students ss=new Students();
        ss.add(2,new Student(2,"Lily",16));
        ss.add(1,new Student(1,"Mike",15));
        ss.add(3,new Student(3,"Mary",17));
        ss.add(4,new Student(4,"Jack",14));

        ss.remove(3);                    //删除学号为 3 的学生

        ss.print();
    }
}
```

Students 类的 add()方法、get()方法和 remove()方法用来添加、读取及删除学生信息，这些方法都是通过调用 map 映射的相关方法来实现的。

Students 类的 map 属性引用的是 TreeMap 对象。TreeMap 映射的特点是能根据键对象来对元素进行自动排序。运行 Students 类，会得到以下打印结果，从这个打印结果可以看出，map 中的 Student 对象按照 id 学号来排序：

```
学号  姓名   年龄
1    Mike   15
2    Lily   16
4    Jack   14
```

18.12　编程实战：圆桌报数游戏

有 n 个客人（以编号 1，2，3，...，n 分别表示）围坐在一张圆桌周围。从编号为 1 的人开始报数，数到 m 的那个人出列（离开圆桌）；他的下一个人又从 1 开始报数，数到 m 的那个人又出列；以此规律重复下去，直到圆桌周围的人全部出列。请编写一个程序来模拟这个报数游戏，依次打印出列的客人的编号。

编程提示

可以用列表来存放所有客人的编号。在例程 18-8 的 TableGame 类中，count()方法的 point 参数指向当前开始报数的人在列表中的索引。point 的初始值为 0。count()方法的报数流程如下：

（1）如果列表为空，表示所有的人都已经出列，那就直接从方法中返回。

（2）否则，从 point 指针指向的客人开始报数，然后 point 指针递增 1，确保它始终指向当前报数的客人，当 point 指针达到列表末尾时，就把 point 指针重置为 0。

（3）当报数达到 m，就打印当前 point 指针指向的元素，并将该元素从列表中删除。

（4）递归调用 count()方法，继续下一轮报数。

例程 18-8　TableGame.java

```java
import java.util.*;
```

```java
public class TableGame{
    public static void count(List<Integer> list,int m,int point){
        //如果列表为空，就返回
        if(list.size()==0)
            return;

        //模拟一轮报数的过程，确保 point 指针始终指向当前报数的人
        for(int i=1;i<m;i++){
            if(point<list.size()-1)
                point++;
            else
                point=0;           //当指针到达列表末尾时，应该把指针重置为 0
        }

        System.out.println("编号"+list.get(point)+"出列");
        list.remove(point);        //从队列中删除一人

        count(list,m,point);       //递归调用下一轮报数
    }

    /* 参数 n 表示所有客人的人数，参数 m 表示报数的最大数 */
    public static void play(int n,int m){
        //列表中存放所有在座的客人的编号
        List<Integer> list=new LinkedList<Integer>();
        for(int i=1;i<=n;i++)      //客人从 1 开始编号
            list.add(i);

        count(list,m,0);
    }

    public static void main(String[] args){
        play(10,3);
    }
}
```

运行以上 TableGame 类的 main()方法，会模拟 10 个客人从 1 到 3 的报数过程，将得到以下打印结果：

```
编号 3 出列
编号 6 出列
编号 9 出列
编号 2 出列
编号 7 出列
编号 1 出列
编号 8 出列
编号 5 出列
编号 10 出列
编号 4 出列
```

第 19 章 数据出入靠 I/O

在第 9 章，悟空给智多星设计了一个电子备忘录 Note 类，下面的程序代码创建了一个 Note 对象，它的 content 属性表示备忘录的内容，getContent()方法返回 content 属性的值：

```
Note note=new Note("智多星的备忘录\r\n","ppwwdd");
System.out.println(note.getContent());      //打印备忘录的内容
```

只有当程序运行时，Note 对象才会被创建，它存在于内存中。当程序运行结束时，Note 对象就不复存在。智多星希望能把备忘录的内容永久保存下来。为了满足智多星的心愿，悟空打算把备忘录的内容保存到一个 Note.txt 文件中。

在本章中，悟空将运用 Java 输入/输出（Input/Ouput, I/O）类库，编写能读写 Note.txt 文件的 Java 程序（参见 19.9 节的例程 19-4 的 Note.java）。如图 19-1 所示，读 Note.txt 文件是指向内存中输入数据，即把 Note.txt 文件中的数据输入（Input）到内存中，变成 Note 对象的 content 属性；写 Note.txt 文件是指把内存中的数据输出（Output）到文件中，即把 Note 对象的 content 属性输出到 Note.txt 文件中。

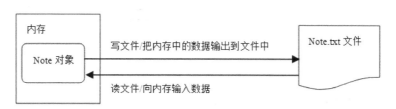

图 19-1 向内存中输入或者从内存中输出数据

如图 19-2 所示，内存中的特定数据排成一个序列，被依次输出到文件中，这个数据序列就像流水一样源源不断地"流"到文件中，因此这个数据序列称为输出流。同样，当把这个数据序列从文件输入到内存中时，这个数据序列就像流水一样"流"到内存中，因此把这个数据序列称为输入流。

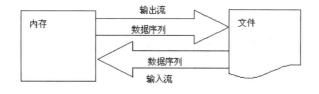

图 19-2 输入流/输出流

无论是输入流还是输出流，如果数据序列中最小的数据单元是字节，那么称这种流为字节流；如果数据序列中最小的数据单元是字符，那么称这种流为字符流。

I/O 类库位于 java.io 包中。在 I/O 类库中，java.io.InputStream 和 java.io.OutputStream 分别表示字节输入流和字节输出流，java.io.Reader 和 java.io.Writer 分别表示字符输入流和字符输出流。如图 19-3 展示了 I/O 类库的类框图。

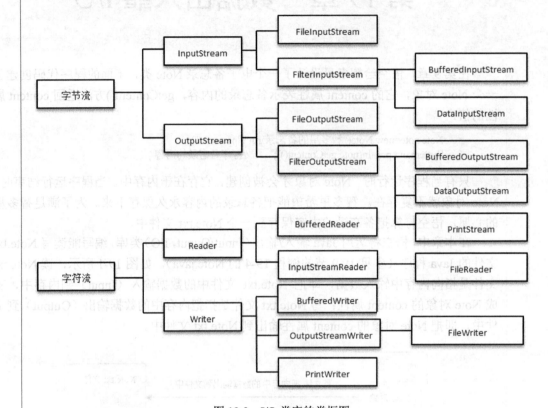

图 19-3 I/O 类库的类框图

本章内容主要围绕以下问题展开：
- 如何通过输入流和输出流来读写文件？
- 如何利用过滤输入流和输出流来装饰原始的流，从而提供读写性能，或者读写格式化数据？
- 如何通过 Reader 和 Writer 来读、写采用了特定字符编码的文件？
- 如何利用 java.io.File 类及 java.nio.file 类库中的类来操纵文件系统，进行创建、复制、重命名、删除和遍历文件夹及文件的操作？

19.1 输入流和输出流概述

在 java.io 包中，java.io.InputStream 类表示字节输入流，java.io.OutputStream 类表示字节输出流，它们都是抽象类，不能被实例化。InputStream 类提供了一系列和读取数据有关的方法：

（1）int read()：从输入流读取一个 8 位的字节，把它转换为 0~255 的整数，返回这一整数。如果遇到输入流的结尾，则返回-1。

（2）void close()：关闭输入流。当完成所有的读操作后，应该关闭输入流。InputStream 类本身的 close()方法不执行任何操作。它的一些子类覆盖了 close()方法，在 close()方法中释放和流有关的系统资源。

java.io.OutputStream 类提供了一系列和写数据有关的方法：

（1）void write(int b)：向输出流写入一个字节。

（2）void close()：关闭输出流，当完成所有的写操作后，应该关闭输出流。OutputStream 类本身的 close()方法不执行任何操作。它的一些子类覆盖了 close()方法，释放和流有关的系统资源。

（3）void flush()：OutputStream 类本身的 flush()方法不执行任何操作，它的一些带有缓冲区的子类（比如 BufferedOutputStream 和 PrintStream 类）覆盖了 flush()方法。默认情况下，通过带缓冲区的输出流写数据时，数据先被保存在缓冲区中，只有积累到一定程度才会真正写到目的地。而 flush()方法能强制把缓冲区内的数据立即写到目的地。

可以把程序向输出流写数据比作从北京运送书籍到上海。如果没有缓冲区，那么每执行一次 write(int b)方法，只会把一本书从北京运到上海。如果有一万本书，就必须运送一万次，显然这样的运送效率很低。为了减少运送次数，可以先把一批书装在卡车的车厢中，这样就能成批地运送书，卡车的车厢就是缓冲区。默认情况下，只有当车厢装满书后，才会把这批书运到上海，而 flush()方法表示不管车厢是否装满，都立即执行一次运货操作。

19.2 输入流

所有字节输入流都是 InputStream 类的直接或者间接子类。FileInputStream（文件输入流）就是 InputStream 类的一个具体子类，它能从文件中读取数据。FileInputStream 类有以下构造方法，如果构造方法中参数指定的文件不存在，构造方法会抛出 java.io.FileNotFoundException 异常：

- FileInputStream(File file)：参数 file 用来指定文件数据源。
- FileInputStream(String name)：参数 name 用于指定文件数据源。在参数 name 中包含文件路径信息。

例程 19-1 的 FileInTester 类读取的是 test.txt 文件中的内容。

例程 19-1　FileInTester.java

```
import java.io.*;
public class FileInTester{
  public static void main(String agrs[])throws IOException{
    FileInputStream in=new FileInputStream("D:\\mydir\\test.txt");
    int data;
    while((data=in.read())!=-1)
      System.out.print(data +" ");
```

```
        in.close();
    }
}
```

运行本程序及本章大多数范例时，要确保在 D 盘下有一个 mydir 目录，并且在 D:\mydir 目录下存在一个 test.txt 文件，否则在运行时会抛出 FileNotFoundException 异常。假设在 test.txt 文件中包含的字符内容为"abc1 好"，并且假设文件所在的操作系统的默认字符编码为中文字符编码 GBK，那么在文件中实际存放的是这 5 个字符的 GBK 编码，字符"a""b""c"和"1"的 GBK 编码各占 1 个字节，分别是 97、98、99 和 49。"好"的 GBK 编码占 2 个字节：186 和 195。文件输入流的 read()方法每次读取一个字节，因此以上程序的打印结果为：

```
97 98 99 49 186 195
```

如果 test.txt 文件与 FileInTester 类的.class 文件位于同一个目录下，也可以通过 Class 类的 getResourceAsStream()方法来获得输入流，例如：

```
InputStream in=FileInTester.class.getResourceAsStream("test.txt");
```

以上方式的好处在于只需要提供 test.txt 文件的相对路径。

提示：
所有的 Java 类都有一个 java.lang.Class 类型的静态变量 class。Class 类包含了一个 Java 类的类型信息。例如，FileInTester.class 变量所引用的 Class 对象包含了 FileInTester 类的类型信息。

19.3　FilterInputStream（过滤输入流）

如图 19-4 所示，自来水管道中流动的是自来水，经过过滤器过滤后，就变成了纯净水。

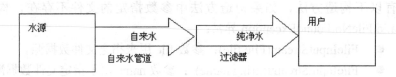

图 19-4　用过滤器过滤自来水

可以把 InputStream 类比作自来水管道。InputStream 类中流动的最小数据单元为字节。InputStream 类声明的 read()方法按照流中字节的先后顺序读取字节，具体文件输入流（FileInputStream）就按照这种方式读取来自文件中的数据。

如果希望从输入流中读取 double 类型的数据，或者为输入流增加缓冲功能，该怎么办呢？可以使用 FilterInputStream（过滤器输入流）类。FilterInputStream 类就好比用于过滤自来水的过滤器。

FilterInputStream 能够为输入流锦上添花，扩展输入流的功能，因此 FilterInputStream

也被称为装饰器,用于装饰其他的输入流。

FilterInputStream 有以下子类,分别用来为输入流增加某一种功能:
- BufferedInputStream:利用缓冲区来提高读效率。
- DataInputStream:与 DataOuputStream 搭配使用,可以按照与操作系统平台无关的方式从流中读取基本类型(int、char 和 double 等)的数据。

19.3.1 BufferedInputStream 类

BufferedInputStream 类覆盖了被装饰的输入流的读数据行为,利用缓冲区来提高读数据的效率。BufferedInputStream 类先把一批数据读入到缓冲区,接下来 read()方法只需从缓冲区内获取数据,就能减少物理性读取数据的次数。BufferedInputStream 类的构造方法为:
- BufferedInputStream(InputStream in):参数 in 指定需要被装饰的输入流。
- BufferedInputStream(InputStream in, int size):参数 in 指定需要被装饰的输入流,参数 size 指定缓冲区的大小,以字节为单位。

所谓物理性读写数据,比较常见的是直接读写位于硬盘上的文件。缓冲区通常也是内存中的一块区域,显然,程序读写缓冲区的速度要比读写硬盘的速度快多了。如图 19-5 演示了用缓冲区来提高 I/O 操作效率的过程。

图 19-5 用缓冲区来提高 I/O 操作的效率

用 BufferedInputStream 类来装饰输入流,能够提高 I/O 操作的效率。例如,在下面的程序代码中,文件输入流先被 BufferedInputStream 装饰,再被 DataInputStream 装饰:

```
InputStream in1=new FileInputStream("D:\\mydir\\test.txt");
BufferedInputStream in2=new BufferedInputStream(in1);      //装饰文件输入流
DataInputStream in3=new DataInputStream(in2);              //装饰带缓冲输入流
```

如图 19-6 显示了两个过滤器流对 FileInputStream 的装饰效果。

图 19-6 用过滤器流装饰 FileInputStream

19.3.2 DataInputStream 类

InputStream 类中本来流动的最小数据单位为字节,经过 DataInputStream 过滤后,就可以"流"出各种格式化的数据。DataInputStream 实现了 DataInput 接口,能够读取各种基本类型数据，如 int、float、long、double 和 boolean 等。DataInputStream 类的所有读方法都以"read"开头，比如：
- readByte()：从输入流中读取 1 个字节，把它转换为 byte 类型的数据。
- readDouble()：从输入流中读取 8 个字节，把它转换为 double 类型的数据。

DataInputStream 应该和 DataOutputStream 类配套使用。即用 DataInputStream 读取由 DataOutputStream 写出的数据，这样才能保证获得正确的数据。例如，在图 19-7 中，由 DataOutputStream 的 writeDouble()方法输出的数据可以由 DataInputStream 的 readDouble()方法来读取。

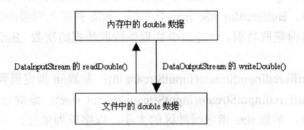

图 19-7　DataInputStream 和 DataOutputStream 类配套使用

在例程 19-2 的 FormatDataIO 类中，先通过 DataOutputStream 写出 byte、double 和 char 类型的数据，再通过 DataInputStream 来读取这几种类型的数据，读取数据的顺序与 DataOutputStream 写出数据的顺序相同。

例程 19-2　FormatDataIO.java

```java
import java.io.*;
public class FormatDataIO{
  public static void main(String[] args)throws IOException {
    FileOutputStream out1=
        new FileOutputStream("D:\\mydir\\test.txt");
    //装饰文件输出流
    BufferedOutputStream out2=new BufferedOutputStream(out1);
    //装饰带缓冲输出流
    DataOutputStream out3=new DataOutputStream(out2);
    out3.writeByte(-12);
    out3.writeDouble(12.34);
    out3.writeChar('a');
    out3.close();

    InputStream in1=new FileInputStream("D:\\mydir\\test.txt");
    //装饰文件输入流
    BufferedInputStream in2=new BufferedInputStream(in1);
    //装饰带缓冲输入流
    DataInputStream in3=new DataInputStream(in2);
    System.out.print(in3.readByte()+" ");
    System.out.print(in3.readDouble()+" ");
    System.out.print(in3.readChar()+" ");
    in3.close();
  }
}
```

对于以上文件输入流，先用 BufferedInputStream 装饰，使它在读数据时利用缓冲来提高效率，接着再用 DataInputStream 来装饰，从而具备读取格式化数据的功能。以上程序的打印结果为：

-12 12.34 a

在关闭输入流和输出流时，只需调用最外层过滤流的 close()方法，该方法会调用被装饰流的 close()方法。例如，调用 in3.close()方法时，该方法会调用 in2.close()方法，而 in2.close()方法会调用 in1.close()方法。

19.4 输出流

所有字节输出流都是 OutputStream 类的直接或者间接子类。输出流的种类和输入流的种类是大致对应的。FileOutputStream 文件输出流是 OutputStream 类的一个具体子类，用于向文件写数据，它有以下构造方法：

- FileOutputStream(File file)。
- FileOutputStream(String name)。
- FileOutputStream(String name, boolean append)。

在创建 FileOutputStream 实例时，如果相应的文件并不存在，会自动创建一个空的文件。默认情况下，FileOutputStream 向文件写数据时，将覆盖文件中原有的内容。以上第三个构造方法提供了一个布尔类型的参数 append，如果 append 参数为 true，将在文件末尾添加数据。本章 19.3.2 节的例程 19-2（FormatDataIO.java）也演示了 FileOutputStream 类的用法。

19.5 FilterOutputStream（过滤输出流）

OutputStream 类声明的 write()方法向输出流写入字节，FileOutputStream（文件输出流）就按照这种方式写数据。假如还希望进一步扩展写数据的功能，可以使用输出流的过滤器：FilterOutputStream 类。过滤输出流主要包括以下子类：

- DataOutputStream：与 DataInputStream 搭配使用，可以按照与操作系统平台无关的方式向流中写基本类型（int、char 和 double 等）的数据。
- BufferedOutputStream：利用缓冲区来提高写的效率。
- PrintStream：用于产生格式化输出。

19.5.1 DataOutputStream

DataOutputStream 实现了 DataOutput 接口，用于向输出流写基本类型的数据，如 int、float、long、double 和 boolean。DataOutputStream 类的所有读方法都以"write"

开头,比如:
- writeByte(byte b):向输出流写入一个 byte 类型的数据。
- writeDouble(double d):向输出流写入一个 double 类型的数据。

本章 19.3.2 节的例程 19-2(FormatDataIO.java)也演示了 DataOutputStream 类的用法。

19.5.2 BufferedOutputStream

BufferedOutputStream 类利用缓冲区来提高写数据的效率。该类的构造方法为:
- BufferedOutputStream(OutputStream out):参数 out 指定需要被装饰的输出流。
- BufferedOutputStream(OutputStream out, int size):参数 out 指定需要被装饰的输出流,参数 size 指定缓冲区的大小,以字节为单位。

BufferedOutputStream 类先把数据写到缓冲区,默认情况下,只有当缓冲区满的时候,才会把缓冲区的数据真正写到目的地,这样就能减少物理写数据的次数。

为了保证即使 BufferedOutputStream 的缓冲区的数据未满,也能写到文件中,一种办法是调用 flush()方法,该方法会立即执行一次把缓冲区中的数据写到文件中的操作,例如:

```
FileOutputStream out1=new FileOutputStream("D:\\mydir\\test.txt");
//装饰文件输出流
BufferedOutputStream out2=new BufferedOutputStream(out1);
//装饰带缓冲输出流
DataOutputStream out3=new DataOutputStream(out2);

out3.writeByte(-12);
out3.flush();    //不管缓冲区是否满,都会立即把缓冲区中的数据写到文件中
out3.writeDouble(12.34);
out3.flush();    //不管缓冲区是否满,都会立即把缓冲区中的数据写到文件中
out3.writeChar('a');
out3.flush();    //不管缓冲区是否满,都会立即把缓冲区中的数据写到文件中
```

提示: 过滤输出流的 flush()方法会先调用被装饰的输出流的 flush()方法。

还有一种办法是在执行完输出流的所有 write()方法之后,关闭输出流。过滤输出流的 close()方法在其实现中会先调用本身及被装饰的输出流的 flush()方法,这样就会保证假如过滤流本身或者被装饰的流带有缓冲区,那么缓冲区的数据会被写到目的地:

```
out3.writeByte(-12);
out3.writeDouble(12.34);
out3.writeChar('a');
out3.close();       //确保缓冲区的数据被写到目的地
```

19.5.3 PrintStream 类

PrintStream 输出流和 DataOutputStream 一样,也能输出格式化的数据。PrintStream

的写数据方法都以"print"开头,比如:
- print(int i):向输出流写入一个 int 类型的数据。
- print(String s):向输出流写入一个 String 类型的数据,采用本地操作系统的默认字符编码。
- println(int i):向输出流写入一个 int 类型的数据和换行符。
- println(String s):向输出流写入一个 String 类型的数据和换行符,采用本地操作系统默认的字符编码。

在使用 PrintStream 类时,有以下注意事项:

(1)每个 print()方法都和一个 println()方法对应。例如,以下三段程序代码是等价的:

```
//第一段代码
printStream.println("你好啊");

//第二段代码
printStream.print("你好啊");
printStream.println();              //打印一个换行符

//第二段代码
printStream.print("你好啊\n");       // "\n" 表示换行符
```

(2)PrintStream 和 BufferedOutputStream 类一样,也带有缓冲区。两者的区别在于:后者只有在缓冲区满的时候,才会自动执行物理写数据的操作,而前者可以让用户来决定缓冲区的行为。默认情况下,PrintStream 也只有在缓冲区满的时候,才会自动执行物理写数据的操作,此外,PrintStream 的一个构造方法带有 autoFlush 参数:

```
PrintStream(OutputStream out, boolean autoFlush)
```

如果 autoFlush 参数为 true,表示 PrintStream 在以下情况也会自动把缓冲区的数据写到目的地:
- 输出一个字节数组。
- 输出一个换行符,即执行 print("\n ")方法。
- 执行了 println()方法。

> java.lang.System 类有一个静态成员变量 out,这个 out 变量为 PrintStream 类型。

19.6 Reader/Writer 概述

InputStream 和 OutputStream 类处理的是字节流,也就是说,数据流中的最小单元为一个字节,它包括 8 个二进制位。在许多应用场合,Java 程序需要读写文本文件。在文本文件中存放了采用特定字符编码的字符。为了便于读写采用各种字符编码的字符，java.io 包中提供了 Reader/Writer 类，它们分别表示字符输入流和字符输出流。

在处理字符流时，最主要的问题是进行字符编码的转换。Java 语言采用 Unicode 字符编码。对于每一个字符，Java 虚拟机会为其分配两个字节的内存。而在文本文件中，字符有可能采用其他类型的编码，比如 GBK 或 UTF-8 编码等。例如，表 19-1 列出了中文字符"好"的各种字符编码。

表 19-1 中文字符"好"的各种编码

编码类型	编码
Unicode	89　125
GBK	186　195
UTF-8	229　165　189

从表 19-1 可以看出，在内存中，由于 Java 虚拟机采用 Unicode 编码，因此用两个字节"89"和"125"来表示字符"好"。假如一个文件采用 GBK 字符编码，那么该文件用两个字节"186"和"195"来表示字符"好"，如图 19-8 所示。

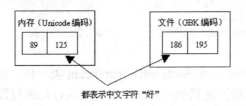

图 19-8 中文字符"好"的不同编码

Reader 类能够将数据源中采用其他编码类型的字符转换为 Unicode 字符，然后在内存中为这些 Unicode 字符分配内存。Writer 类能够把内存中的 Unicode 字符转换为其他编码类型的字符，再写到数据目的地中。

默认情况下，Reader 和 Writer 会在本地操作系统平台的默认字符编码和 Unicode 编码之间进行编码转换，如图 19-9 所示。对于中文操作系统平台，默认的字符编码通常为"GBK"。

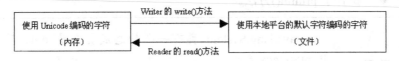

图 19-9 Unicode 编码与本地平台的默认字符编码之间的转换

如果要输入或输出采用特定类型编码的字符，可以使用 InputStreamReader 类和 OutputStreamWriter 类，在它们的构造方法中，可以指定输入流或输出流的字符编码。如图 19-10 显示了此时的字符编码转换过程。

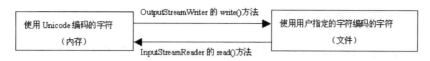

图 19-10 Unicode 编码与用户指定的字符编码之间的转换

由于 Reader 和 Writer 采用了字符编码转换技术，因此它们能够正确地访问采用各种字符编码的文本文件，另一方面，在为字符分配内存时，Java 虚拟机在内存中对字符统一采用 Unicode 编码，因此 Java 程序处理字符具有平台独立性。

 提示：PrintStream 输出流的 println(String s)方面也能把 Unicode 编码转换为本地平台的默认字符编码，但是不能像 OutputStreamWriter 类那样，可以由用户指定任意类型的字符编码。

19.7 Reader 类

Reader 类的层次结构和 InputStream 类的层次结构比较相似。Reader 类本身是抽象类，它有以下具体子类：
- InputStreamReader 类：根据特定的字符编码，来读取输入流中的字符。
- FileReader：根据本地操作系统平台的默认字符编码，从文件中读取字符。
- BufferedReader：利用缓冲区来提高读数据的效率，用来装饰其他的 Reader。

19.7.1 InputStreamReader 类

InputStreamReader 类根据特定的字符编码，来读取输入流中的字符。InputStreamReader 有以下构造方法，这些构造方法的第一个参数都指定一个输入流：
- InputStreamReader(InputStream in)：按照本地操作系统平台的默认字符编码读取输入流中的字符。
- InputStreamReader(InputStream in, String charsetName)：按照参数 charsetName 指定的字符编码读取输入流中的字符。

假设 test.txt 文件采用 UTF-8 字符编码，为了正确地从文件中读取字符，可以按以下方式构造 InputStreamReader 的实例：

```
FileInputStream in1= new FileInputStream("D:\\mydir\\test.txt");
InputStreamReader in2=new InputStreamReader(in1,"UTF-8");
```

19.7.2 FileReader 类

FileReader 类用于从文件中读取字符，该类只能按照本地操作系统平台的默认字符编码来读取数据，用户不能指定其他字符编码类型。FileReader 类有以下构造方法：
- FileReader(File file)：参数 file 用于指定需要读取的文件。
- FileReader(String name)：参数 name 用于指定需要读取的文件的路径。

19.7.3 BufferedReader 类

Reader 类的 read()方法每次都从数据源读入一个字符,为了提高效率,可以采用 BufferedReader 来装饰其他 Reader。BufferedReader 带有缓冲区,它可以先把一批数据读到缓冲区内,接下来的读操作都是从缓冲区内获取数据,避免每次都从数据源读取数据,从而提高读操作的效率。BufferedReader 的 readLine()方法可以一次读入一行字符,以字符串的形式返回,如果读到文件末尾,就返回 null。BufferedReader 类有两个构造方法:

- BufferedReader(Reader in):参数 in 用于指定被装饰的 Reader 类。
- BufferedReader(Reader in, int sz):参数 in 用于指定被装饰的 Reader 类,参数 sz 用于指定缓冲区的大小,以字符为单位。

下面例程 19-3 的 LineByLine 类能够逐行读取文件文件中的数据,并把它们打印出来。

例程 19-3　LineByLine.java

```java
import java.io.*;
public class LineByLine{

    /** 从一个文件中逐行读取字符串 */
    public void readFile(String fileName)throws IOException{
        //假设 fileName 指定的文件采用本地操作系统平台默认的字符编码
        FileReader in1=new FileReader(fileName);
        BufferedReader in2=new BufferedReader(in1);
        String data;
        while((data=in2.readLine())!=null)          //逐行读取数据
            System.out.println(data);

        in2.close();
    }

    public static void main(String args[])throws IOException{
        new LineByLine().readFile("D:\\mydir\\test.txt");
    }
}
```

19.8　Writer 类

Writer 类的层次结构和 OutputStream 类的层次结构比较相似。Writer 类有以下子类:
- OutputStreamWriter:按照特定的字符编码向输出流写字符。
- FileWriter:向文件中写字符。
- BufferedWrier:利用缓冲区来提高写数据的效率,用来装饰其他的 Writer。
- PrintWriter:输出格式化的数据。

19.8.1 OutputStreamWriter 类

OutputStreamWriter 类按照特定的字符编码向输出流中写字符。OutputStreamWriter 有以下构造方法，这些构造方法的第一个参数都指定一个输出流：

- OutputStreamWriter (OutputStream out)：按照本地操作系统平台的默认字符编码向输出流写字符。
- OutputStreamWriter (OutputStream out, String charsetName)：按照 charsetName 参数指定的字符编码向输出流写字符。

假设 test.txt 文件采用了 UTF-8 字符编码，为了正确地向文件中写字符，可以按以下方式构造 OutputStreamWriter 的实例：

```
FileOutputStream out1=new FileOutputStream("D:\\mydir\\test.txt");
OutputStreamWriter out2=new OutputStreamWriter(out1, "UTF-8" );
```

19.8.2 FileWriter 类

FileWriter 类用于向文件中写字符，该类只能按照本地平台的默认字符编码来写数据，用户不能指定其他字符编码类型。FileWriter 类有以下构造方法：

- FileWriter(File file)：参数 file 用于指定需要写入数据的文件。
- FileWriter(String name)：参数 name 用于指定需要写入数据的文件的路径。

19.8.3 BufferedWriter 类

BufferedWriter 带有缓冲区，它可以先把一批数据写到缓冲区内，当缓冲区满的时候，再把缓冲区的数据写到字符输出流中。这样可以避免每次都执行物理写操作，从而提高 I/O 操作的效率。BufferedWriter 类有两个构造方法：

- BufferedWriter(Writer out)：参数 out 用于指定被装饰的 Writer 类。
- BufferedWriter(Writer out, int sz)：参数 out 用于指定被装饰的 Writer 类，参数 sz 用于指定缓冲区的大小，以字符为单位。

19.8.4 PrintWriter 类

PrintWriter 类和 PrintStream 类一样，也能输出格式化的数据，两者的写数据的方法很相似。PrintWriter 类写数据都以 print 开头，比如：

- print(int i)：向输出流写入一个 int 类型的数据。
- print(String s)：向输出流写入一个 String 类型的数据。
- println(int i)：向输出流写入一个 int 类型的数据和换行符。
- println(String s)：向输出流写入一个 String 类型的数据和换行符。

在使用 PrintWriter 类时，有以下注意事项：

（1）每一个 print()方法都和一个 println()方法对应。例如以下三段程序代码是等价的：

```
//第一段代码
```

```
printWriter.println("你好啊");

//第二段代码
printWriter.print("你好啊");
printWriter.println();              //打印一个换行符

//第二段代码
printWriter.print("你好啊\n");      // "\n" 表示换行符
```

（2）PrintWriter 和 BufferedWriter 类一样，也带有缓冲区。两者的区别在于：后者只有在缓冲区满的时候，才会执行物理写数据的操作，而前者可以让用户来决定缓冲区的行为。默认情况下，PrintWriter 也只有在缓冲区满的时候，才会执行物理写数据的操作，此外，PrintWriter 的一些构造方法中有一个 autoFlush 参数：

```
PrintWriter(Writer writer, boolean autoFlush)
PrintWriter(OutputStream out, boolean autoFlush)
```

如果 autoFlush 参数为 true，表示 PrintWriter 执行 println()方法时也会自动把缓冲区的数据写到输出流。从以上构造方法还可以看出，PrintWriter 不仅能装饰 Writer，还能把 OutputStream 转换为 Writer。

（3）PrintWriter 和 PrintStream 的 println(String s)方法都能写字符串，两者的区别在于，后者只能使用本地操作系统平台的默认字符编码，而前者使用的字符编码取决于被装饰的 Writer 类所用的字符编码。在输出字符数据的场合，应该优先考虑用 PrintWriter。

19.9 读写文本文件的范例

例程 19-4 的 Note 类在第 9 章的 Note 类的基础上做了修改，主要增加了两个实用方法：

- load(String filepath, String charsetName)：把文本文件中的内容输入到 Note 对象的 content 属性中。charsetName 参数指定文件的字符编码。
- save(String filepath,String charsetName)：把 Note 对象的 content 属性的内容输出到文本文件中，参数 charsetName 指定文件的字符编码。

例程 19-4   Note.java

```
import java.io.*;
public class Note{
   private String content;            //备忘录内容

   public Note(){}

   public Note(String content){
     this.content=content;
   }

   /** 把文件中的内容输入到 content 属性中,
```

```java
          采用本地平台的默认字符编码 */
   public void load(String filepath){
      load(filepath,null);
   }

   /** 把文件中的内容输入到 content 属性中,
       参数 charsetName 指定文件的字符编码 */
   public void load(String filepath, String charsetName){
      try{
         InputStream in1=new FileInputStream(filepath);
         InputStreamReader in2;
         if(charsetName==null)
            in2=new InputStreamReader(in1);
         else
            in2=new InputStreamReader(in1,charsetName);

         BufferedReader in3=new BufferedReader(in2);

         String data=null;
         content="";
         while((data=in3.readLine())!=null)
            content+=data+"\n";

         in3.close();
      }catch(IOException e){}
   }

   /** 把 content 属性的内容输出到文件中,
       采用本地平台的默认字符编码 */
   public void save(String filepath){
      save(filepath,null);
   }

   /** 把 content 属性的内容输出到文件中,
       参数 charsetName 指定文件的字符编码 */
   public void save(String filepath,String charsetName){
      try{
         OutputStream out1=new FileOutputStream(filepath);
         OutputStreamWriter out2;
         if(charsetName==null)
            out2=new OutputStreamWriter(out1);
         else
            out2=new OutputStreamWriter(out1,charsetName);

         PrintWriter out3=new PrintWriter(out2,true);

         out3.print(content);
         out3.close();
      }catch(IOException e){}
   }

   /** 获得备忘录内容 */
   public String getContent(){
      return content;
   }
```

```java
/** 重新设置备忘录的内容 */
public void setContent(String content){
  this.content=content;
}

public static void main(String args[]){
  Note note=new Note("智多星的备忘录\r\n 凡出言，信为先\r\n");

  note.save("D:\\mydir\\Note.txt","UTF-8");
  note.load("D:\\mydir\\Note.txt","UTF-8");
  System.out.println(note.getContent());          //浏览备忘录的内容
}
}
```

在以上 load(String filepath, String charsetName)方法中，FileInputStream 依次被 InputStreamReader 和 BufferedReader 装饰，最后通过 BufferedReader 来逐行读文件中的数据。

在以上 save(String filepath,String charsetName)方法中，FileOutputStream 依次被 OutputStreamWriter 和 PrintWriter 装饰，最后通过 PrintWriter 来向文件中写数据。

19.10　随机访问文件类：RandomAccessFile

InputStream 和 OutputStream 代表字节流，而 Reader 和 Writer 代表字符流，它们的共同特点是：只能按照数据的先后顺序读取数据源的数据，以及按照数据的先后顺序向数据目的地写数据。

RandomAccessFile 类不属于流，它具有随机读写文件的功能，能够从文件的任意位置开始执行读写操作。RandomAccessFile 类提供了用于定位文件位置的方法：
- getFilePointer()：返回当前读写指针所处的位置。
- seek(long *pos*)：设定读写指针的位置，与文件开头相隔 *pos* 个字节数。
- skipBytes(int n)：使读写指针从当前位置开始，跳过 *n* 个字节。
- length()：返回文件包含的字节数。

RandomAccessFile 类实现了 DataInput 和 DataOutput 接口，因此能够读写格式化的数据。RandomAccessFile 类具有以下构造方法：
- RandomAccessFile(File file, String mode)：参数 file 指定被访问的文件。
- RandomAccessFile(String name, String mode)：参数 name 指定被访问的文件的路径。

以上构造方法的 mode 参数指定访问模式，可选值包括"r"和"rw"。"r"表示随机读模式；"rw"表示随机读写模式。如果程序只是读文件，那么选择"r"，如果程序需要同时读和写文件，那么选择"rw"。值得注意的是，RandomAccessFile 不支持只写文件模式，因此把 mode 参数设为"w"是非法的。

例程 19-5 的 RandomTester 类演示了 RandomAccessFile 类的用法。

例程 19-5　RandomTester.java

```java
import java.io.*;
public class RandomTester {
  public static void main(String args[])throws IOException{
    RandomAccessFile rf=
        new RandomAccessFile("D:\\mydir\\test.dat","rw");
    for(int i=0;i<10;i++)
      rf.writeLong(i*1000);

    //从文件开头开始，跳过第 5 个 long 数据，接下来写第 6 个 long 数据
    rf.seek(5*8);
    rf.writeLong(1234);

    rf.seek(0);   //把读写指针定位到文件开头
    for(int i=0;i<10;i++)
      System.out.println("Value"+i+":"+rf.readLong());

    rf.close();
  }
}
```

在以上 main()方法中，先按照"rw"访问模式打开 D:\mydir\test.dat 文件，如果这个文件还不存在，RandomAccessFile 的构造方法会创建该文件。接下来向该文件中写入 10 个 long 数据，每个 long 数据占用 8 个字节。接着 rf.seek(5*8)方法使得读写指针从文件开头开始，跳过第 5 个 long 数据，接下来的 rf.writeLong(1234)方法将覆盖原来的第 6 个 long 数据，把它改写为 1234。随后 rf.seek(0)方法把读写指针定位到文件开头，接着读取文件中的所有 long 数据。

以上程序的打印结果如下：

```
Value0:0
Value1:1000
Value2:2000
Value3:3000
Value4:4000
Value5:1234
Value6:6000
Value7:7000
Value8:8000
Value9:9000
```

19.11　File 类

File 类提供了管理文件或目录的方法。File 实例表示文件系统中的一个文件或者目录。File 类有以下构造方法：

- File(String pathname)：参数 pathname 表示文件路径或者目录路径。
- File(String parent, String child)：参数 parent 表示根路径，参数 child 表示子路径。

● File(File parent, String child)：参数 parent 表示根路径，参数 child 表示子路径。

使用何种构造方法取决于程序所处理的文件系统。一般说来，如果程序只处理一个文件，那么使用第一个构造方法；如果程序处理一个公共目录中的若干子目录或文件，那么使用第二个或者第三个构造方法会更方便。

File 类主要提供了以下管理文件系统的方法：

（1）boolean canRead()。

该方法用于测试程序是否能对该 File 对象所代表的文件进行读操作。

（2）boolean canWrite()。

该方法用于测试程序是否能向该 File 对象所代表的文件进行写操作。

（3）boolean delete()。

该方法用于删除该 File 对象所代表的文件或者目录。如果 File 对象代表目录，并且目录下包含子目录或文件，则不允许删除 File 对象代表的目录。

（4）boolean exists()。

该方法用于测试该 File 对象所代表的文件或者目录是否存在。

（5）String getName()。

该方法用于获取该 File 对象所代表的文件或者目录的名字。

（6）String getParent()。

该方法用于获取该 File 对象所代表的文件或者目录的根路径。如果没有的话，则返回 null。

（7）String getPath()。

该方法用于获取该 File 对象所代表的文件或者目录的路径。

（8）boolean isDirectory()。

该方法用于测试该 File 对象是否代表一个目录。

（9）boolean isFile()。

该方法用于测试该 File 对象是否代表一个文件。

（10）String[] list()，String[] list(FilenameFilter)。

如果该 File 对象代表目录，则返回该目录下所有文件和目录的名字列表。如果给定 FilenameFilter 参数，则返回所有满足 FilenameFilter 过滤条件的文件和目录的名字列表。

（11）File[] listFiles()，File[] listFiles(FilenameFilter)。

如果该 File 对象代表目录，则返回该目录下所有文件和目录的 File 对象。如果给定 FilenameFilter 参数，则返回所有满足 FilenameFilter 过滤条件的文件和目录的 File 对象。

（12）boolean mkdir()。

在文件系统中创建由该 File 对象表示的目录。

（13）boolean renameTo(File file)。

如果该 File 对象代表文件，则将文件名改为 file 参数所表示的文件名。

（14）boolean createNewFile()。

如果该 File 对象代表文件，并且该文件在文件系统中不存在，就在文件系统中创建这个文件，内容为空。

File 类可用来察看文件或目录的信息，还可以创建或删除文件和目录。下面的例程 19-6 的 UseFile 类演示了 File 类的用法。

例程 19-6 UseFile.java

```java
import java.io.*;

public class UseFile {
  public static void main(String args[])throws Exception{
    File dir=new File("D:\\mydir");
    if(!dir.exists())dir.mkdir();        //创建目录

    File file1=new File(dir,"test1.txt");
    if(!file1.exists())file1.createNewFile();

    File file2=new File(dir,"test2.txt");
    if(!file2.exists())file2.createNewFile();

    listDir(dir);
  }

  /** 察看目录信息 */
  public static void listDir(File dir){
    File[] lists=dir.listFiles();

    //打印当前目录下包含的所有子目录和文件的名字
    String info="目录:"+dir.getName()+"(";
    for(int i=0;i<lists.length;i++)
       info+=lists[i].getName()+" ";

    info+=")";
    System.out.println(info);
  }
}
```

以上 UseFile 类的 main()方法首先判断是否存在 "D:\mydir" 目录，如果不存在就通过 File 对象的 mkdir()方法创建该目录，接着在该目录下创建 "test1.txt" 和 "test2.txt" 文件，接着调用 UseFile 类的 listDir(dir)方法察看 mydir 目录所包含的子目录和文件的信息。

19.12 用 java.nio.file 类库来操纵文件系统

从 JDK7 开始，引入了 java.nio.file 包，这个包中的类提供了一组功能强大的操纵文件系统的实用方法。最常用的类和接口包括：

（1）Files 类：提供了一组操纵文件和目录的静态方法，如移动文件的 move()方法、复制文件的 copy()方法，以及按照指定条件搜索目录树的 find()方法等。此外，Files 类的 newDirectoryStream()方法会创建一个目录流，程序得到这个目录流之后，就能方

281

便地遍历目录流中的目录或文件。Files 类的 walkFileTree()方法可以遍历目录树,而且能在参数中指定遍历目录树中每个文件时的具体操作。

(2) Path 接口:表示文件系统中的一个路径。这个路径可以表示一棵包含多层子目录和文件的目录树。

(3) Paths 类:提供了创建 Path 对象的静态方法。它的 get(String first, String... more) 返回一个 Path 对象,这个 Path 对象所代表的路径以 first 参数作为根路径,以 more 可变参数作为子路径。例如,调用 Paths.get ("/root","dir1","dir2") 方法,将返回一个 Path 对象,它表示的路径为"/root/dir1/dir2"。

(4) FileSystem 类:表示文件系统。本章 19.15 节演示了 FileSystem 类的用法。
(5) FileSystems 类:提供了创建 FileSystem 对象的静态 newFileSystem()方法。

例程 19-7 的 FilesTool 类演示了 Files 类、Paths 类和 Path 类的用法,实现了复制、移动文件,以及创建和遍历目录树的功能。

例程 19-7　FilesTool.java

```
import java.io.IOException;
import java.nio.file.*;
public class FilesTool {
  public void copyFile(String fromDir,String toDir,String file)
                                          throws IOException  {
    Path pathFrom = Paths.get(fromDir,new String[]{file});
    Path pathTo = Paths.get(toDir,new String[]{file});
    Path pathToDir=Paths.get(toDir);

    //如果源文件不存在,则返回
    if(Files.notExists(pathFrom)){
      System.out.println("源文件不存在");
      return;
    }

    //如果目标目录不存在,首先创建它
    if(Files.notExists(pathToDir))
       Files.createDirectories(pathToDir);

    //调用复制文件的方法,如果目标文件已经存在就将其覆盖
    Files.copy(pathFrom, pathTo,
           StandardCopyOption.REPLACE_EXISTING);
  }

  public void moveFile(String fromDir,String toDir,String file)
                                          throws IOException  {
    Path pathFrom = Paths.get(fromDir,new String[]{file});
    Path pathTo = Paths.get(toDir,new String[]{file});
    Path pathToDir=Paths.get(toDir);

    //如果源文件不存在,则返回
    if(Files.notExists(pathFrom)){
      System.out.println("源文件不存在");
      return;
```

```java
        }

        //如果目标目录不存在,首先创建它
        if(Files.notExists(pathToDir))
            Files.createDirectories(pathToDir);

        //调用移动文件的方法,如果目标文件已经存在就将其覆盖
        Files.move(pathFrom, pathTo,
                StandardCopyOption.REPLACE_EXISTING);
    }

    public void showDir(String dir)throws IOException{
        Path path = Paths.get(dir);
        //如果目录不存在,就直接返回
        if(Files.notExists(path)){
            System.out.println("目录不存在");
            return;
        }

        //遍历目录下面的所有文件和子目录
        System.out.println("---以下是所有的文件和子目录---");
        DirectoryStream<Path> paths = Files.newDirectoryStream(path);
        for(Path p : paths)
            System.out.println(p.getFileName());

        //遍历目录下面的特定文件
        System.out.println("---以下是以 java、txt、bat 结尾的文件---");
        //创建一个带有过滤器的目录流,过滤条件为文件名以 java txt bat 结尾
        DirectoryStream<Path> filteredPaths =
                    Files.newDirectoryStream(path,"*.{java,txt,bat}");
        for(Path p : filteredPaths)
            System.out.println(p.getFileName());
    }

    public static void main(String[] args) throws IOException{
        FilesTool tool=new FilesTool();

        //把 D:\mydir 目录下的 text.txt 文件复制到 D:\tmp 目录下
        tool.copyFile("D:\\mydir","D:\\tmp","test.txt");

        //把 D:\mydir 目录下的 test.txt 文件移动到 D:\tmp 目录下
        tool.moveFile("D:\\mydir","D:\\tmp","test.txt");

        //遍历循环 D:\mydir 目录下的内容
        tool.showDir("D:\\mydir");
    }
}
```

以上 FilesTool 类的 copyFile()方法利用 Files 类的 copy()方法,把文件从一个目录复制到另一个目录下。FilesTool 类的 moveFile()方法利用 Files 类的 move()方法,把文件从一个目录移动到另一个目录下。FilesTool 类的 showDir()方法能遍历目录中的内容,借助于 DirectoryStream 目录流,这一操作轻而易举:

//创建一个带有过滤器的目录流,过滤条件为文件名以 java txt bat 结尾

```
DirectoryStream<Path> filteredPaths =
        Files.newDirectoryStream(path,"*.{java,txt,bat}");
for(Path p : filteredPaths)
    System.out.println(p.getFileName());
```

19.13　小结

本章涉及的 Java 知识点总结如下：
- 输入流和输出流的作用。

输入流把数据源中的数据依次读入到内存中；输出流把内存中的数据依次写到数据目的地。文件是最常见的数据源及数据目的地。
- 字节输入流。

InputStream 类表示字节输入流，它的 read()方法从数据源依次读取字节。FileInputStream 类是 InputStream 类的一个具体子类，从文件中读取字节。
- 过滤输入流。

FilterInputStream 类为过滤输入流，能扩展输入流的功能。FilterInputStream 类有以下子类，分别用来为输入流增加某一种功能：
  - ➢ BufferedInputStream：利用缓冲区来提高读效率。
  - ➢ DataInputStream：可以按照与操作系统平台无关的方式从流中读取基本类型（int、char 和 double 等）的数据。
- 字节输出流。

OutputStream 类表示字节输出流，它的 write()方法向数据目的地依次写字节。FileOutputStream 类是 OutputStream 类的一个具体子类，向文件中写字节。
- 过滤输出流。

FilterOutputStream 类为过滤输出流，能扩展输出流的功能。FilterOutputStream 类有以下子类，分别用来为输出流增加某一种功能：
  - ➢ DataOutputStream：可以按照与操作系统平台无关的方式向流中写基本类型（int、char 和 double 等）的数据。
  - ➢ BufferedOutputStream：利用缓冲区来提高写效率。
  - ➢ PrintStream：用于产生格式化输出。
- 字符输入流。

Reader 类表示字符输入流，它的 read()方法从数据源依次读取字符。假设数据源的字符采用本地操作系统的默认字符编码，Reader 类能够正确地识别这些字符，并且在内存中用 Unicode 字符编码来表示这些字符。FileReader 类是 Reader 类的一个具体子类，从文件中读取字符。
- InputStreamReader 类。

InputStreamReader 类能根据特定的字符编码，来读取输入流中的字符。假设 test.txt 文件的字符采用的字符编码为"UTF-8"，以下代码创建的 InputStreamReader 对象能正确读取 test.txt 文件中的字符：

```
FileInputStream in1= new FileInputStream("D:\\mydir\\test.txt");
InputStreamReader in2=new InputStreamReader(in1,"UTF-8");
```

- BufferedReader 类。

BufferedReader 类利用缓冲区来提高读效率，用于装饰其他的 Reader 类。BufferedReader 的 readLine()方法可以一次读入一行字符，以字符串形式返回，如果读到文件末尾，就返回 null。

- 字符输出流。

Writer 类表示字符输出流，它的 write()方法向数据目的地依次写字符。假设数据目的地的字符采用本地操作系统的默认字符编码，Writer 类能够把内存中采用 Unicode 字符编码的字符转换为本地操作系统的默认字符编码，再把它们写到数据目的地。FileWriter 类是 Writer 类的一个具体子类，向文件中写字符。

- OutputStreamWriter 类。

OutputStreamWriter 类能根据特定的字符编码，向输出流写字符。假设 test.txt 文件的字符采用的字符编码为 "UTF-8"，以下代码创建的 OutputStreamWriter 对象能正确地向 test.txt 文件写字符：

```
FileOutputStream out1=new FileOutputStream("D:\\mydir\\test.txt");
OutputStreamWriter out2=new OutputStreamWriter(out1, "UTF-8" );
```

- PrintWriter 类。

PrintWriter 类能够输出格式化的数据。PrintWriter 的写数据的方法都以 print 开头，比如：

> print(String s)：向输出流写入一个 String 类型的数据。
> println(String s)：向输出流写入一个 String 类型的数据和换行符。

- RandomAccessFile 类。

RandomAccessFile 类不属于流，它具有随机读写文件的功能，能够从文件的任意位置开始执行读写操作。

- File 类。

File 类提供了管理文件或目录的方法。File 实例表示文件系统中的一个文件或者目录。File 类可用来察看文件或目录的信息，还可以创建或删除文件和目录。

- java.nio.file 包。

这个包中的类提供了一组功能强大的操纵文件系统的实用方法，支持对文件的移动和复制等，而且可以遍历复杂的目录树，对目录树中的各个节点进行操作。

19.14 编程实战：替换文本文件中的字符串

编写一个能替换文本文件中特定字符串的程序。例如，把文件中的所有"red"字符串替换为"blue"字符串。

编程提示

可以按照以下步骤来替换文本文件中的特定字符串：

（1）创建读取源文本文件的输入流。
（2）创建一个临时目录和临时文件，例如"D:\temp\temp.txt"。
（3）逐行读取源文件中的文本，替换特定字符串，把替换后的文本写到新建的临时文件中。
（4）把临时文件中的内容复制到源文件中。
（5）删除临时文件和临时目录。

例程 19-8 的 ReplaceTool 类的 replace()方法，就按照上述步骤实现了对文本文件的字符串替换功能。

例程 19-8　ReplaceTool.java

```java
public class ReplaceTool{

    public static void replace(Path file, String oldStr,String newStr)
                                    throws IOException{
        InputStream in1=new FileInputStream(file.toString());
        InputStreamReader in2=new InputStreamReader(in1);
        BufferedReader in3=new BufferedReader(in2);

        //创建临时目录"D:\\temp"
        Path tempPath=Files.createTempDirectory(
                            Paths.get("D:\\"),"temp");
        //创建临时文件"D:\\temp\\temp.txt"
        Path tempFile=Files.createTempFile(tempPath,"temp","txt");

        OutputStream out1=new FileOutputStream(tempFile.toString());
        OutputStreamWriter out2;
        out2=new OutputStreamWriter(out1);
        PrintWriter out3=new PrintWriter(out2,true);

        //读取源文件中的内容，替换特定字符串，再写到临时文件中
        String data=null;
        while((data=in3.readLine())!=null)
            out3.println(data.replace(oldStr,newStr));

        in3.close();
        out3.close();

        //把临时文件中的内容复制到源文件中
        Files.copy(tempFile, file,
                    StandardCopyOption.REPLACE_EXISTING);

        Files.delete(tempFile);      //删除临时文件
        Files.delete(tempPath);      //删除临时目录
    }

    public static void main(String[] args)throws IOException{
        Path file=Paths.get("D:\\mydir\\test.txt");
        replace(file,"red","blue");     //把文件中的字符串"red"替换为"blue"
```

            }
        }

上面代码中的 ReplaceTool 类是通过 Files 类来进行创建了临时目录、创建临时文件、复制文件、删除文件和删除目录操作的。下面按照以下步骤运行本程序：

（1）确保在 D:\mydir 目录下有一个 test.txt 文本文件，在该文本文件中包含 "red" 字符串。

（2）运行 "java ReplaceTool" 命令。再打开 test.txt 文件，就会发现文中的 "red" 字符串被替换为 "blue" 字符串。

19.15 编程实战：批量修改文件名

编写一个程序，修改特定目录及其子目录下所有文件的名字，修改方式为在文件名字末尾添加 ".bak" 扩展名。

编程提示

Files 类的 walkFileTree(Path path,FileVisitor visitor) 方法能够遍历一棵目录树。path 参数指定待遍历的目录树的根目录。visitor 参数用于指定遍历目录树上每一个节点时的具体操作。FileVistor 接口有一个实现类 SimpleFileVisitor。用户可以定义一个继承 SimpleFileVisitor 类的子类，并在该子类中实现具体的文件操作。

例程 19-9 的 RenameTool 类就是通过 Files 类的 walkFileTree() 方法来遍历目录树的，并且修改目录树中所有文件的名字。

例程 19-9　RenameTool.java

```java
import java.io.*;
import java.nio.file.*;
import java.nio.file.attribute.*;
public class RenameTool {
    public void rename(Path path,String newSuffix)throws IOException{
        //如果目录不存在，就直接返回
        if(Files.notExists(path)){
            System.out.println(path+"目录不存在");
            return;
        }

        //创建一个继承 SimpleFileVisitor 类的匿名类的实例
        FileVisitor<Path> fileVisitor=new SimpleFileVisitor<Path>(){
            //在该方法中提供访问目录树中节点的操作。path 参数表示当前的节点
            public FileVisitResult visitFile(Path path,
                                              BasicFileAttributes attrs)
                    throws IOException{
                File file=path.toFile();
                if(file.isFile()){
                    File newFile=new File(file.getPath()+newSuffix);
                    file.renameTo(newFile);         //修改文件名
                    System.out.println(file.getName()
```

```
                           +"改名为"+newFile.getName());
            }
            return FileVisitResult.CONTINUE;      //继续访问目录树的下一个节点
        }
    };
    //遍历访问目录树，fileVisitor 参数指定了对每个文件的修改行为
    Files.walkFileTree(path,fileVisitor);
}
public static void main(String[] args) throws IOException{
    RenameTool tool=new RenameTool();
    Path path=Paths.get("D:\\mydir");
    tool.rename(path,".bak");
}
```

在以上 RenameTool 类的 rename()方法中，定义了一个继承 SimpleFileVisitor 类的匿名类，并创建了匿名类的实例。该匿名类实现了 FileVisitor 接口的 visitFile()方法，在该方法中判断如果当前 path 节点是一个文件，那么就修改文件名。

运行本程序后，会发现 D:\mydir 目录及其子目录下的所有文件的名字都增加了".bak"扩展名。

第20章 并发运行多线程

孙悟空当年大闹天宫后,玉皇大帝派了十万天兵天将到花果山捉拿孙悟空。孙悟空拔了一撮猴毛,吹口气,猴毛就变作了无数小悟空,勇猛地与十万天兵天将展开激战,直到战胜了敌人。

假设每个小悟空打败100个敌人,而下面例程20-1的Monkey类表示小悟空,定义了一个用于打仗的fight()方法。

例程20-1 Monkey.java

```
package original;
public class Monkey{
    private String name;
    public Monkey(String name){
        this.name=name;
    }

    public void fight(){ /* 与敌人战斗 */
        for(int i=1;i<=100;i++)
            System.out.println(name+":打败第"+i+"个敌人");
    }
}
```

例程20-2中表示战争的War类的main()方法试图模拟三个小悟空与敌人展开激战的行为。

例程20-2 War.java

```
package original;
public class War{
    public static void main(String args[]){
        Monkey m1=new Monkey("第1个小悟空");    //创建第1个小悟空
        Monkey m2=new Monkey("第2个小悟空");    //创建第2个小悟空
        Monkey m3=new Monkey("第3个小悟空");    //创建第3个小悟空

        m1.fight();
        m2.fight();
        m3.fight();
    }
}
```

上面的main()方法创建了三个小悟空,第1个小悟空先上战场,打败100个敌人后,第2个小悟空再上战场,打败100个敌人,接下来第3个小悟空再上战场,打败100个敌人。这与实际的战斗过程不是太符合,因为在实际的战斗中,这三个小悟空同时上战场,一起与敌人战斗,一种可能的战斗过程如下:

```
第1个小悟空:打败第1个敌人
第1个小悟空:打败第2个敌人
第2个小悟空:打败第1个敌人
第3个小悟空:打败第1个敌人
第1个小悟空:打败第3个敌人
第3个小悟空:打败第2个敌人
……
```

如何用 Java 程序来模拟多个小悟空同时与敌人战斗的行为呢？这就需要借助 Java 语言的多线程技术，这首先涉及进程和线程的概念。

进程是指运行中的应用程序，每一个进程都有自己独立的内存空间。例如，对于 IE 浏览器程序，每打开一个 IE 浏览器窗口，就启动了一个 IE 浏览器进程。同样，每次执行 JDK 的 java.exe 程序，就启动了一个独立的 Java 虚拟机进程，该进程的任务是解析并执行 Java 程序代码。

线程则是指进程中的一个执行流程，有时也称为执行情景。一个进程可以由多个线程组成，即在一个进程中可以同时运行多个不同的线程，它们分别执行不同的任务。当进程内的多个线程同时运行时，这种运行方式称为并发运行。如果把小悟空们与天兵天将的整个战斗过程看作是一个进程，那么每个小悟空与敌人战斗的过程就是其中的一个线程。

线程与进程的主要区别在于：每个进程都需要操作系统为其分配独立的内存地址空间，而同一进程中的所有线程在同一块地址空间中工作，这些线程可以共享同一块内存和系统资源，比如共享一个对象或者共享已经打开的一个文件。

本章内容主要围绕以下问题展开：
- 什么是 Java 线程的运行机制？
- 如何定义线程类？
- 如何创建并启动线程？
- Java 虚拟机如何对多个线程进行调度？
- 如何在程序中干预线程的运行过程，比如让线程睡眠？

20.1 Java 线程的运行机制

在 Java 虚拟机进程中，执行程序代码的任务是由线程来完成的。每当用 java 命令启动一个 Java 虚拟机进程，Java 虚拟机就会创建一个 main 主线程，该线程从程序入口 main()方法开始执行。下面以例程 20-3 的 Sample 为例，介绍线程的运行过程。

例程 20-3 Sample.java

```
public class Sample{
    private int a;          //实例变量

    public static void main(String args[]){
        Sample s=new Sample();
        System.out.println(s.a);
```

            }
        }

运行以上 Sample 类，main 主线程执行的程序代码为：

```
Sample s=new Sample();
System.out.println(s.a);
```

从以上程序代码可以看出，main 主线程操纵的数据为内存中的 Sample 对象及它的实例变量 a。另外，计算机中机器指令的真正执行者是 CPU，线程必须获得 CPU 的使用权，才能执行一条指令。如图 20-1 所示，线程在执行程序代码时需要占用计算机的 CPU 和内存资源。

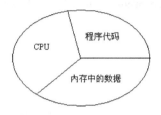

图 20-1 线程在执行程序代码时需要占用计算机的 CPU 和内存资源

线程的运行过程为：占用 CPU，执行特定的程序代码，该程序代码会操纵内存中的特定数据。

20.2 线程的创建和启动

上一节提到了 Java 虚拟机的 main 主线程，它从一个类的 main()方法开始运行。此外，程序员还可以创建自己的线程，它可以和主线程并发运行。创建线程有两种方式：
- 扩展 java.lang.Thread 类。
- 实现 java.lang.Runnable 接口。

20.2.1 扩展 java.lang.Thread 类

Thread 类代表线程类，它最主要的两个方法是：
- run()：包含线程运行时所执行的代码。
- start()：用于启动线程。

程序员自定义的线程类只需继承 Thread 类，覆盖 Thread 类的 run()方法。在 Thread 类中，run()方法的定义如下：

```
public void run(){}
```

对于本章开头提到的小悟空和敌人作战的例子，main 主线程负责运行 War 类的 main()方法。为了让小悟空们同时与敌人战斗，需要把每个小悟空都当作线程，这些小悟空线程并发运行，各自执行自己的 fight()方法。

下面的例程 20-4 中的 Monkey 类继承了 Thread 类，这样，Monkey 类就变成了线程类。Monkey 类覆盖了 Thread 类的 run()方法，该 run()方法调用 fight()方法。

例程 20-4　Monkey.java

```java
public class Monkey extends Thread{

  public Monkey(String name){
    super(name);       //调用 Thread 父类的 Thread(String name)构造方法
  }

  public void fight(){ /* 与敌人战斗 */
    for(int i=1;i<=100;i++)
      System.out.println(getName()+":打败第"+i+"个敌人");
  }

  public void run(){
    fight();
  }
}
```

例程 20-5 的 War 类的 main()方法负责创建三个小悟空线程对象，并且调用它们的 start()方法，依次启动这个三个小悟空线程。

例程 20-5　War.java

```java
public class War{
  public static void main(String args[]){
    Monkey m1=new Monkey("第 1 个小悟空");   //创建第 1 个小悟空线程对象
    Monkey m2=new Monkey("第 2 个小悟空");   //创建第 2 个小悟空线程对象
    Monkey m3=new Monkey("第 3 个小悟空");   //创建第 3 个小悟空线程对象

    m1.start();    //启动第 1 个小悟空线程
    m2.start();    //启动第 2 个小悟空线程
    m3.start();    //启动第 3 个小悟空线程
  }
}
```

在现实世界里，工厂里制造出的一台机器，如果不按启动按钮，它是不会运行的。同样，当通过 new 语句创建了一个小悟空线程对象后，如果不调用它的 start()方法，这个小悟空线程也不会启动。只有调用它的 start()方法，才会启动小悟空线程。小悟空线程一旦被启动，就会自动运行自己的 run()方法。

如图 20-2 所示，当运行"java War"命令时，Java 虚拟机进程首先创建并启动 main 主线程，main 主线程的任务是执行 War 类的 main()方法，main()方法创建了三个小悟空线程对象，然后依次调用它们的 start()方法，启动这三个小悟空线程。每个小悟空线程的任务是执行它的 run()方法，与敌人战斗。

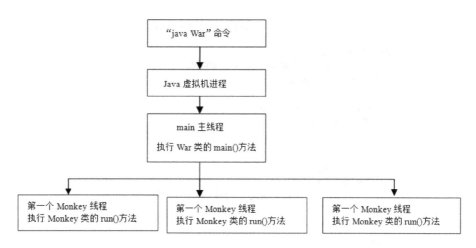

图 20-2　main 主线程创建并启动三个小悟空线程

Thread 类有一个 name 属性，表示线程的名字。Thread 类还有一个 Thread(String name)构造方法，用于设置 name 属性。此外。Thread 类的 getName()方法返回线程的名字。在以上 Monkey 线程类的 fight()方法中，调用 Thread 父类的 getName()方法来获得线程的名字：

> System.out.println(getName()+":打败第"+i+"个敌人");

运行例程 20-5 的 War 类，可能的一种运行结果如下：

> 第 1 个小悟空:打败第 1 个敌人
> 第 1 个小悟空:打败第 2 个敌人
> 第 2 个小悟空:打败第 1 个敌人
> 第 3 个小悟空:打败第 1 个敌人
> 第 1 个小悟空:打败第 3 个敌人
> 第 3 个小悟空:打败第 2 个敌人
> ……

从以上打印结果可以看出，这三个小悟空线程会并发运行。在每一时刻到底由哪个线程占用 CPU 执行代码，这取决于 Java 虚拟机的调度及底层的计算机平台，因此程序在不同的计算机平台里运行，会出现不同的运行效果。

20.2.2　实现 java.lang.Runnable 接口

Java 不允许一个类继承多个类，因此一旦 Monkey 类继承了 Thread 类，就不能再继承其他的类。如何让 Monkey 类既支持多线程，又能继承 Thread 类以外的其他类呢？为了解决这一问题，可以利用 Java 语言提供的 java.lang.Runnable 接口，它有一个 run()方法，它的定义如下：

> public void run();

例程 20-6 中的 Monkey 类实现了 Runnable 接口，run()方法包含线程所执行的代码。如果 Monkey 类日后需要继承其他的类，例如 Animal 类，也完全可以做到：

> public class Monkey **extends Animal implements Runnable**{…}

例程 20-6　Monkey.java

```java
package runimpl;
public class Monkey implements Runnable{
  private String name;

  public Monkey(String name){
    this.name=name;
  }

  public void fight(){ /* 与敌人战斗 */
    for(int i=1;i<=100;i++)
      System.out.println(name+":打败第"+i+"个敌人");
  }

  public void run(){
    fight();
  }
}
```

上面代码中的尽管 Monkey 类为线程提供了 run()方法，但它本身不是线程类，如果要创建一个专门执行 Monkey 类的 run()方法的线程，需要按照如下方式创建一个 Thread 对象：

```
Monkey m1=new Monkey("第 1 个小悟空");   //创建第 1 个小悟空对象
Thread t1=new Thread(m1);                //创建第 1 个小悟空线程对象
t1.start();                              //启动第 1 个小悟空线程
```

在 Thread 类中定义了如下形式的构造方法：

```
//当线程启动时，将执行参数 runnable 所引用对象的 run()方法
Thread(Runnable runnable)
```

在例程 20-7 的 War 类中，main 主线程创建了 t1、t2 和 t3 这三个小悟空线程对象。当启动这三个线程以后，将分别执行三个 Monkey 对象的 run()方法。

例程 20-7　War.java

```java
package runimpl;
public class War{
  public static void main(String args[]){
    Monkey m1=new Monkey("第 1 个小悟空");   //创建第 1 个小悟空对象
    Monkey m2=new Monkey("第 2 个小悟空");   //创建第 2 个小悟空对象
    Monkey m3=new Monkey("第 3 个小悟空");   //创建第 3 个小悟空对象

    Thread t1=new Thread(m1);   //创建第 1 个小悟空线程对象
    Thread t2=new Thread(m2);   //创建第 2 个小悟空线程对象
    Thread t3=new Thread(m3);   //创建第 3 个小悟空线程对象

    t1.start();   //启动第 1 个小悟空线程
    t2.start();   //启动第 2 个小悟空线程
    t3.start();   //启动第 3 个小悟空线程
  }
}
```

20.3 线程的状态转换

线程在它的生命周期中会处于各种不同的状态：新建、就绪、运行、阻塞、等待和死亡。如图 20-3 所示是线程的状态转换图。

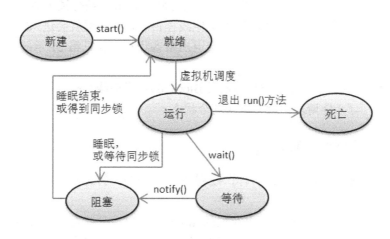

图 20-3　线程的状态转换图

20.3.1 新建状态（New）

用 new 语句创建的线程对象处于新建状态，此时它和其他 Java 对象一样，仅仅被分配了内存。

20.3.2 就绪状态（Runnable）

当一个线程对象被创建后，其他线程调用它的 start()方法，该线程就进入就绪状态。处于这个状态的线程位于 Java 虚拟机的可运行池中，等待 CPU 的使用权。

20.3.3 运行状态（Running）

处于这个状态的线程会占用 CPU，执行程序代码。在并发运行环境中，如果计算机只有一个 CPU，那么任何时刻都只会有一个线程处于这个状态。如果计算机有多个 CPU，那么同一时刻可以让几个线程占用不同的 CPU，使它们都处于运行状态。只有处于就绪状态的线程才有机会转到运行状态。

> Thread 类的 getState()方法会返回线程的状态，当线程处于就绪状态或运行状态时，返回值都是 Thread.State.RUNNABLE。也就是说，Thread.State.RUNNABLE 包含了就绪状态和运行状态。

20.3.4 阻塞状态（Blocked）

阻塞状态是指线程因为某些原因放弃 CPU，暂时停止运行。当线程处于阻塞状态时，Java 虚拟机不会给线程分配 CPU，直到线程重新进入就绪状态，它才有机会转到运行状态。

线程在以下情况会进入阻塞状态：

- 同步阻塞状态：当线程处于运行状态，试图获得某个对象的同步锁时，如果该对象的同步锁已经被其他线程占用，该线程就会进入同步阻塞状态，直到线程获得了同步锁，才会退出阻塞状态。参见第 21 章的 21.1 节（线程的同步）。
- 其他阻塞状态（Otherwise Blocked）：当前线程执行了 sleep()方法，或者发出了 I/O 请求，就会进入这个状态。

20.3.5 等待状态（Waiting）

等待状态和阻塞状态一样，线程会放弃 CPU，暂时停止运行。线程在以下情况会进入等待状态：

- 线程 A 执行了某个对象的 wait()方法以后，就会进入等待状态，直到其他线程（如线程 B）将其唤醒，线程 A 才会退出等待状态。参见第 21 章的 21.2 节（线程的通信）。
- 线程 A 调用了其他线程（如线程 B）的 join()方法，线程 A 会进入等待状态，等待线程 B 运行完毕，线程 A 才会退出等待状态。

20.3.6 死亡状态（Terminated）

当线程执行完 run()方法中的代码，或者遇到了未捕获的异常时，就会退出 run()方法，此时就进入死亡状态，该线程结束生命周期。

20.3.7 线程状态转换举例

本章 20.2.1 节的例程 20-5 的 War 类的 main()方法创建了三个小悟空线程，然后依次启动它们：

```
Monkey m1=new Monkey("第 1 个小悟空");    //创建第 1 个小悟空线程对象
Monkey m2=new Monkey("第 2 个小悟空");    //创建第 2 个小悟空线程对象
Monkey m3=new Monkey("第 3 个小悟空");    //创建第 3 个小悟空线程对象

m1.start();    //启动第 1 个小悟空线程
m2.start();    //启动第 2 个小悟空线程
m3.start();    //启动第 3 个小悟空线程
```

下面以例程 20-5 的 War 类为例，分析程序在运行时各个线程的状态转换过程，参见表 20-1。表中的 m1、m2 和 m3 分别代表三个小悟空线程。T1、T2 和 T3 等时刻之间的时间差极短，例如，可能仅仅相差若干微秒。为了节省篇幅，表中未显示 T12 到

Ti 时刻之间各个线程占用 CPU 执行程序代码的顺序。

表 20-1 War 程序在运行时各个线程的状态转换过程

时刻	CPU 执行的程序代码	main 主线程状态	m1 线程状态	m2 线程状态	m3 线程状态
T1	用 new 语句创建 m1 线程	运行	新建	-	-
T2	用 new 语句创建 m2 线程	运行	新建	新建	-
T3	用 new 语句创建 m3 线程	运行	新建	新建	新建
T4	m1.start()	运行	就绪	新建	新建
T5	m1 线程消灭第 1 个敌人	就绪	运行	新建	新建
T6	m2.start()	运行	就绪	就绪	新建
T7	m3.start()	运行转到死亡	就绪	就绪	就绪
T8	m1 线程消灭第 2 个敌人	-	运行	就绪	就绪
T9	m2 线程消灭第 1 个敌人	-	就绪	运行	就绪
T10	m3 线程消灭第 1 个敌人	-	就绪	就绪	运行
T11	m1 线程消灭第 3 个敌人	-	运行	就绪	就绪
T12	m3 线程消灭第 2 个敌人	-	就绪	就绪	运行
…	…	…	…	…	…
Ti	m1 线程消灭第 100 个敌人	-	运行转到死亡	就绪	就绪
Ti+1	m3 线程消灭第 100 个敌人	-	-	就绪	运行转到死亡
Ti+2	m2 线程消灭第 100 个敌人	-	-	运行转到死亡	-

从表 20-1 可以看出，每个小悟空线程都经历了新建、就绪、运行和死亡的过程。并且每个小悟空线程都会在就绪和运行这两个状态之间进行多次切换。此外，在任何时刻，只有一个线程处于运行状态。

20.4 线程调度

计算机通常只有一个 CPU，在任意时刻只能执行一条机器指令，每个线程只有获得 CPU 的使用权才能执行指令。例如在本章 20.3.7 节的表 20-1 中，任何时刻，只有一个线程占用 CPU，处于运行状态。

所谓多线程的并发运行，其实是指各个线程轮流获得 CPU 的使用权，分别执行各自的任务。在可运行池中，会有多个处于就绪状态的线程在等待 CPU。例如，在 20.3.7 节的表 20-1 中，在 T9 时刻，m2 线程处于运行状态，而 m1 和 m3 线程处于就绪状态。m1 和 m3 线程何时会获得 CPU 的使用权呢？程序是无法决定的，这取决于 Java 虚拟机。

Java 虚拟机的一项任务就是负责线程的调度。线程的调度是指按照特定的机制为多个线程分配 CPU 的使用权，有两种调度模型：分时调度模型和抢占式调度模型。

分时调度模型是指让所有线程轮流获得 CPU 的使用权，并且平均分配每个线程占用 CPU 的时间片。

Java 虚拟机采用抢占式调度模型,它是指优先让可运行池中优先级高的线程占用 CPU,如果可运行池中线程的优先级相同,那么就随机地选择一个线程,使其占用 CPU。处于运行状态的线程会一直运行,直至它不得不放弃 CPU。一个线程会因为以下原因而放弃 CPU：

- Java 虚拟机让当前线程暂时放弃 CPU,转到就绪状态,使其他线程获得运行机会。
- 当前线程因为某些原因而进入阻塞状态。
- 线程运行结束。

值得注意的是,线程的调度不是跨平台的,它不仅取决于 Java 虚拟机,还依赖于底层操作系统。在某些操作系统中,只要运行中的线程没有遇到阻塞,就不会放弃 CPU；在某些操作系统中,即使运行中的线程没有遇到阻塞,也会在运行一段时间后放弃 CPU,给其他线程运行的机会。

由于 Java 线程的调度不是分时的,因此同时启动多个线程后,不能保证各个线程轮流获得均等的 CPU 时间片。如果程序希望干预 Java 虚拟机对线程的调度过程,从而明确地让一个线程给另外一个线程运行的机会,可以采取以下办法之一：

- 调整各个线程的优先级。
- 让处于运行状态的线程调用 Thread.sleep()方法。
- 让处于运行状态的线程调用 Thread.yield()方法。
- 让处于运行状态的线程调用另一个线程的 join()方法。

20.4.1　调整各个线程的优先级

所有处于就绪状态的线程根据优先级存放在可运行池中,优先级低的线程获得较少的运行机会,优先级高的线程获得较多的运行机会。Thread 类的 setPriority(int)和 getPriority()方法分别用来设置和读取线程的优先级。优先级用整数表示,取值范围是 1~10,Thread 类有三个静态常量：

- MAX_PRIORITY：取值为 10,表示最高优先级。
- MIN_PRIORITY：取值为 1,表示最低优先级。
- NORM_ PRIORITY：取值为 5,表示普通优先级。这是所有线程默认的优先级。

下面对本章 20.2.1 节的例程 20-5 的 War 类的 main()方法进行一些修改,分别设置 m1 和 m3 线程的优先级,例程 20-8 为修改后的 War2 类。

例程 20-8　War2.java

```
public class War2{
    public static void main(String args[]){
        Monkey m1=new Monkey("第 1 个小悟空");   //创建第 1 个小悟空线程对象
        Monkey m2=new Monkey("第 2 个小悟空");   //创建第 2 个小悟空线程对象
        Monkey m3=new Monkey("第 3 个小悟空");   //创建第 3 个小悟空线程对象

        //打印 m2 线程的默认优先级别为:5
        System.out.println("m2 线程的默认优先级别为:"+m2.getPriority());
```

```
          m1.setPriority(Thread.MIN_PRIORITY);
          m3.setPriority(Thread.MAX_PRIORITY);

          m1.start();   //启动第 1 个小悟空线程
          m2.start();   //启动第 2 个小悟空线程
          m3.start();   //启动第 3 个小悟空线程
    }
}
```

m1、m2 和 m3 线程分别处于最低、普通和最高优先级。因此运行以上程序时，m3 线程将优先获得 CPU 使用权，接下来是 m2 和 m1 线程。值得注意的是，尽管为这三个线程设定了不同的优先级别，程序还是不能精确控制这些线程的执行先后顺序。在不同的计算机平台中运行本程序，会得到不同的执行序列。

20.4.2 线程睡眠：Thread.sleep()方法

当一个线程在运行中执行了 sleep()方法以后，它就会放弃 CPU，转到阻塞状态。下面对本章 20.2.1 节的例程 20-4 的 Monkey 类的 fight()方法做如下修改，使小悟空线程每次打败一个敌人后，就休息 500 毫秒：

```
public void fight(){ /* 与敌人战斗 */
  for(int i=1;i<=100;i++){
    System.out.println(getName()+":打败第"+i+"个敌人");

    try{
      sleep(500); //睡眠 500 毫秒
    }catch(InterruptedException e){
      throw new RuntimeException(e);
    }
  }
}
```

Thread 类的 sleep(long millis)方法是静态方法，millis 参数用于设定睡眠的时间，以毫秒为单位。

再次运行 20.2.1 节的例程 20-5 的 War 类，假设某一时刻 m1 线程获得 CPU，开始执行一次 for 循环，当它执行 sleep()方法时，就会放弃 CPU 并开始睡眠。接着 m2 线程获得 CPU，开始执行一次 for 循环，当它执行 sleep()方法时，也会放弃 CPU 并开始睡眠。接着 m3 线程获得 CPU，开始执行一次 for 循环，当它执行 sleep()方法时，也会放弃 CPU 并开始睡眠。假设此时 m1 线程已经结束睡眠，又会获得 CPU，继续执行下一次 for 循环。

再次运行 War 程序，一种可能的打印结果如下：

```
第 1 个小悟空:打败第 1 个敌人
第 2 个小悟空:打败第 1 个敌人
第 3 个小悟空:打败第 1 个敌人
第 1 个小悟空:打败第 2 个敌人
第 2 个小悟空:打败第 2 个敌人
第 3 个小悟空:打败第 2 个敌人
第 1 个小悟空:打败第 3 个敌人
```

```
第 2 个小悟空:打败第 3 个敌人
第 3 个小悟空:打败第 3 个敌人
……
```

值得注意的是，当 m1 线程结束睡眠以后，首先转到就绪状态，假如此时 CPU 正被 m2 线程占用，那么 m1 线程不一定会立即运行，而是在可运行池中等待获得 CPU。

20.4.3 线程让步：Thead.yield()方法

当一个线程在运行中执行了 Thread 类的 yield()静态方法以后，如果此时具有相同或更高优先级的其他线程处于就绪状态，yield()方法将把当前运行的线程放到可运行池中并使另一个线程运行。如果没有相同或更高优先级的可运行进程，yield()方法什么都不做。

下面对 20.2.1 节的例程 20-4 的 Monkey 类的 fight()方法做如下修改，使小悟空线程每次打败一个敌人后，就执行 yield()方法，把运行机会让给别的小悟空线程：

```java
public void fight(){ /* 与敌人战斗 */
    for(int i=1;i<=100;i++){
        System.out.println(getName()+":打败第"+i+"个敌人");
        yield();
    }
}
```

再次运行 20.2.1 节的例程 20-5 的 War 程序，一种可能的打印结果如下：

```
第 1 个小悟空:打败第 1 个敌人
第 2 个小悟空:打败第 1 个敌人
第 3 个小悟空:打败第 1 个敌人
第 1 个小悟空:打败第 2 个敌人
第 2 个小悟空:打败第 2 个敌人
第 3 个小悟空:打败第 2 个敌人
第 1 个小悟空:打败第 3 个敌人
第 2 个小悟空:打败第 3 个敌人
第 3 个小悟空:打败第 3 个敌人
……
```

sleep()方法和 yield()方法都是 Thread 类的静态方法，都会使当前处于运行状态的线程放弃 CPU，把运行机会让给别的线程。两者的区别在于：

- sleep()方法会给其他线程运行的机会，不考虑其他线程的优先级，因此会给较低优先级线程一个运行的机会；yield()方法只会给相同优先级或者更高优先级的线程一个运行的机会。
- 当线程执行了 sleep(long millis)方法以后，将转到阻塞状态，参数 millis 用于指定睡眠时间；当线程执行了 yield()方法以后，将转到就绪状态。
- sleep()方法声明抛出 InterruptedException 异常，而 yield()方法没有声明抛出任何异常。
- 当跨平台运行时，sleep()方法比 yield()方法具有更好的可移植性。不能依靠 yield()方法来提高程序的并发性能。对于大多数程序员来说，yield()方法的唯一用途是在测试期间人为地提高程序的并发性能，以帮助发现一些隐藏的错误。本章及后面章节为了使得程序能增加出现预期运行效果的可能性,在一些例子中使用了 yield()方法,这只是出于演示的需要,但在实际应用中不值得效法。

20.4.4 等待其他线程结束:join()

当前运行的线程可以调用另一个线程的join()方法,当前运行的线程将转到阻塞状态,直至另一个线程运行结束,它才会恢复运行。

本章所说的线程恢复运行,确切的意思是指线程从阻塞状态转到就绪状态,在这个状态就能获得运行机会。

例如,在例程 20-9 的 War3 类的 main()方法中,main 主线程调用了 monkey 线程的 join()方法,main 主线程将等到 monkey 线程运行结束后,才会恢复运行。

例程 20-9　War3.java

```
public class War3{
  public static void main(String args[])throws Exception{
    System.out.println("main 主线程开始运行");

    Monkey monkey=new Monkey("第 1 个小悟空");   //创建小悟空线程对象
    monkey.start();    //启动小悟空线程
    monkey.join();    //等待小悟空线程运行结束

    System.out.println("main 主线程运行结束");
  }
}
```

以上程序的打印结果如下:

```
main 主线程开始运行
第 1 个小悟空:打败第 1 个敌人
第 1 个小悟空:打败第 2 个敌人
第 1 个小悟空:打败第 3 个敌人
第 1 个小悟空:打败第 4 个敌人
第 1 个小悟空:打败第 5 个敌人
……
第 1 个小悟空:打败第 100 个敌人
main 主线程运行结束
```

当 main 主线程执行了 monkey.join()方法以后,main 主线程就会放弃 CPU,直到小悟空线程运行结束,main 主线程才会恢复运行,执行 main()方法中的最后一行打印代码。

20.5　获得当前线程对象的引用

Thread 类的 currentThread()静态方法返回当前线程对象的引用。在例程 20-10 的 Machine 类中，当 main 主线程执行 currentThread()方法以后，就返回主线程对象的引用；当 machine 线程执行 currentThread()方法以后，就返回 machine 线程对象的引用。

例程 20-10　Machine.java

```java
public class Machine extends Thread{
    public void run(){
        for(int a=0;a<100;a++)
            System.out.println(currentThread().getName()+":"+a);
    }
    public static void main(String args[]){
        Machine machine=new Machine();       //创建 machine 线程对象
        machine.setName("machine");

        machine.start();                     //启动 machine 线程
        machine.run();                       //主线程执行 machine 对象的 run()方法
    }
}
```

上面的 main 主线程启动了 machine 线程后，main 主线程也会执行 machine 对象的 run()方法。因此，main 主线程和 machine 线程将并发执行 machine 对象的 run()方法。

运行以上程序，一种可能的打印结果如下：

```
main:0
main:1
machine:0
machine:1
machine:2
main:2
```

如果把 Machine 类的 run()方法中的"currentThread()"改为"this"：

```java
for(int a=0;a<100;a++)
    System.out.println(this.getName()+":"+a);
```

那么程序的打印结果如下：

```
machine:0
machine:1
machine:0
machine:1
machine:2
machine:2
```

不管是 main 主线程还是 machine 线程，都执行同一个 machine 对象的 run()方法，run()方法中的 this 关键字引用当前的 machine 对象，因此 this.getName()方法总是返回

machine 对象的 name 属性。

20.6 小结

本章涉及的 Java 知识点总结如下：
（1）进程的概念。
进程是指运行中的程序。
（2）线程的概念。
线程是指进程中的一个执行流程，有时也称为执行情景。一个进程可以由多个线程组成，即在一个进程中可以同时运行多个不同的线程，它们分别执行不同的任务。
（3）main 主线程。
运行"java War"命令，就启动一个 Java 虚拟机进程，Java 虚拟机进程就会创建一个 main 主线程，该线程从 War 类的程序入口 main() 方法开始执行。
（4）创建和启动线程的第一种方式。
①定义继承 Thread 类的 Monkey 类，覆盖 Thread 类的 run() 方法。
②创建并启动 monkey 线程：

```
Monkey monkey=new Monkey("小悟空");   //创建 monkey 线程对象
monkey.start();                      //启动 monkey 线程
```

Thread 类的 start() 方法用于启动线程。启动 monkey 线程后，程序会自动运行 monkey 对象的 run() 方法。
（5）创建和启动线程的第二种方式。
①定义实现 Runnable 接口的 Monkey 类，实现 Runnable 接口的 run() 方法。
②创建并启动能执行 monkey 对象的 run() 方法的 thread 线程：

```
Monkey monkey=new Monkey("小悟空");       //创建 monkey 对象
Thread thread=new Thread(monkey);        //创建 thread 线程对象
thread.start(); //启动 thread 线程
```

Thread 类的 start() 方法用于启动线程。启动 thread 线程后，程序会自动运行 monkey 对象的 run() 方法。
（6）线程在生命周期中所处的状态。
①新建状态：用 new 语句创建的线程对象处于新建状态。
②就绪状态：当一个线程对象被创建后，若其他线程调用它的 start() 方法，那么该线程就进入就绪状态。
③运行状态：处于这个状态的线程占用 CPU，执行程序代码。只有处于就绪状态的线程，才有机会转到运行状态。
④阻塞状态：若线程因为某些原因放弃 CPU，那么程序会暂时停止运行。当线程处于阻塞状态时，Java 虚拟机不会给线程分配 CPU，直到线程重新进入就绪状态，它才有机会转到运行状态。

⑤死亡状态：当线程执行完 run()方法中的代码以后，或者遇到了未捕获的异常，它就会退出 run()方法，此时就会进入死亡状态，则该线程结束生命周期。

（7）程序如何干预 Java 虚拟机对线程的调度。

①调整各个线程的优先级。

②让处于运行状态的线程调用 Thread.sleep()方法。

③让处于运行状态的线程调用 Thread.yield()方法。

④让处于运行状态的线程调用另一个线程的 join()方法。

（8）Thread 类的 currentThread()静态方法。

Thread 类的 currentThread()静态方法返回当前线程对象的引用。所谓当前线程，就是正在执行该 currentThread()静态方法的线程。

20.7 编程实战：孙悟空偷吃蟠桃

孙悟空当年在天上管理蟠桃园时，常常偷吃蟠桃。假设有一棵蟠桃树，每隔 300 毫秒就随机结出若干蟠桃（数目是 0~6 的随机数）。有一个仙女，每隔 500 毫秒就会数一次蟠桃树上的桃子数目。孙悟空每隔 100 毫秒会吃掉这棵蟠桃树上的一个桃子。

请编写一个程序，模拟孙悟空吃桃、仙女数桃和蟠桃树结出桃子的行为。

编程提示

可以把桃树 Tree 类、仙女 Fairy 类和猴子 Monkey 类都定义为线程类，它们的 run()方法分别包含结出桃子、数桃和吃桃的操作。例程 20-11、20-12 和 20-13 分别是这三个类的源程序。

例程 20-11　Tree.java

```java
package game;
import java.util.Random;
public class Tree extends Thread{
    private int peachCount=100; //桃子的数目
    public Tree(String name){
        super(name);
    }
    public int getPeachCount(){
        return peachCount;
    }

    public void setPeachCount(int count){
        this.peachCount=count;
    }

    public void run(){
        Random random=new Random();
        while(true){
            int a=random.nextInt(6);        //获得一个 0~6 的随机数
            peachCount+=a;
```

```
        System.out.println(getName()+":长出"+a+"个新蟠桃");
        SleepWrapper.sleep(300);     //睡眠 300 毫秒
      }
    }
}
```

例程 20-12 Fairy.java

```
package game;
public class Fairy extends Thread{
  private Tree tree;
  public Fairy(String name,Tree tree){
    super(name);
    this.tree=tree;
  }

  public void run(){
    while(true){
      System.out.println(getName()
           +":树上有"+tree.getPeachCount()+"个蟠桃");
      SleepWrapper.sleep(500);    //睡眠 500 毫秒
    }
  }
}
```

例程 20-13 Monkey.java

```
package game;
public class Monkey extends Thread{
  private Tree tree;
  private Fairy fairy;
  public Monkey(String name,Tree tree,Fairy fairy){
    super(name);
    this.tree=tree;
    this.fairy=fairy;
  }

  public void run(){
    while(true){
      if(tree.getPeachCount()==0)continue;
      tree.setPeachCount(tree.getPeachCount()-1);
      System.out.println(getName()
           +":吃了 1 个蟠桃");
      SleepWrapper.sleep(100);
    }
  }
}
```

以上 Tree、Fairy 和 Monkey 类的 run()方法都会调用自定义的 SleepWrapper 类的静态 sleep()方法，这个方法用于处理 Thread.sleep()方法抛出的 InterruptedException 异常，把它转换为运行时异常。SleepWrapper 类的定义如下：

```
package game;
public class SleepWrapper{
  public static void sleep(int time){
    try{
      Thread.sleep(time);
```

```
        }catch(InterruptedException e){
            //把 InterruptedException 异常转换为运行时异常
            new RuntimeException(e);
        }
    }
}
```

例程 20-14 的 Play 类的 main()方法创建了 Tree、Fairy 和 Monkey 线程对象，然后启动这三个线程。当我们运行这三个线程时，会同时操纵同一个 Tree 对象的 peachCount 属性。Monkey 线程使得 peachCount 属性不断递减，Tree 线程使得 peachCount 属性不断随机增长，而 Fairy 线程则不断打印 peachCount 属性的当前取值。

例程 20-14　Play.java

```
package game;
public class Play{
    public static void main(String[] args){
        Tree tree=new Tree("蟠桃树");
        Fairy fairy=new Fairy("仙女",tree);
        Monkey monkey=new Monkey("孙悟空",tree,fairy);

        tree.start();
        fairy.start();
        monkey.start();
    }
}
```

运行 Play 类，会得到类似下面的打印结果：

```
孙悟空:吃了 1 个蟠桃
孙悟空:吃了 1 个蟠桃
孙悟空:吃了 1 个蟠桃
蟠桃树:长出 2 个新蟠桃
仙女:树上有 99 个蟠桃
孙悟空:吃了 1 个蟠桃
孙悟空:吃了 1 个蟠桃
蟠桃树:长出 5 个新蟠桃
孙悟空:吃了 1 个蟠桃
……
```

Tree、Fairy 和 Monkey 线程类的 run()方法都会进行无限循环。当程序在 DOS 控制台运行以后，可以通过【Ctrl+C】组合键来终止程序。

第 21 章 同步通信多线程

王母娘娘常常在天上举办隆重的蟠桃会,悟空效法天界,也常常在花果山举办热热闹闹的蟠桃会。如图 21-1 所示,桃子被放在果盘 Plate 里,客人 Guest 每次从果盘里取出一个桃子,当果盘空了以后,服务员 Servant 就会重新给果盘装满桃子。

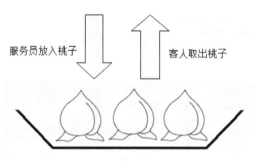

图 21-1 服务员和客人分别放入和取出桃子

本章将用 Java 语言来演绎蟠桃会上客人吃桃的过程。例程 21-1 的 Plate 类表示果盘,它的 *count* 实例变量表示果盘中桃子的当前个数。

例程 21-1　Plate.java

```java
class Plate{   /** 表示果盘*/
    private int count;           //果盘里桃子的个数
    public final int MAX_COUNT=3;   //果盘里最多容纳的桃子个数

    public void get(){           //从果盘里取出一个桃子
      if(count>0){
        count--;
        Thread.currentThread().yield();

        System.out.println(Thread.currentThread().getName()
            +"取出第"+(MAX_COUNT-count)+"个桃子");
      }else{
        System.out.println(Thread.currentThread().getName()
            +"没取到桃子");
      }
    }

    public void put(){           //给果盘装满桃子
      if(count==0){
        count=MAX_COUNT;
        Thread.currentThread().yield();

        System.out.println(Thread.currentThread().getName()
            +"给果盘装满"+count+"个桃子");
      }
```

```
    }
}
```

Plate类的get()方法从果盘里取出一个桃子，put()方法在果盘里没有桃子的情况下，给果盘装满桃子。

例程21-2的Guest线程类表示客人，它的run()方法不断从果盘里取出桃子。

例程21-2　Guest.java

```
class Guest extends Thread{
  Plate plate;

  public Guest(Plate plate){
    this.plate=plate;
  }

  public void run(){
    while(true)
      plate.get();      //从果盘里取一个桃子
  }
}
```

例程21-3的Servant线程类表示服务员，它的run()方法不断为果盘装满桃子。

例程21-3　Servant.java

```
class Servant extends Thread{
  private Plate plate;

  public Servant(Plate plate){
    this.plate=plate;
  }

  public void run(){
    while(true)
      plate.put();      //为果盘装满桃子
  }
}
```

例程21-4的Party类的main()方法演绎了蟠桃会上客人和服务员的行为：

例程21-4　Party.java

```
public class Party{
  public static void main(String args[]){
    Plate plate=new Plate();            //创建果盘

    Servant servant=new Servant(plate); //创建服务员
    Guest guest=new Guest(plate);       //创建客人

    servant.setName("服务员");
    guest.setName("客人");

    servant.start();                    //启动服务员线程
    guest.start();                      //启动客人线程
  }
```

}

Party 类的 main()方法先后创建了表示果盘、服务员和客人的 Plate 对象、Servant 对象和 Guest 对象，接下来再启动 Servant 线程和 Guest 线程，这两个线程就会并发访问同一个 Plate 对象。

运行 Party 程序，一种可能的打印结果如下：

```
服务员给果盘装满 2 个桃子
客人取出第 1 个桃子
客人取出第 2 个桃子
……
```

以上打印结果令人啼笑皆非，服务员明明给果盘装满了 3 个桃子，怎么打印结果却显示给果盘装满了 2 个桃子呢？

要解决上述问题，就需要借助 Java 线程的同步技术和通信技术。本章内容主要围绕以下问题展开：

- 线程的同步机制如何运作？
- 如何利用 synchronized 标记来编写同步代码？
- 线程的通信机制如何运作？
- 如何利用共享对象的 wait()和 notify()方法来进行线程之间的通信？

21.1 线程的同步

线程的职责就是执行一些操作，而多数操作都涉及数据的处理。例如，例程 21-5 的 Machine 线程的操作主要是处理实例变量 a：

```
a+=i;
a-=i;
System.out.println(a);
```

Machine 线程先把变量 a 加上 i，再把变量 a 减去 i，最后打印 a。这段操作实际上是完成一道非常简单的算术题：树上本来有 a 只鸟，飞来 i 只鸟，后来又飞走 i 只鸟，树上还剩下多少只鸟？按理说，变量 a 的最后取值应该和初始值一样。

例程 21-5　Machine.java

```java
public class Machine implements Runnable {
    private int a=1;            //线程的共享数据

    public void run() {
        for(int i=0;i<1000;i++){
            a+=i;
            Thread.yield();     //给其他线程运行的机会
            a-=i;
            System.out.println(a);
        }
    }
```

```
public static void main(String args[]){
    Machine machine=new Machine();
    Thread t1=new Thread(machine);
    Thread t2=new Thread(machine);
    t1.start();
    //t2.start();
}
```

对于以上程序，如果仅仅启动 t1 线程，打印结果显示变量 a 的值始终为 1。如果同时启动 t1 和 t2 线程，打印结果显示变量 a 的值会不断增加：

```
1
2
2
3
3
…
```

表 21-1 显示了两个线程分别执行一次 for 循环时一种可能的时间序列。

表 21-1　t1 和 t2 线程执行一次 for 循环的时间序列

时间序列	变量 a	t1 线程执行的代码	t2 线程执行的代码
T1	1（初始值）		
T2	2	a+=1	
T3	3		a+=1
T4	2	a-=1	
T5	2	打印 a	

从表 21-1 看出，由于 t1 线程和 t2 线程共享 Machine 对象的实例变量 a，因此在 t1 线程修改变量 a 的过程中，t2 线程也会修改变量 a，导致变量 a 的取值是不稳定的。

对于 t1 线程而言，执行完 "$a+=1$" 操作后，此时变量 a 的值仅仅代表运算过程中的临时结果，接下来会在这临时结果的基础上进一步执行 "$a-=1$" 操作。为了保证 t1 线程的操作能获得正确的运算结果，必须保证当 t1 线程执行以下一段操作时，没有其他线程修改变量 a 的值：

```
a+=1
a-=1
打印 a
```

以上三个操作合起来称为原子操作。原子操作由业务逻辑上相关的一组操作完成，这些操作可能会操纵与其他线程共享的资源。为了保证得到正确的运算结果，一个线程在执行原子操作期间，应该采取措施使得其他线程不能操纵共享资源。本范例的共享资源是指 Machine 对象及它的实例变量 a。

如果多个线程的原子操作并发运行，同时操纵共享资源，就会导致对共享资源的竞争。下面再以本章开头提到的蟠桃会的例子来演示多个线程对共享资源的竞争。这个例子的主要类包括：

- Party 类：提供程序入口 main() 方法，负责创建果盘对象，以及创建服务员和客人线程，并且启动这些线程。
- Servant 类：服务员线程，不断为果盘装满桃子。
- Guest 类：客人线程，不断从果盘里取出桃子。
- Plate 类：果盘，允许从果盘里取出或为果盘装满桃子。

运行 Party 程序，一种可能的打印结果如下：

```
服务员给果盘装满 2 个桃子
客人取出第 1 个桃子
客人取出第 2 个桃子
……
```

Plate 类的 MAX_COUNT 常量的值为 3，因此服务员应该给果盘装满 3 个桃子，而以上打印结果显示服务员给果盘装满 2 个桃子。这是怎么回事呢？表 21-2 列出了导致这种不合理结果时 Servant 线程和 Guest 线程的时间序列。Servant 线程执行 Plate 类的 put()方法：

```java
public void put(){      //给果盘装满桃子
  if(count==0){
    count=MAX_COUNT;
    Thread.currentThread().yield();

    System.out.println(Thread.currentThread().getName()
      +"给果盘装满"+count+"个桃子");
  }
}
```

Guest 线程执行 Plate 类的 get()方法：

```java
public void get(){      //从果盘里取出一个桃子
  if(count>0){
    count--;
    Thread.currentThread().yield();

    System.out.println(Thread.currentThread().getName()
      +"取出第"+(MAX_COUNT-count)+"个桃子");
  }else{
    System.out.println(Thread.currentThread().getName()
      +"没有取到桃子");
  }
}
```

表 21-2 Servant 线程和 Guest 线程并发运行的部分时间序列

时间序列	Plate 对象的 *count* 变量	Servant 线程执行的代码	Guest 线程执行的代码
T1	0	就绪	就绪
T2	3	*count*=MAX_COUNT //*count*=3	就绪
T3	3	yield()	就绪
T4	2	就绪	*count*-- //*count* 变成 2
T5	2	就绪	yield()
T6	2	打印：服务员给果盘装满 2 个桃子	就绪
T7	2	就绪	打印：客人取出第 3 个桃子

Servant 线程和 Guest 线程都会修改并读取 Plate 对象的 *count* 变量，所以 Plate 对象及它的 *count* 变量是这两个线程的共享资源。服务员给果盘装满桃子，以及客人从果盘取出桃子的操作都是原子操作。在 Servant 线程或 Guest 线程执行原子操作期间，如果有其他线程访问 Plate 对象的共享数据 *count*，就会导致每个线程的原子操作无法正常执行。

21.1.1 同步代码块

在日常生活中，也常常会出现竞争共享资源的情况。例如，商场里的试衣间就是常常会被公众竞争的共享资源。假如在同一时刻，智多星和小不点都要到同一个试衣间试衣服，而试衣间同一时刻只能容纳一人，如何解决这一冲突呢？可以用锁来解决冲突，锁机制包括以下原则：

- 试衣间作为共享资源，拥有唯一的一把锁。
- 任何时刻，只允许一个人获得试衣间的锁。
- 只有获得锁的人才能进入试衣间。

按照以上原则，任何一个人进入试衣间试衣服的过程如下：

```
while(试衣间的锁被别人占用){
    等待锁;
}
获得试衣间的锁;
试衣服;
释放试衣间的锁;
```

Java 语言也采用锁来解决多个线程对共享资源的竞争。锁机制包括以下原则：

- 每个 Java 对象都有且只有一个同步锁。对象的同步锁只是概念上的一种锁，也可以称为以一个对象为标记的锁。
- 在任何时刻，最多只允许一个线程拥有特定对象的锁。
- 如果一个程序代码块带有 synchronized(obj)标记，形式为"synchronized(obj){程序代码块}"，那么当线程执行这样的程序代码块时，必须先获得 obj 变量所引用的对象的锁。

Servant 线程和 Guest 线程的共享资源为 Plate 对象，它们分别执行 Plate 对象的 put()方法和 get()方法，如果 put()方法和 get()方法没有使用 synchronized 标记，那么这两个线程不必获得什么同步锁，可以随时畅通无阻地执行方法中的代码。

为了保证每个线程能正常执行自己的原子操作，可以分别为 put()方法和 get()方法的程序代码加上 synchronized 标记，这样的代码称为同步代码块，参见例程 21-6 的 Plate 类。

例程 21-6 Plate.java

```
package   sync;
class Plate{
    private int count;                  //果盘里桃子的个数

    public final int MAX_COUNT=3;       //果盘里最多容纳的桃子个数
```

```java
public void get(){                          //从果盘里取出桃子
    synchronized(this){
        if(count>0){
            count--;
            Thread.currentThread().yield();

            System.out.println(Thread.currentThread().getName()
                +"取出第"+(MAX_COUNT-count)+"个桃子");
        }else{
            System.out.println(Thread.currentThread().getName()
                +"没取到桃子");
        }
    }
}

public synchronized void put(){             //给果盘装满桃子
    synchronized(this){
        if(count==0){
            count=MAX_COUNT;
            Thread.currentThread().yield();

            System.out.println(Thread.currentThread().getName()
                +"给果盘装满"+count+"个桃子");
        }
    }
}
```

当 Guest 线程试图执行 get()方法中带有 synchronized(this)标记的代码块时，Guest 线程必须首先获得 this 关键字引用的当前 Plate 对象的锁。在以下两种情况，Guest 线程有着不同的命运：

- 假如这个锁已经被其他线程占用，Java 虚拟机就会把这个 Guest 线程放到 Plate 对象的锁池中，Guest 线程进入阻塞状态。在 Plate 对象的锁池中可能会有许多等待锁的线程。等到其他线程释放了锁，Java 虚拟机会从锁池中随机地取出一个线程，使这个线程拥有锁，并且转到就绪状态，从而可以执行同步代码块。
- 假如这个锁没有被其他线程占用，Guest 线程就会获得这把锁，开始执行同步代码块。一般情况下，Guest 线程只有执行完同步代码块，才会释放锁，使得其他线程能够获得锁，例外情况是 Guest 线程执行了 Plate 对象的 wait()方法，参见本章 21.2 节。

如果一个方法中的所有代码都属于同步代码，那么可以直接在方法前用 synchronized 修饰。下面两种方式是等价的：

```java
public synchronized void get(){...}
等价于：
public void get() {
    synchronized(this){...}
}
```

本节改进后的 Plate 类位于 sync 包下，运行 sync.Party 类，程序的打印结果如下：

```
服务员给果盘装满 3 个桃子
客人取出第 1 个桃子
客人取出第 2 个桃子
客人取出第 3 个桃子
……
```

当 Servant 线程将要执行 put()方法，或者 Guest 线程将要执行 get()方法时，都必须先获得 Plate 对象的锁，如果这把锁已经被其他线程占用，另一个线程就只能在锁池中等待。这种锁机制使得在 Servant 线程执行 put()方法的整个过程中，Guest 线程不会执行 get()方法；同样，在 Guest 线程执行 get()方法的整个过程中，Servant 线程不会执行 put()方法。

21.1.2 线程同步的特征

所谓线程之间保持同步，是指不同的线程在执行以同一个对象作为锁标记的同步代码块时，因为要获得这个对象的锁而相互牵制。线程同步具有以下特征：

（1）每个对象都有唯一的同步锁。下面把 Party 类的 main()方法做如下修改：

```java
public static void main(String args[]){
    Plate plate1=new Plate();
    Plate plate2=new Plate();

    Servant servant=new Servant(plate1);
    Guest guest=new Guest(plate2);

    servant.setName("服务员");
    guest.setName("客人");

    servant.start();
    guest.start();
}
```

以上 Servant 线程与 Guest 线程分别操纵不同的 Plate 对象。当 Servant 线程试图执行 plate1 对象的 put()方法时，只需获得 plate1 对象的锁；当 Guest 线程试图执行 plate2 对象的 get()方法时，只需获得 plate2 对象的锁。因此这两个线程之间不必同步。

（2）当一个线程开始执行同步代码块时，并不意味着必须以不中断的方式运行。进入同步代码块的线程也可以执行 Thread.sleep()或者执行 Thread.yield()方法，此时它并没有释放锁，只是把运行机会（即 CPU）让给了其他的线程。在例程 21-7 的 Machine 类中，t1 和 t2 线程都执行 Machine 对象的 run()方法，而 main 主线程执行 Machine 对象的 go()方法。

例程 21-7　Machine.java

```java
package synsleep;
public class Machine implements Runnable {
    private int a=1;            //共享数据

    public void run() {
```

```
      for(int i=0;i<100;i++){
        synchronized(this){
          a+=i;
          try{
            Thread.sleep(10);        //给其他线程运行的机会
          }catch(InterruptedException e){throw new RuntimeException(e);}
          a-=i;
          System.out.println(Thread.currentThread().getName()+":"+a);
        }
      }
    }

    public void go(){
      for(int i=0;i<100;i++){
        //变量 i 是局部变量
        System.out.println(Thread.currentThread().getName()+":"+i);
        Thread.yield();
      }
    }

    public static void main(String args[]){
      Machine machine=new Machine();
      Thread t1=new Thread(machine);
      Thread t2=new Thread(machine);
      t1.start();
      t2.start();
      machine.go();
    }
  }
```

在 Machine 类的 run()方法中包含操纵实例变量 a 的原子操作，因此把它声明为同步代码块。Machine 类的 go()方法仅仅操纵局部变量 i，无须同步。

在某一时刻，当 t1 线程执行 run()方法的同步代码块时，t2 线程如果也试图执行它，那么 t2 线程只能进入阻塞状态，此时 main 主线程处于就绪状态。如图 21-2 所示，当 t1 线程执行同步代码块中的 Thread.sleep(10)方法时，就开始睡眠，此时 t1 线程放弃 CPU，但是仍然持有 Machine 对象的锁。main 主线程有机会获得 CPU，进入运行状态，而 t2 线程因为没有得到 Machine 对象的锁，依然在锁池中等待。

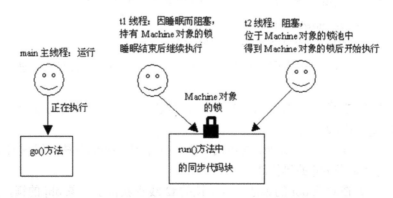

图 21-2　某一时刻，t1 线程执行 Thread.sleep(10)方法后各线程的状态

21.2 线程的通信

本章 21.1.1 节利用同步锁使得 Servant 线程和 Guest 线程得以同步，避免两个线程同时操纵 Plate 对象。运行 21.1.1 节的 sync.Party 类时，会显示以下打印结果：

```
服务员给果盘装满 3 个桃子
客人取出第 1 个桃子
客人取出第 2 个桃子
客人取出第 3 个桃子
客人没取到桃子
客人没取到桃子
客人没取到桃子
客人没取到桃子
……
```

当果盘里没有桃子的时候，Servant 线程应该及时为果盘装满桃子，而不应该让 Guest 线程不断尝试去取桃子，却一次又一次空手而归。为了解决这一问题，就需要让 Servant 线程和 Guest 线程进行通信。

不同的线程执行不同的任务，如果这些任务有某种联系，线程之间必须能够通信，才能协调完成工作。例如，服务员和客人共同操纵果盘，当果盘为空时，客人无法取出桃子，客人应该先通知服务员为果盘装满桃子。当果盘不空时，服务员不用为果盘装满桃子，服务员应该先通知客人从果盘中取出桃子。可见，服务员和客人之间需要相互通信。

java.lang.Object 类中提供了两个用于线程通信的方法：

- wait()：执行该方法的线程释放对象的锁，Java 虚拟机把该线程放到该对象的等待池中。该线程等待其他线程将它唤醒。
- notify()：执行该方法的线程唤醒在对象的等待池中等待的一个线程。Java 虚拟机从对象的等待池中随机地选择一个线程，把它转到对象的锁池中。

假设 t1 线程执行同步代码块 code1，t2 线程执行同步代码块 code2。code1 和 code2 都操纵共享资源对象 obj，因此都采用对象 obj 的锁来同步：

```
synchronized(obj){code1}    //t1 线程执行
synchronized(obj){code2}    //t2 线程执行
```

t1 线程和 t2 线程可以通过对象 obj 的 wait()和 notify()方法来进行通信。通信流程如下：

（1）当线程 t1 执行 code1 同步代码块时，线程 t1 持有对象 obj 的锁，线程 t2 在对象 obj 的锁池中等待。

（2）线程 t1 在 code1 同步代码块中执行 obj.wait()方法，线程 t1 释放对象 obj 的锁，进入对象 obj 的等待池。

（3）在对象 obj 的锁池中等待锁的 t2 线程获得了对象 obj 的锁，执行对象 obj 的另一个同步代码块 code2。

（4）线程 t2 在 code2 同步代码块中执行 obj.notify()方法，Java 虚拟机把线程 t1 从对象 obj 的等待池移到对象 obj 的锁池中，在那里等待获得锁。

（5）线程 t2 执行完 code2 同步代码块，释放锁。线程 t1 获得锁，继续执行 code1 同步代码块。

如图 21-3 显示了 t1 线程的状态转换过程。

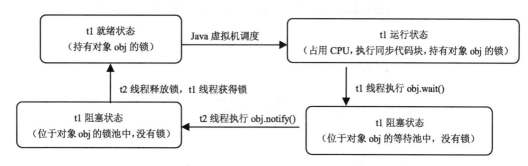

图 21-3 t1 线程的状态转换图

当一个线程执行了 obj.notify()方法以后，如果在对象 obj 的等待池中有许多线程，那么 Java 虚拟机随机地取出一个线程，把它放到对象 obj 的锁池中；如果对象 obj 的等待池中没有任何线程，那么 notify()方法什么也不做。

Object 类还有一个 notifyAll()方法，该方法会把对象等待池中的所有线程都转到对象的锁池中。

例程 21-8 的 Plate 类在 21.1.1 节的例程 21-6 的基础上做了进一步修改，使得 Servant 线程与 Guest 线程能够相互通信。

例程 21-8 Plate.java

```java
package commu;
class Plate{
  private int count;                       //果盘里桃子的个数
  public final int MAX_COUNT=3;            //果盘里最多容纳的桃子个数

  public synchronized void get(){          //从果盘里取出桃子
    this.notifyAll();

    while(count==0){
      System.out.println(Thread.currentThread().getName()+": wait");
      try{
        this.wait();
      }catch(InterruptedException e){throw new RuntimeException(e);}
    }

    count--;
    Thread.currentThread().yield();

    System.out.println(Thread.currentThread().getName()
      +"取出第"+(MAX_COUNT-count)+"个桃子");
  }
```

```java
public synchronized void put(){          //给果盘装满桃子
    this.notifyAll();

    while(count>0){
        System.out.println(Thread.currentThread().getName()+": wait");
        try{
            this.wait();
        }catch(InterruptedException e){throw new RuntimeException(e);}
    }

    count=MAX_COUNT;
    Thread.currentThread().yield();

    System.out.println(Thread.currentThread().getName()
        +"给果盘装满"+count+"个桃子");
}
```

本节改进后的 Plate 类位于 commu 包下，运行 commu.Party 类，程序的打印结果如下：

```
服务员给果盘装满 3 个桃子
服务员: wait
客人取出第 1 个桃子
客人取出第 2 个桃子
客人取出第 3 个桃子
客人: wait
服务员给果盘装满 3 个桃子
……
```

当果盘不空时，Servant 线程将在 Plate 对象的等待池中等待，直到果盘为空时，为果盘装满桃子。如表 21-3 为 Servant 线程和 Guest 线程并发运行可能出现的时间序列，假设一开始果盘为空。

表 21-3 Servant 线程和 Guest 线程并发运行可能出现的时间序列

时间	Servant 线程	Guest 线程
T1	获得 Plate 对象的锁，开始执行 put()方法	
T2	先执行 this.notifyAll()方法，此时 this 引用的 Plate 对象的等待池中没有任何线程，因此该方法什么也不做	
T3	给果盘装满 3 个桃子	
T4	退出 put()方法，释放 Plate 对象的锁	
T5	获得 Plate 对象的锁，开始执行 put()方法	
T6	先执行 this.notifyAll()方法，此时 this 引用的 Plate 对象的等待池中没有任何线程，因此该方法什么也不做	
T7	由于果盘不空，Servant 线程执行 this.wait()方法，释放 Plate 对象的锁，进入 Plate 对象的等	

（续表）

时间	Servant 线程	Guest 线程
	待池等待	
T8		获得 Plate 对象的锁，开始执行 get()方法
T9		首先执行 this.notifyAll()方法，此时 this 引用的 Plate 对象的等待池中有一个 Servant 线程，因此就把该 Servant 线程移动到 Plate 对象的锁池中
T10		从果盘中取出第 1 个桃子
T11		退出 get()方法，释放 Plate 对象的锁
T12		获得 Plate 对象的锁，开始执行 get()方法
T13		首先执行 this.notifyAll()方法，此时 this 引用的 Plate 对象的等待池中没有任何线程，因此该方法什么也不做
T14		从果盘中取出第 2 个桃子
T15		退出 get()方法，释放 Plate 对象的锁
T16		获得 Plate 对象的锁，开始执行 get()方法
T17		首先执行 this.notifyAll()方法，此时 this 引用的 Plate 对象的等待池中没有任何线程，因此该方法什么也不做
T18		从果盘中取出第 3 个桃子
T19		退出 get()方法，释放 Plate 对象的锁
T20		获得 Plate 对象的锁，开始执行 get()方法
T21		首先执行 this.notifyAll()方法，此时 this 引用的 Plate 对象的等待池中没有任何线程，因此该方法什么也不做
T22		由于果盘已空，就执行 this.wait()方法，释放 Plate 对象的锁，进入 Plate 对象的等待池等待
T23	在 Plate 对象的锁池中的 Servant 线程获得 Plate 对象的锁。由于果盘已空，就为果盘装满 3 个桃子	
T24	退出 put()方法，释放 Plate 对象的锁	

值得注意的是，必须将 wait()方法放在一个循环中，因为在多线程环境中，共享对象的状态随时可能被改变。当一个在对象等待池中的线程被唤醒后，并不一定立即恢复运行，等到这个线程获得了锁及 CPU 以后才能继续运行，有可能此时共享对象的状态已经发生了变化。如下代码就把 wait()方法放在了一个 if 语句中：

```
public synchronized void put(){         //给果盘装满桃子
    this.notifyAll();

    if(count>0){
        System.out.println(Thread.currentThread().getName()+": wait");
        try{
            this.wait();
        }catch(InterruptedException e){throw new RuntimeException(e);}
    }

    count=MAX_COUNT;
```

```
Thread.currentThread().yield();

System.out.println(Thread.currentThread().getName()
    +"给果盘装满"+count+"个桃子");
}
```

当 Servant 线程执行了 this.wait()方法以后，就进入 Plate 对象的等待池中。假设 Guest 线程执行了 this.notifyAll()方法，Servant 线程被唤醒，转到 Plate 对象的锁池中。Guest 线程执行完 get()方法并释放锁后，假设此时果盘里还有两个桃子。Servant 线程获得了锁，不再判断果盘是否不为空，就继续执行 put()方法中 if 语句后面的代码，直接给果盘装满桃子。因此会导致果盘尚未空，Servant 线程就照样给果盘装满桃子，这不符合应用需求。

如果将 wait()方法放在一个循环中，那么当 Servant 线程恢复运行时，还会再次判断果盘是否不为空，如果满足条件，就再次执行 wait()方法。而如果 wait()方法放在一个 if 语句中，那么当 Servant 线程恢复运行时，则不会再判断果盘是否不为空。

21.3 小结

本章涉及的 Java 知识点总结如下：
- 原子操作的概念。

原子操作包含一组业务逻辑相关的操作。假设原子操作需要操纵对象 obj 的实例变量 a，为了保证得到正确的运算结果，必须保证一个线程在执行原子操作的过程中，不允许其他线程操纵对象 obj 的实例变量 a。

- 多个线程对共享资源的竞争。

当多个线程同时执行各自的原子操作，而这些原子操作都操纵相同的资源，会导致一些线程执行原子操作时运算出错。

- 线程同步的机制。

如图 21-4 所示，假设 t1 线程执行原子操作 code1，与此同时，t2 线程执行原子操作 code2。code1 和 code2 都操纵共享资源对象 obj。为了避免对共享资源的竞争，code1 和 code2 都被加上了 synchronized(obj)标记：

```
synchronized(obj){code1}
synchronized(obj){code2}
```

code1 和 code2 被称为同步代码块，只有获得对象 obj 的锁的线程才能执行同步代码块。

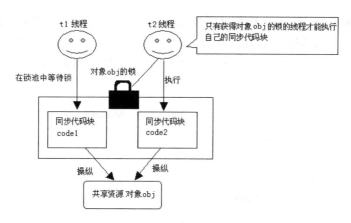

图 21-4 t1 线程和 t2 线程的同步机制

任何时候只允许有一个线程持有对象 obj 的锁,这样就保证只有当一个线程执行完自己的同步代码块,其他线程才有机会获得锁,执行自己的同步代码块。

由于受到锁的牵制,t1 线程和 t2 线程无法同时执行各自的同步代码块,这样就避免了对共享资源对象 obj 的竞争。

- 线程通信的机制。

假设 t1 线程执行同步代码块 code1,t2 线程执行同步代码块 code2。code1 和 code2 都操纵共享资源对象 obj,因此都采用对象 obj 的锁来同步。当 t1 线程执行同步代码块 code1 时,如果执行 obj.wait()方法,t1 线程就会释放对象 obj 的锁,进入对象 obj 的等待池中等待被唤醒。

当 t2 线程执行同步代码块 code2 时,如果执行 obj.notify()方法,在对象 obj 的等待池中的 t1 线程就被唤醒,t1 线程被转移到对象 obj 的锁池中。

当 t2 线程执行完同步代码块 code2,就释放对象 obj 的锁。此时,位于对象 obj 的锁池中的 t1 线程获得对象 obj 的锁,继续执行 code1 同步代码块中的后续代码。

21.4 编程实战:悟空保唐僧打群妖

在去西天取经的路上,孙悟空时时都在保护唐僧,保证他的安全。每次唐僧被妖怪抓住,都被悟空成功解救,妖怪被悟空打死。请编写一个程序,模拟众妖怪纷纷抓唐僧,然后悟空救唐僧并打死妖怪的过程。

编程提示

唐僧属于 Master 类,妖怪属于 Ghost 线程类,悟空属于 Monkey 线程类。Master 类有一个表示是否自由的 isFree 状态属性。isFree 属性是被 Ghost 线程和 Monkey 线程共享的数据:

- 当 Ghost 线程抓唐僧时,首先要判断 isFree 属性是否为 true,如果为 true,那就把 isFree 属性改为 false,表示唐僧被抓失去自由。

- 当 Monkey 线程试图解救唐僧时，首先要判断 isFree 属性是否为 false，如果为 false，那就把 isFree 属性改为 true，表示唐僧被救获得自由。

下面的例程 21-9、例程 21-10 和例程 21-11 分别是 Master 类、Ghost 类和 Monkey 类的源程序代码。

例程 21-9　Master.java

```java
package game;
public class Master{
  private String name;
  private boolean isFree=true;
  private Ghost ghost;

  public Master(String name){this.name=name;}

  /* 被妖怪抓住 */
  synchronized public void capture(Ghost ghost){
    if(isFree && !ghost.isDead()){
      isFree=false;
      this.ghost=ghost;
      System.out.println(ghost.getName()+":抓住"+name);
    }
  }

  /* 被解救 */
  synchronized public void save(Monkey monkey){
    if(!isFree){
      isFree=true;
      ghost.kill(); //妖怪被打死
      System.out.println(monkey.getName()
                  +":解救"+name);
      System.out.println(monkey.getName()
                  +":打死"+ghost.getName());
      ghost=null;
    }
  }
}
```

例程 21-10　Ghost.java

```java
package game;
public class Ghost extends Thread{
  private Master master;
  private boolean isDead=false;

  public Ghost(String name,Master master){
    super(name);
    this.master=master;
  }

  public boolean isDead(){
    return isDead;
  }
}
```

```java
    public void kill(){
        isDead=true;
    }

    public void run(){
        while(!isDead)
            master.capture(this);
    }
}
```

例程 21-11　Monkey.java

```java
package game;
public class Monkey extends Thread{
    private Master master;

    public Monkey(String name,Master master){
        super(name);
        this.master=master;
    }

    public void run(){
        while(true){
            master.save(this); //解救师父
        }
    }
}
```

Master 类的 capture()和 save()方法分别被 Ghost 线程和 Monkey 线程调用。这两个方法都会访问并修改 isFree 属性。为了保证各个线程能有效地访问并修改 isFree 属性，特地用 synchronized 标记把这两个方法设为同步方法。

例程 21-12 的 Play 类的 main()方法创建了 Master 对象、Monkey 对象和 10 个 Ghost 对象，随后启动了 Monkey 线程和 10 个 Ghost 线程。将这些线程启动后，它们都会围着表示唐僧的 Master 对象"团团转"。Ghost 线程忙着抓唐僧，而 Monkey 线程一刻不停地救唐僧打妖怪。

例程 21-12　Play.java

```java
package game;
public class Play{
    public static void main(String[] args)throws Exception{
        Master master=new Master("唐僧");
        Monkey monkey=new Monkey("孙悟空",master);
        monkey.start();

        for(int i=1;i<=10;i++){
            Ghost ghost=new Ghost("妖怪"+i,master);
            ghost.start();
        }

        Thread.sleep(5000);     //睡眠 5 秒
        System.exit(0);         //终止程序
    }
}
```

```
        }
```

Play 类的 main()方法是 main 主线程调用的方法。main()方法启动完所有线程后，睡眠 5 秒，最后调用 System.exit(0)方法，该方法会终止程序，所有尚未运行结束的线程都会被强行终止。

运行 Play 类，会得到类似下面的打印结果：

```
妖怪 1:抓住唐僧
孙悟空:解救唐僧
孙悟空:打死妖怪 1
妖怪 8:抓住唐僧
孙悟空:解救唐僧
孙悟空:打死妖怪 8
妖怪 10:抓住唐僧
……
```

21.5 编程实战：运动员赛跑

有一群运动员参加跑步比赛，看谁第一个跑到终点。他们同时出发，各自速度都不一样，只要有一个运动员到达终点，其他运动员就可以终止跑步。请运用多线程知识，来编写模拟运动员参加跑步比赛的过程。

编程提示

用 Road 类（参见例程 21-13）和 Runner 线程类（参见例程 21-14）来分别表示跑道和运动员。跑道有长度 distance 属性，还有表示第一个到达终点的运动员的 winner 属性。Runner 线程类在跑步的时候，如果发现 winner 属性不为 null，就可以终止跑步；如果自己已经到达终点，就把 Road 对象的 winner 属性设为自身，并终止跑步；否则，就继续跑步。

例程 21-13　Road.java

```java
public class Road extends Thread{        //跑道
    private int distance;                 //路程
    private Runner winner;                //第一个到达终点的运动员

    public Road(int distance){
        this.distance=distance;
    }

    public void setWinner(Runner winner){
        this.winner=winner;
        System.out.println(winner.getName()+"第一个到达终点");
    }

    public Runner getWinner(){
        return winner;
    }
```

```java
    public int getDistance(){
        return distance;
    }

    public static void main(String[] args){
        Road road=new Road(100);
        for(int i=0;i<10;i++){
            Runner r=new Runner("运动员"+i,i+1,road);
            r.start();
        }
    }
}
```

例程 21-14　Runner.java

```java
public class Runner extends Thread{
    private int speed;              //速度
    private int length;             //已经跑的长度
    private Road road;              //跑道

    public Runner(String name,int speed, Road road){
        super(name);
        this.speed=speed;
        this.road=road;
    }

    public void sleep(int time){
        try{
            super.sleep(time);
        }catch(InterruptedException e){}
    }

    public void run(){              //运动员跑步
        while(true){
            synchronized(road){
                if(road.getWinner()!=null)              //判断是否已经有运动员到达终点
                    break;
                if(length<road.getDistance()){          //如果自己还未到达终点
                    length+=speed;
                    System.out.println(getName()+":跑了"+length+"米");
                    if(length>=road.getDistance()){     //如果已经越过终点
                        road.setWinner(this);
                        break;
                    }
                    sleep(500);
                }
            }
        }
    }
}
```

由于 Road 对象的 winner 属性是多个 Runner 线程共享的数据，因此，在 Runner 类的 run()方法中，通过 road.getWinner()和 road.setWinner()方法来访问 winner 属性的操作应该作为原子操作，用 synchronized 标记来进行同步，并且使用 Road 对象的同步锁：

synchronized(road){…}。

运行 Road 类的 main()方法，会创建一个 Road 对象及 10 个 Runner 线程对象，启动这些 Runner 线程，程序会得到类似下面的打印结果：

```
运动员 0:跑了 1 米
运动员 9:跑了 10 米
运动员 8:跑了 18 米
运动员 8:跑了 27 米
运动员 7:跑了 8 米
……
运动员 7:跑了 40 米
运动员 8:跑了 81 米
运动员 9:跑了 100 米
运动员 9 第一个到达终点
```

21.6 编程实战：秒针、分针和时针的通信

秒针走到 60，分针就会增加 1；分针走到 60，时针就会增加 1。请编写一个模拟钟表的秒针、分针和时针走动的程序，采用 24 时计时法，当时针走到 24，会从 0 开始重新计时。

编程提示

用 Clock 类（参见例程 21-15）来表示钟表，它的 seconds 属性、minutes 属性和 hours 属性分别表示秒数、分钟数和小时数。在 Clock 类中，创建了三个继承了 Thread 类的内部匿名类的对象：secondHand、minuteHand 和 hourHand，它们分别表示秒针线程、分针线程和时针线程。这三个线程的 run()方法会分别调用 Clock 类的 addSecond()方法、addMinute()方法和 addHour()方法。

Clock 类的 addSecond()方法、addMinute()方法和 addHour()方法都会访问 Clock 对象的共享数据：seconds 属性、minutes 属性或 hours 属性，因此对这三个方法用 synchronized 标记作了同步。

此外，这三个方法之间还会根据 seconds 属性、minutes 属性和 hours 属性的取值互相通信，确保当 seconds 属性变成 60 时，minutes 属性会递增 1，而 seconds 属性恢复成 0；当 minutes 属性变成 60 时，hours 属性会递增 1，而 minutes 属性恢复成 0。

例程 21-15　Clock.java

```
public class Clock{
    private int seconds;      //秒数，最大值为 60
    private int minutes;      //分钟数，最大值为 60
    private int hours;        //小时数，最大值为 24

    public Clock(int hours,int minutes,int seconds){
        //设置时分秒的初始值
        this.hours=hours;
        this.minutes=minutes;
        this.seconds=seconds;
```

```java
    }
    synchronized private void addSecond(){        //增加1秒
        notifyAll();
        while(seconds==60){
            try{
                wait();
            }catch(InterruptedException e){}
        }
        System.out.println(hours+":"+minutes+":"+seconds);
        seconds++;
        try{Thread.sleep(1000);}catch(InterruptedException e){}
    }

    synchronized private void addMinute(){        //增加1分钟
        notifyAll();
        while(seconds!=60 || minutes==60){
            try{
                wait();
            }catch(InterruptedException e){}
        }
        minutes++;      //分钟数增加1
        seconds=0;      //秒数恢复为0
    }

    synchronized private void addHour(){ //增加1小时
        notifyAll();
        while(minutes!=60){
            try{
                wait();
            }catch(InterruptedException e){}
        }
        minutes=0;      //分钟数恢复为0
        hours++;        //小时数增加1
        if(hours==24)hours=0;
    }

    Thread secondHand=new Thread(){        //秒针线程
        public void run(){
            while(true){
                addSecond();
            }
        }
    };

    Thread minuteHand=new Thread(){        //分针线程
        public void run(){
            while(true){
                addMinute();
            }
        }
    };

    Thread hourHand=new Thread(){        //时针线程
        public void run(){
```

```
            while(true){
                addHour();
            }
        }
    };

    public void timing(){
        secondHand.start();
        minuteHand.start();
        hourHand.start();
    }

    public static void main(String[] args){
        new Clock(23,59,0).timing();
    }
}
```

运行 Clock 程序，会得到类似下面的打印结果：

```
23:59:0
23:59:1
23:59:2
23:59:3
……
23:59:59
0:0:0
0:0:1
0:0:2
```

第 22 章　图形界面俏容颜

在第 1 章中，悟空在计算机里创建了一个虚拟的智多星，虽然这个虚拟的智多星没有形状，却能模仿真实的智多星说话。在本章悟空将给虚拟的智多星（参见本章 22.6 节的例程 22-10 的 Monkey 类）赋予形象，并且还能活蹦乱跳，如图 22-1 所示。

图 22-1　活蹦乱跳的虚拟智多星

本章内容主要围绕以下问题展开：
- 构建图形用户界面的基本机制是什么？
- 各种布局管理器有什么特点？如何使用它们？
- 如何使用各种常见的 Swing 组件？
- 如何处理图形用户界面中的各种事件？
- 如何在图形用户界面上绘图？

22.1　图形用户界面的构建机制

本章开头的图 22-1 展示了一个生动形象的图形用户界面（Graphics User Interface，GUI）。图形用户界面是用户与程序交互的窗口，它比基于命令行的界面更直观并且更友好。在 Java 语言中，GUI 的基本类库位于 java.awt 包中，这个包也被称为抽象窗口工具箱（Abstract Window Toolkit，AWT）。AWT 按照面向对象的思维来创建 GUI，它提供了容器类、众多的组件类和布局管理器类。

java.awt 包中提供了一个抽象类 Component，它是所有除菜单类组件外 AWT 组件的父类。Component 类中声明了所有组件都拥有的方法：
- getBackground()：返回组件的背景色。

- getGraphics()：返回组件使用的画笔。
- getHeight()：返回组件的高度。
- getWidth()：返回组件的宽度。
- get$X$()：返回组件在容器中的 X 坐标值。
- get$Y$()：返回组件在容器中的 Y 坐标值。
- isVisible()：判断组件是否可见。
- setBackground(Color c)：设置组件的背景色。
- setEnabled(boolean b)：设置组件是否可用。
- setLocation(int x, int y)：设置组件心在容器中的坐标位置。
- setSize(Dimension d)：设置组件的大小。
- setSize(int width, int height)：设置组件的宽度和高度。
- setVisible(boolean b)：设置组件是否可见。

Container 类表示容器，继承了 Component 类。容器用来存放别的组件，有两种类型的容器：

- Window（窗口）类：Window 是不依赖于其他容器而独立存在的容器。Window 类有两个子类：Frame 类（窗体）和 Dialog 类（对话框）。
- Panel（面板）类：Panel 不能单独存在，只能存在于其他容器（Window 或其子类）中。一个 Panel 对象代表了一个长方形的区域，在这一区域中可以容纳其他的组件。

在 java.awt 包中，还提供了可以加入到容器类组件中的各种具体组件，如按钮 Button、文本框 TextField 和文本区域 TextArea 等。AWT 组件的优点是简单、稳定，兼容于任何一个 JDK 版本，缺点是依赖于本地操作系统的 GUI，缺乏平台独立性。由于 AWT 组件与本地平台的 GUI 绑定，因此用 AWT 组件创建的图形界面在不同的操作系统中会有不同的外观。

为了让用 Java 语言创建的图形界面也能够跨平台，即在不同操作系统中保持相同的外观，从 JDK1.2 版本开始引入了 Swing 组件，这些 Swing 组件位于 javax.swing 包中，成为 JDK 基础类库的一部分。本书主要介绍用 Swing 组件来创建图形用户界面。

Swing 组件是用纯 Java 语言编写而成的，不依赖于本地操作系统的 GUI，而且可以跨平台运行。这种独立于本地平台的 Swing 组件也被称为轻量级组件，而依赖于本地平台的 AWT 组件则被称为重量级组件。

多数 Swing 组件的父类为 javax.swing.JComponent，如图 22-2 显示了 JComponent 类在继承树中的层次。

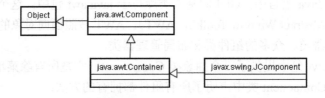

图 22-2　JComponent 类在继承树中的层次

第 22 章　图形界面俏容颜

多数 Swing 组件类都以大写字母"J"开头，如图 22-3 显示了 Swing 组件的类层次结构。从图中可以看出，除 JFrame（窗体）和 JDialog（对话框）以外，其余的 Swing 组件都继承了 JComponent 类。

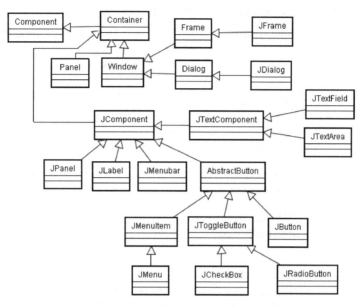

图 22-3　Swing 组件的类层次结构

AWT 构建图形用户界面的机制包括：
- 提供一些容器组件（如窗体 JFrame 和面板 JPanel），用来容纳其他的组件（如按钮 JButton、复选框 JCheckbox 和文本框 JTextField）。
- 用布局管理器来管理组件在容器上的布局。
- 利用监听器来响应各种事件，实现用户与程序的交互。一个组件如果注册了某种事件的监听器，那么由这个组件触发的特定事件就会被监听器接收和响应。
- 提供了一套绘图机制，来维护或刷新图形界面。

在本章开头图 22-1 所示的图形用户界面中，最外层的组件为 JFrame 容器类组件，在这个 JFrame 容器中，有一个内容面板。内容面板上放置了一个 JButton 按钮组件。内容面板还会展示智多星的图片。用户按下 JButton 按钮，内容面板就会自动轮流展示智多星跳跃过程中的多张图片，从而造成智多星活蹦乱跳的动画效果。用户再按下 JButton 按钮，内容面板就会停止播放动画。

22.2　容器类组件

JFrame 窗体类是常用的容器类 Swing 组件，它有一个构造方法 JFrame(String title)，通过它可以创建一个以 title 参数为标题的 JFrame 对象。当 JFrame 被创建后，它是不可见的，必须通过以下方式使 JFrame 成为可见的：

- 先调用 setSize(int width,int height)显式地设置 JFrame 的大小,或者调用 pack()方法自动确定 JFrame 的大小,pack()方法会确保 JFrame 容器中的组件都会有与布局相适应的合理大小。
- 然后调用 setVisible(true)方法使 JFrame 成为可见的。

例程 22-1 的 FirstFrame 类创建了包含一个 JButton 的 JFrame 窗体。

例程 22-1　FirstFrame.java

```java
import javax.swing.*;
public class FirstFrame{
  public static void main(String[] args) {
    JFrame jFrame=new JFrame("Hello");
    JButton jButton = new JButton("保存");

    // 创建一个快捷键: 用户按下快捷键 Alt+S 等价于按下该 JButton
    jButton.setMnemonic('s');

    //设置鼠标移动到该 Button 时的提示信息
    jButton.setToolTipText("保存文件");

    jFrame.add(jButton);

    //当用户选择 JFrame 窗体的关闭图标时,将结束程序
    jFrame.setDefaultCloseOperation(JFrame.EXIT_ON_CLOSE);

    jFrame.setSize(350,100);    //设置容器的宽度和高度
    //jFrame.pack();   //使容器保持最佳尺寸
    jFrame.setVisible(true);
  }
}
```

以上程序创建的图形界面如图 22-4 所示。

图 22-4　一个带按钮的 JFrame

JButton 的 setMnemonic('s')方法为 JButton 设置了快捷键,当用户按下快捷键【Alt+S】,就相当于按下了该 JButton。JButton 的 setToolTipText("保存文件")方法显示提示信息,在本例中,当用户把鼠标移动到 JButton 区域时,就会自动显示"保存文件"字符串。

每个 JFrame 都有一个与之关联的内容面板(contentPane),加入 JFrame 容器的组件实际上都是加入到这个 contentPane 中:

```java
//获得与 JFrame 关联的 contentPane
Container contentPane =jFrame.getContentPane();
contentPane.add(jButton);    //向内容面板中加入组件
```

JFrame 的 add()方法直接向与之关联的内容面板（contentPane）加入组件，因此以下两段代码是等价的：

```
jFrame.add(jButton);          //本书范例都采用这种方式
或者：
jFrame.getContentPane().add(jButton);
```

JFrame 的 setContentPane(Container contentPane)用来重新设置内容面板，因此也可以按以下方式向 JFrame 容器中加入组件：

```
JPanel jPanel=new JPanel();
jPanel.add(jButton);          //把 JButton 组件加入到 JPanel 容器中
//把包含 JButton 的 JPanel 作为 JFrame 的内容面板
jFrame.setContentPane(jPanel);
```

JFrame 的 setDefaultCloseOperation(int operation)方法用来决定如何响应用户关闭窗体的操作，参数 operation 有以下可选值：

- JFrame.DO_NOTHING_ON_CLOSE：什么也不做。
- JFrame.HIDE_ON_CLOSE ：隐藏窗体，这是 JFrame 的默认选项。
- JFrame.DISPOSE_ON_CLOSE：销毁窗体。
- JFrame.EXIT_ON_CLOSE ：结束程序。

默认情况下，JFrame 窗体采用默认选项 JFrame.HIDE_ON_CLOSE，因此当用户单击 JFrame 窗体的关闭图标时，该窗体被隐藏，但程序不会结束，只有在命令行控制台按下快捷键 Ctrl+C 才能结束程序。

对于例程 22-1 的 FirstFrame 类所创建的界面，它的 JFrame 窗体显式地设置为采用选项 JFrame.EXIT_ON_CLOSE，因此当用户单击 JFrame 窗体的关闭图标时，就会结束程序。

22.3 布局管理器

组件在容器中的位置和尺寸是由布局管理器来决定的。所有的容器都会引用一个布局管理器实例，通过它来自动进行组件的布局管理。

1．默认布局管理器

当一个容器被创建以后，它们有相应的默认布局管理器。JFrame 的默认布局管理器是 BorderLayout，这意味着与它关联的内容面板的布局管理器也是 BorderLayout。JPanel 的默认布局管理器是 FlowLayout。

程序可以通过容器类的 setLayout(Layout layout)方法来重新设置容器的布局管理器。例如，下面的代码把 JFrame 的布局管理器设为 FlowLayout：

```
JFrame jFrame=new JFrame("Hello");
jFrame.setLayout(new FlowLayout()) ;
```

JFrame 的 setLayout(Layout layout)方法会自动把与之关联的内容面板设为采用参

数指定布局管理器。

2．取消布局管理器

如果不希望通过布局管理器来管理布局，那么可以调用容器类的 setLayout(null) 方法，这样布局管理器就被取消了。

接下来必须调用容器中每个组件的 setLocation()、setSize()或 setBounds()方法，为这些组件在容器中一一定位。

和布局管理器的管理方式不同的是，这种手工布局将导致图形界面的布局不再是和平台无关的，而是依赖于操作系统环境。

如下面的例程 22-2 的 ManualLayout 类取消了布局管理器，然后按照手工布局把一个 JButton 加入到容器中。

例程 22-2　ManualLayout.java

```
import javax.swing.*;
public class ManualLayout {
  public static void main(String args[]){
    JFrame f=new JFrame("Hello");
    f.setLayout(null);              //取消布局管理器
    f.setSize(200,100);             //宽 200，高 100

    JButton b=new JButton("press me");
    b.setBounds(10,20,100,30);      //x 坐标 10，y 坐标 20，宽 100，高 30
    f.add(b);

    f.setDefaultCloseOperation(JFrame.EXIT_ON_CLOSE);
    f.setVisible(true);
  }
}
```

以上程序显示的图形界面如图 22-5 所示。

图 22-5　用手工布局的图形界面

3．布局管理器种类

java.awt 包提供了 5 种布局管理器：FlowLayout 流式布局管理器、BorderLayout 边界布局管理器、GridLayout 网格布局管理器、CardLayout 卡片布局管理器，以及 GridBagLayout 网格包布局管理器。另外，javax.swing 包还提供了一种 BoxLayout 布局管理器。本书主要介绍 FlowLayout、BorderLayout、GridLayout 和 CardLayout 的用法。

22.3.1 FlowLayout 流式布局管理器

FlowLayout 是最简单的布局管理器,按照组件的添加次序将它们从左到右地放置在容器中。当到达容器边界时,组件将被放置在下一行中。FlowLayout 允许以左对齐、居中对齐(默认方式)或右对齐的方式排列组件。FlowLayout 的特性如下:

- 不限制它所管理的组件的大小,而是允许它们有自己的最佳大小。
- 当容器被缩放时,组件的位置可能会变化,但组件的大小不改变。

FlowLayout 的构造方法如下:

- FlowLayout()。
- FlowLayout(int align)。
- FlowLayout(int align,int hgap, int vgap)。

参数 align 用于定组件在每行中相对于容器边界的对齐方式,其可选值有:FlowLayout.LEFT(左对齐)、FlowLayout.RIGHT(右对齐)和 FlowLayout.CENTER(居中对齐)。参数 hgap 和参数 vgap 分别用于设定组件之间的水平和垂直间隙。

在下面的例程 22-3 的 FlowLayoutDemo 类中,JFrame 以一个 JPanel 作为内容面板。JPanel 采用左对齐的 FlowLayout 布局管理器。在 JPanel 加入了三个 JButton。

例程 22-3 FlowLayoutDemo.java

```java
import java.awt.*;
import javax.swing.*;
public class FlowLayoutDemo{
    public static void main(String args[]){
        final JFrame f=new JFrame("Hello");

        JPanel jPanel=new JPanel();
        jPanel.setLayout(new FlowLayout(FlowLayout.LEFT));
        f.setContentPane(jPanel);           //JFrame 以 JPanel 作为内容面板

        JButton button1=new JButton("保存");
        JButton button2=new JButton("更新");
        JButton button3=new JButton("取消");
        jPanel.add(button1);
        jPanel.add(button2);
        jPanel.add(button3);

        f.setDefaultCloseOperation(JFrame.EXIT_ON_CLOSE);
        f.setSize(500,100);
        f.setVisible(true);
    }
}
```

默认情况下,FlowLayout 采用居中对齐方式。本范例在构造 FlowLayout 对象时显式地设定组件在容器中左对齐。如图 22-6 所示是 FlowLayoutDemo 类创建的图形界面。

图 22-6　FlowLayout 的布局管理效果

22.3.2　BorderLayout 边界布局管理器

BorderLayout 为在容器中放置组件提供了一个稍微复杂的布局方案。如图 22-7 所示，BorderLayout 把容器分为 5 个区域：东、南、西、北和中。北部占据容器的上方，东部占据容器的右侧，以此类推。中部区域是在东、南、西和北都填满后剩下的区域。

图 22-7　BorderLayout 布局管理器的布局方案

BorderLayout 的特性如下：
- 位于东部和西部区域的组件保持最佳宽度，高度被垂直拉伸至和所在区域一样高；位于南部和北部区域的组件保持最佳高度，宽度被水平拉伸至和所在区域一样宽；位于中部区域的组件的宽度和高度都被拉伸至和所在区域一样大小。
- 当垂直拉伸窗口时，东部、西部和中部区域也被拉伸；而当水平拉伸窗口时，南部、北部和中部区域也被拉伸。
- 对于容器的东部、南部、西部和北部区域，如果某个区域没有组件，这个区域面积为零；对于中部区域，不管有没有组件，BorderLayout 都会为它分配空间，如果该区域没有组件，那么在中部区域显示容器的背景颜色。
- 当容器被缩放时，组件所在的相对位置不变化，但组件大小会被改变。
- 如果在某个区域添加的组件不止一个，只有最后添加的一个是可见的。

BorderLayout 的构造方法如下：
- BorderLayout()。
- BorderLayout(int hgap, int vgap)：参数 hgap 和参数 vgap 分别设定组件之间的水平和垂直间隙。

对于采用 BorderLayout 的容器，当它用 add()方法添加一个组件时，可以同时为组件指定在容器中的区域：

```
void add(Component comp,Object constraints)
```

这里的 constraints 参数实际上是 String 类型，可选值为 BorderLayout 提供的 5 个常量：
- BorderLayout.NORTH：北部区域，值为"North"。

- BorderLayout.SOUTH：南部区域，值为"South"。
- BorderLayout.EAST：东部区域，值为"East"。
- BorderLayout.WEST：西部区域，值为"West"。
- BorderLayout.CENTER：中部区域，值为"Center"。

JFrame 的默认布局管理器就是 BorderLayout。下面的代码把 JButton 放在了 JFrame 的北部区域：

```
JFrame f = new JFrame("Test");
f.add(new JButton("b1"),BorderLayout.NORTH);
```

如果不指定 add()方法的 constraints 参数，默认情况下把组件放在中部区域。下面的代码向 JFrame 的中部区域加入两个 JButton，但只有最后加入的 JButton 是可见的。

```
JFrame f= new JFrame("Test");
f.add(new JButton("b1"));
f.add(new JButton("b2"));
f.setSize(100,100);
f.setVisible(true);
```

如图 22-8 显示了以上代码创建的图形界面，在 JFrame 中只有 b2 按钮是可见的，它占据了 JFrame 的中部区域，由于其他区域没有组件，因此其他区域的面积都为零，b2 按钮自动向垂直和水平方向拉伸，占据了 JFrame 的整个空间。

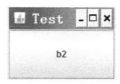

图 22-8 b2 按钮占据了 JFrame 的中部区域

例程 22-4 的 BorderLayoutDemo 类继承了 JFrame 类，采用默认的 BorderLayout 布局管理器。在窗体的北部区域加入了 northPanel，northPanel 上包含三个 JButton；在窗体的西部区域和南部区域分别加入了 westLabel 和 southLabel；在窗体的中部区域加入了 centerTextArea 组件。

例程 22-4 BorderLayoutDemo.java

```
import java.awt.*;
import javax.swing.*;
public class BorderLayoutDemo extends JFrame{

    public BorderLayoutDemo(String title){
        super(title);
        final BorderLayout layout=(BorderLayout)this.getLayout();
        JPanel northPanel=new JPanel();
        northPanel.add(new JButton("新建"));
        northPanel.add(new JButton("打开"));
        northPanel.add(new JButton("保存"));

        JLabel westLabel=new JLabel("第一回");
```

```
        JTextArea centerTextArea=new JTextArea();
        centerTextArea.setText("混沌未分天地乱，茫茫渺渺无人见。\n"
                +"自从盘古破鸿蒙，开辟从兹清浊辨。");

        JLabel southLabel=new JLabel("您是第 100 个阅读者。");

        add(northPanel,BorderLayout.NORTH);
        add(westLabel,BorderLayout.WEST);
        add(centerTextArea,BorderLayout.CENTER);
        add(southLabel,BorderLayout.SOUTH);

        setDefaultCloseOperation(JFrame.EXIT_ON_CLOSE);
        setSize(250,250);
        setVisible(true);
    }

    public static void main(String args[]){
        new BorderLayoutDemo("西游记");
    }
}
```

运行本程序，将会出现如图 22-9 所示的图形界面。这是一个稍微有点复杂的界面。随意拉伸这个图形界面，再观察当拉伸界面时各个组件外观发生的变化，就会发现中部区域的组件的宽度和高度都被拉伸至和所在区域一样大小。

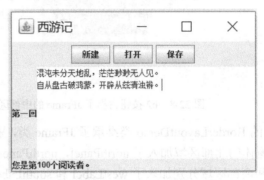

图 22-9　BorderLayout 的布局管理效果

22.3.3　GridLayout 网格布局管理器

GridLayout 将容器分割成许多行和列，组件被填充到每个网格中。添加到容器中的组件首先放置在左上角的网格中，然后从左到右放置其他组件，直至占满该行的所有网格，接着继续在下一行从左到右地放置组件。GridLayout 的特性如下：

- 组件的相对位置不随区域的缩放而改变，但组件的大小会随之改变。组件始终占据网格的整个区域。
- GridLayout 总是忽略组件的最佳大小，所有组件的宽度相同，高度也相同。
- 将组件用 add()方法添加到容器中的先后顺序决定了它们占据哪个网格。GridLayout 从左到右、从上到下将组件填充到容器的网格中。

GridLayout 的构造方法如下：

- GridLayout()。
- GridLayout(int rows, int cols)。
- GridLayout(int rows, int cols, int hgap, int vgap)。

参数 rows 代表行数，参数 cols 代表列数。参数 hgap 和 vgap 用于设置水平和垂直方向的间隙。水平间隙是指网格之间的水平距离，垂直间隙是指网格之间的垂直距离。

例程 22-5 的 CalculaterGUI 类创建了数学计算器的图形界面。

例程 22-5   CalculaterGUI.java

```java
import java.awt.*;
import java.awt.event.*;
import javax.swing.*;
import javax.swing.border.*;
public class CalculaterGUI extends JFrame {
    private JPanel panel;
    private JLabel label;
    private String[] names={"7","8","9","+","4","5","6",
                "-","1","2","3","*","0",".","=","/",
                "(",")","C","Exit"};
    private JButton[] buttons=new JButton[20];

    public CalculaterGUI(String title) {
        super(title);

        label=new JLabel("     ");
        //设置具有嵌入效果的边框
        label.setBorder(new EtchedBorder());
        panel = new JPanel();
        panel.setLayout(new GridLayout(5,4));
        add(label,BorderLayout.NORTH );
        add(panel,BorderLayout.CENTER );

        for(int i=0;i<buttons.length;i++){
            buttons[i]=new JButton(names[i]);
            panel.add(buttons[i]);
        }

        setDefaultCloseOperation(JFrame.EXIT_ON_CLOSE);
        pack();
        setVisible(true);
    }

    /* 为每个 button 注册事件监听器
       本章 22.9 节的 CalculaterDemo 类会调用此方法 */
    public void registerListener(ActionListener listener){
        for(int i=0;i<buttons.length;i++){
            buttons[i].addActionListener(listener);
        }
    }

    /* 设置输出结果
        本章 22.9 节的 CalculaterDemo 类会调用此方法 */
    public void setOutput(String text){
```

```
        label.setText(text);
    }
    public static void main(String args[]) {
        new CalculaterGUI("数学计算器");
    }
}
```

以上程序创建的图形用户界面如图 22-10 所示。

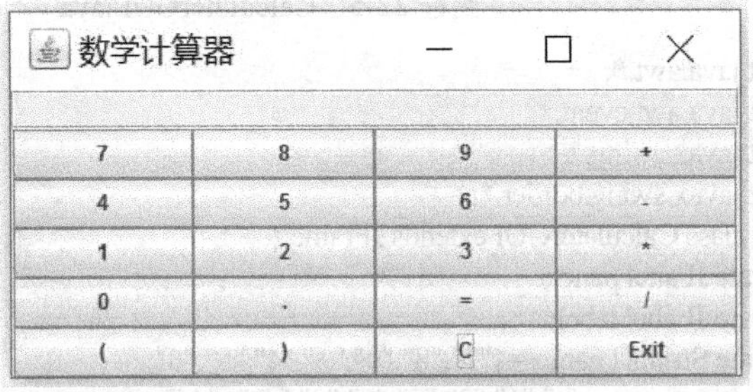

图 22-10　计算器的图形界面

在这个计算器图形界面中，最顶层的 CalculaterGUI 容器采用 BorderLayout 布局管理器，北部区域为一个 JLabel 组件，中部区域为一个 JPanel，这个 JPanel 采用 GridLayout 布局管理器，它包含多个 JButton。从这个例子可以看出，对于复杂的界面，单靠一种布局管理器无法达到指定的效果，此时可以在父容器中添加一些子容器，对于各个子容器再采用不同的布局管理器。

22.3.4　CardLayout 卡片布局管理器

CardLayout 将界面看作一系列卡片，在任何时候只有其中一张卡片是可见的，这张卡片占据容器的整个区域。CardLayout 的构造方法如下：
- CardLayout()。
- CardLayout(int hgap, int vgap)：参数 hgap 用于设置卡片和容器的左右边界之间的间隙，参数 vgap 用于设置卡片和容器上下边界的间隙。

对于采用 CardLayout 的容器，当用 add() 方法添加一个组件时，需要同时为组件指定所在卡片的名字：

```
void add(Component comp,Object constraints)
```

以上 constraints 参数实际上是一个字符串，表示卡片的名字。默认情况下，容器显示第一个用 add() 方法加入到容器中的组件，也可以通过 CardLayout 的 show(Container parent,String name) 方法指定显示哪张卡片，参数 parent 指定容器，参数 name 指定卡片的名字。

如下面的例程 22-6 的 CardLayoutDemo 类继承了 JFrame 类，它包含三个 JButton，它们的标号分别为"white""red"和"yellow"，用户选择某个按钮，CardLayoutDemo 的中部区域就会显示相应颜色的 JPanel。

例程 22-6　CardLayoutDemo.java

```java
import java.awt.*;
import java.awt.event.*;
import javax.swing.*;
public class CardLayoutDemo extends JFrame{
    private final String names[]={"white","red","yellow"};
    private final Color colors[]=
                    {Color.WHITE,Color.RED,Color.YELLOW};
    private JButton[] buttons=new JButton[3];
    private JPanel northPanel=new JPanel();
    private JPanel centerPanel=new JPanel();
    private JPanel[] cardPanels=new JPanel[3];
    private GridLayout gridLayout=new GridLayout(1,3);
    private CardLayout cardLayout=new CardLayout();

    ActionListener listener=new ActionListener(){
        public void actionPerformed(ActionEvent event){
            JButton button=(JButton)event.getSource();
            //显示相应的卡
            cardLayout.show(centerPanel,button.getText());
        }
    };

    public CardLayoutDemo (String title){
        super(title);

        northPanel.setLayout(gridLayout);
        centerPanel.setLayout(cardLayout);
        for(int i=0;i<buttons.length;i++){
            buttons[i]=new JButton(names[i]);
            buttons[i].addActionListener(listener);
            northPanel.add(buttons[i]);

            cardPanels[i]=new JPanel();
            cardPanels[i].setBackground(colors[i]);
            //向 centerPanel 加入 cardPanel
            centerPanel.add(cardPanels[i],names[i]);
        }

        add(northPanel,BorderLayout.NORTH);
        add(centerPanel,BorderLayout.CENTER);

        setDefaultCloseOperation(JFrame.EXIT_ON_CLOSE);
        setSize(250,250);
        setVisible(true);
    }
    public static void main(String args[]){
        new CardLayoutDemo("Hello");
    }
}
```

以上程序创建的图形界面如图 22-11 所示。

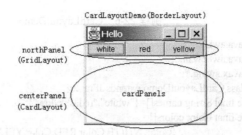

图 22-11　运用多种布局管理器的图形界面

以上最顶层的 CardLayoutDemo 容器采用 BorderLayout 布局管理器，北部区域为 northPanel，中部区域为 centerPanel。northPanel 采用 GridLayout 布局管理器，它包含三个 JButton。centerPanel 采用 CardLayout 布局管理器，它包含三个 JPanel，分别位于名字为 "white" "red" 和 "yellow" 的三张卡片上。当用户选择了标号为 "red" 的按钮时，它的事件监听器就会让 centerPanel 显示名字为 "red" 的卡片。关于事件监听器的用法会在下一节介绍。

22.4　事件处理

当用户与 GUI 交互，比如移动鼠标、按下鼠标按钮、单击按钮、在文本框内输入文本、选择菜单项或者关闭窗口时，GUI 会触发相应的事件。Java 语言把每一个可以触发事件的组件当作事件源，每一种事件都对应专门的监听器。监听器负责接收和处理这种事件。一个事件源可以触发多种事件，如果它注册了某种事件的监听器，那么这种事件就会被监听器接收和处理。由于事件源本身不处理事件，而是委托相应的事件监听器来处理，这种事件处理模式称为委托模式。

在图 22-12 中，JPanel 是一个事件源，它可以触发键盘事件和鼠标事件等。键盘事件对应一个键盘监听器，它会在键被按下和键被释放时做出响应。这个 JPanel 注册了键盘监听器，所以它触发的键盘事件将被处理。而对于 JPanel 触发的鼠标事件，由于没有注册相应的鼠标监听器，所以这种事件不会被处理。

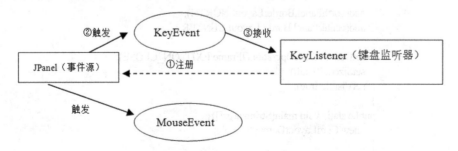

图 22-12　JPanel 委托键盘监听器 KeyListener 来处理键盘事件

每个具体的事件都是某种事件类的实例，事件类包括：ActionEvent、ItemEvent、MouseEvent、KeyEvent、FocusEven 和 WindowEvent 等。每个事件类对应一个事件监听接口,例如,ActionEvent 对应 ActionListener,ItemEvent 对应 ItemListener,MouseEvent 对应 MouseListener,KeyEvent 对应 KeyListener。如果程序需要处理某种事件,就需要实现相应的事件监听接口。

在本书第 19 章的 19.9 节（读写文本文件的范例）,为智多星编写了一个可以把备忘录内容保存到文件中的 Note 类。下面的例程 22-7 的 NoteEditor 类为智多星提供了一个可以编辑并保存备忘录内容的图形界面。NoteEditor 类中定义了一个内部类 FileHandler,它实现了 ActionListener 接口,能够把文本区域组件 JTextArea 中的备忘录文本保存到特定的文件中。

JButton 的 addActionListener()方法负责把这个 FileHandler 内部类的实例注册为 JButton 的监听器。当用户按下 JButton 以后,就会触发一个 ActionEvent 事件,该事件被 FileHandler 监听器接收,Java 虚拟机会执行它的 actionPerformed()方法,该方法把 JTextArea 中的文本保存到特定的文件中。

例程 22-7 NoteEditor.java

```java
import java.awt.*;
import java.awt.event.*;
import javax.swing.*;

public class NoteEditor extends JFrame{
    private String filePath;      //备忘录的文件路径
    private JButton button=new JButton("保存");
    private JTextArea textArea=new JTextArea();
    private Note note;

    public NoteEditor(String title,String filePath){
        super(title);
        note=new Note();
        this.filePath=filePath;
        //为 JButton 注册 ActionEvent 的监听器
        button.addActionListener(new FileHandler());

        //把文件中的内容加载到 Note 对象的 content 属性中
        note.load(filePath);
        textArea.setText(note.getContent());
        add(textArea);
        add(button,BorderLayout.SOUTH);

        setSize(300,300);
        setVisible(true);
        setDefaultCloseOperation(JFrame.EXIT_ON_CLOSE);
    }

    /* 一个实现 ActionListener 的内部类,
       把 JTextArea 中的文本保存到特定的文件中 */
    class FileHandler implements ActionListener{
        public void actionPerformed(ActionEvent evt){
            note.setContent(textArea.getText());
            //把 Note 对象的 content 属性值保存到文件中
```

```
        note.save(filePath);
    }
}
public static void main(String args[]){
    new NoteEditor("备忘录","D:\\mydir\\note.txt");
}
}
```

以上程序创建的图形界面如图 22-13 所示。当用户单击"保存"按钮以后，JTextArea 文本区域中的内容就被保存到特定文件中。

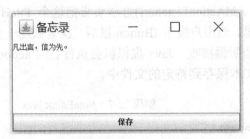

图 22-13　JButton 按钮注册了 ActionListener 监听器

如果实现一个监听器接口，就必须实现接口中的所有方法，否则这个类必须声明为抽象类。监听器接口 MouseListener 一共定义了 5 个方法：mousePressed()、mouseReleased()、mouseEntered()、mouseExited()和 mouseClicked()。而在实际应用中，往往不需要实现该接口中的所有方法。为了编程的方便，AWT 类库为部分方法比较多的监听器接口提供了适配器类，这些类尽管实现了监听器接口的所有方法，但实际上方法体都为空。比如，MouseListener 的适配器类为 MouseAdapter，它的定义如下：

```
public abstract class MouseAdapter implements MouseListener {
    public void mouseClicked(MouseEvent e) {}
    public void mousePressed(MouseEvent e) {}
    public void mouseReleased(MouseEvent e) {}
    public void mouseEntered(MouseEvent e) {}
    public void mouseExited(MouseEvent e) {}
}
```

在程序中可以定义一个继承适配器的类来作为监听器，在这个类中，只需根据实际需要来实现监听器接口的部分方法。

在例程 22-8 中，MouseCounter 类负责创建 GUI 界面，MyMouseListener 类负责监听 MouseEvent 事件，MyMouseListener 继承了 MouseAdapter，它的 mousePressed()方法能够统计鼠标被单击的次数。

例程 22-8　MouseCounter.java

```
import java.awt.event.*;
import javax.swing.*;
public class MouseCounter extends JFrame{
    private int clickedTimes;
    private JLabel label=new JLabel("鼠标单击 0 次");
```

```java
    public MouseCounter(String title){
        super(title);

        //定义一个匿名的监听器类并创建它的实例
        MouseListener mouseListener=new MouseAdapter(){
            public void mousePressed(MouseEvent evt){
                JLabel label=(JLabel)evt.getSource();    //获得事件源
                label.setText("鼠标单击"+(++clickedTimes)+"次");
            }
        };

        //把 mouseListener 为 JLabel 的监听器
        label.addMouseListener(mouseListener);

        add(label);

        setDefaultCloseOperation(JFrame.EXIT_ON_CLOSE);
        setSize(100,100);
        setVisible(true);
    }

    public static void main(String args[]){
        new MouseCounter("hello");
    }
}
```

以上 MouseCounter 类创建的图形界面如图 22-14 所示。当用户每次在 JLabel 上单击一次鼠标，JLable 上显示的单击次数就会增加 1。

图 22-14　MouseCounter 类的图形界面

22.5　AWT 绘图

AWT 重量级组件与 Swing 轻量级组件的绘图机制稍微有一些区别。本章主要介绍 Swing 轻量级组件的绘图机制。在 Component 类中提供了以下与绘图有关的方法：
- paint (Graphics g)：绘制组件的外观。
- repaint()：调用 paint()方法，刷新组件的外观。

对于图形用户界面，Java 虚拟机会自动创建并启动一个 AWT 线程，它会调用每个组件的 paint()方法来绘制图形界面。在以下几种情况，AWT 线程会执行组件的 paint()方法：
- 当组件第一次在屏幕上显示时，AWT 线程会自动调用 paint()方法来绘制组件。
- 用户在屏幕上伸缩组件，使组件的大小发生变化，此时 AWT 线程会自动调用

- 组件的 paint()方法，刷新组件的外观。
- 用户在屏幕上最小化界面，然后又恢复界面，此时 AWT 线程会自动调用组件的 paint()方法，重新显示组件的外观。
- 程序中调用 repaint()方法，该方法会促使 AWT 线程尽可能快地执行组件的 paint()方法。

JComponent 类覆盖了 Component 类的 paint()方法。JComponent 类的 paint()方法把绘图任务委派给三个 protected 类型的方法来完成：

- paintComponent()：画当前组件。
- paintBorder()：画组件的边界。
- paintChildren()：如果组件为容器，则画容器所包含的组件。

对于用户自定义的 Swing 组件，如果需要在当前组件中绘制图形，只需要覆盖 paintComponent()方法。JComponent 类的 paintComponent()方法会以组件的背景色来覆盖整个组件区域。当用户重新实现 paintComponent()方法时，如果希望先清空组件上遗留的图形，那么可以先调用 super.paintComponent()方法。

例程 22-9 的 ColorChanger 类继承 JFrame 类，覆盖了 paintComponent()方法，该方法负责在容器中画一个矩形。当用户按下按钮时，这个矩形的颜色就会发生变化。

例程 22-9 ColorChanger.java

```java
import java.awt.*;
import java.awt.event.*;
import javax.swing.*;

public class ColorChanger extends JPanel {
  private Color color=Color.RED;
  private int times;               //跟踪调用 paintComponent()方法的次数
  public ColorChanger(){
    JButton button=new JButton("change color");

    //注册一个匿名监听器
    button.addActionListener(new ActionListener(){
      public void actionPerformed(ActionEvent event){
        //更换画笔的颜色
        color=(color==Color.RED)?Color.GREEN:Color.RED;
        repaint();                 //刷新组件
      }
    });
    add(button);
  }

  public void paintComponent(Graphics g){
    super.paintComponent(g);
    g.setColor(color);             //设置画笔的颜色
    g.fillRect(0,0,300,300);       //画一个矩形
    //跟踪该方法被调用的次数
    System.out.println("call paintComponent "+(++times)+" times");
  }
  public static void main(String args[]){
    JFrame frame=new JFrame("Hello");
```

```
        frame.setContentPane(new ColorChanger());

        frame.setDefaultCloseOperation(JFrame.EXIT_ON_CLOSE);
        frame.setSize(300,300);
        frame.setVisible(true);
    }
}
```

以上程序创建的图形界面如图 22-15 所示。

图 22-15　paintComponent()方法绘制的矩形

在 ColorChanger 类的 paintComponent()方法中，会向控制台打印本方法被调用的次数：

```
//跟踪该方法被调用的次数
System.out.println("call paintComponent "+(++times)+" times");
```

运行 ColorChanger 类，观察控制台的输出结果，会推断出 paintComponent()方法在以下情况被 AWT 线程调用：

- 当用户界面第一次在屏幕上呈现时。
- 当用户单击"change color"按钮时，ActionListener 监听器的 actionPerformed()方法被调用，该方法调用 ColorChanger 类的 repaint()方法，而 repaint()方法会调用 paintComponent()方法。
- 当用户改变界面的大小，或者对界面进行先最小化再最大化操作时，AWT 线程也会自动调用 paintComponent()方法。

JComponent 类的 paintComponent(Graphics g)方法有一个 java.awt.Graphics 类型的参数。Graphics 类代表画笔，提供了绘制各种图形的方法，常见的有：

- drawLine(int *x*1,int *y*1,int *x*2, int *y*2)：画一条直线。参数（*x*1,*y*1）和（*x*2,*y*2）设定直线的起始和终止坐标。
- drawString(String string, int left, int bottom)：写一个字符串。
- drawImage(Image image,int left, int top, ImageObserver observer)：画一幅图像。
- drawRect(int left,int top,int width,int height)：画一个矩形。
- drawOval(int *x*, int *y*, int width, int height)：画一个椭圆。
- fillRect(int left,int top,int width,int height)：填充一个矩形。
- fillOval(int *x*, int *y*, int width, int height)：填充一个椭圆。

以上 drawRect()和 fillRect()方法的（*left,top*）参数设定矩形左上角的坐标。drawOval()和 fillOval()方法的（*x,y*）参数设定椭圆的起始坐标，即椭圆所在的矩形框架左上角的坐标。

可以为 Graphics 对象设置绘图颜色和字体属性，方法为：

- setColor(Color color)：设置画笔的颜色。
- setFont(Font font)：设置画笔的字体。

如果程序没有显示调用 Graphics 对象的 setColor()方法，Graphics 对象将以组件的前景色作为默认的绘图颜色。

22.6 创建动画

本节将利用 AWT 绘图技术及 Java 线程技术，创建一个图 22-1 所示的活蹦乱跳的虚拟智多星。设计思路如下：

- 用 5 张图片来记录智多星的整个跳跃过程，这 5 张图片被存放在 images 数组中。
- 在一个容器组件中展示 images 数组中的 images[index]图片，*index* 变量表示当前展示的图片在 images 数组中的索引。
- 创建一个 imageSwitch 线程，负责每隔 400 毫秒，就把 *index* 变量的值改变一次，并调用容器组件的 repaint()方法，刷新界面，从而使容器能展示下一张 images[index]图片。
- 在容器组件中加入一个 contrlButton，它能控制 imageSwitch 线程的创建、启动和终止。

例程 22-10 为按照上述思路编写的 Monkey 类。

例程 22-10 Monkey.java

```java
import java.awt.*;
import java.awt.event.*;
import javax.swing.*;

public class Monkey extends JPanel implements Runnable {
    private final int COUNT=5;              //图片的数目
    private int index=0;                    //图片的索引
    private Thread imageSwitch;             //动态改变图片的线程，形成动画效果
    private boolean stopFlag=false;         //控制线程启动与关闭的标志
    private Image[] images;                 //存放猴子图片
    private JButton contrlButton=new JButton("   休息!  ");

    public Monkey() {
        images=new Image[COUNT];

        //以下这段代码从本地加载图片
        Toolkit tk=getToolkit();
        images[0]=tk.getImage(getClass().getResource("monkey1.jpg"));
        images[1]=tk.getImage(getClass().getResource("monkey2.jpg"));
        images[2]=tk.getImage(getClass().getResource("monkey3.jpg"));
        images[3]=tk.getImage(getClass().getResource("monkey4.jpg"));
        images[4]=tk.getImage(getClass().getResource("monkey5.jpg"));

        contrlButton.addActionListener(new ActionListener(){
```

```java
    /* 控制 imageSwitch 线程的创建、启动和终止 */
      public void actionPerformed(ActionEvent e){
        if(stopFlag)begin();
        else stop();
    }});


    setBackground(Color.WHITE);
    add(contrlButton);

    imageSwitch=new Thread(this);    //启动 imageSwitch 线程
    imageSwitch.start();
  }

  public void begin(){ /* 创建并启动 imageSwitch 线程 */
    imageSwitch=new Thread(this);
    stopFlag=false;
    index=0;
    contrlButton.setText("  休息！ ");
    imageSwitch.start();
  }

  public void stop(){ /* 终止 imageSwitch 线程 */
    stopFlag=true;
    contrlButton.setText("  跳起来！ ");
  }

  public void run(){   /* imageSwitch 线程所执行的方法 */
    while(!stopFlag){
      repaint();
      try{
        Thread.sleep(400);
      }catch(InterruptedException e){
        throw new RuntimeException(e);
      }

      if(++index==COUNT) index=0;    //改变 index 变量的值
    }
  }

  public void paintComponent(Graphics g) {
    super.paintComponent(g);
    /* 由于 AWT 线程和 imageSwitch 线程都会调用此方法,
       index 变量为共享资源,
       为了防止资源竞争,两个线程需要同步 */
    synchronized(this){
      if(index<COUNT)
        g.drawImage(images[index],107,50,this);
    }
  }

  public static void main(String args[]){

    JFrame gui=new JFrame("智多星");
    Monkey monkey=new Monkey();
```

```
            gui.setContentPane(monkey);
            gui.setDefaultCloseOperation( JFrame.EXIT_ON_CLOSE );
            gui.setSize(600,600);
            gui.setVisible( true );
        }
    }
```

以上 Monkey 类继承了 JPanel 类，因此 Monkey 类本身就是一个容器组件。在 Monkey 类的 paintComponent()方法中，利用 Graphics 画笔的 drawImage()方法来绘制 images 数组中的一张图片：

```
            g.drawImage(images[index],107,50,this);
```

Monkey 类还实现了 Runnable 接口，Monkey 类的 run()方法负责修改 *index* 变量的值，以及调用 repaint()方法刷新界面：

```
        while(!stopFlag){
            repaint();
            try{
                Thread.sleep(400);
            }catch(InterruptedException e){
                throw new RuntimeException(e);
            }
            if(++index==COUNT) index=0;     //改变 index 变量的值
        }
```

Monkey 容器组件有一个 ctrlButton 按钮组件，它注册了一个匿名的 ActionListener 监听器，该监听器能控制 imageSwitch 线程的创建、启动和终止。

```
        contrlButton.addActionListener(new ActionListener(){
            /* 控制 imageSwitch 线程的创建、启动和终止 */
            public void actionPerformed(ActionEvent e){
                if(stopFlag)
                    begin();
                else
                    stop();
            }
        });
```

Monkey 类的 begin()方法负责创建和启动 imageSwitch 线程，stop()方法负责终止 imageSwitch 线程。

22.7 菜单

菜单的组织方式为：一个菜单条 JMenuBar 中可以包含多个菜单 JMenu，一个菜单 JMenu 中可以包含多个菜单项 JMenuItem。有一些支持菜单的组件（如 JFrame 和 JDialog）有一个 setMenuBar(JMenuBar bar)方法，可以用这个方法来设置菜单条。如图 22-16 显示了 JMenuBar、JMenu 和 JMenuItem 的关系。

第 22 章 图形界面俏容颜

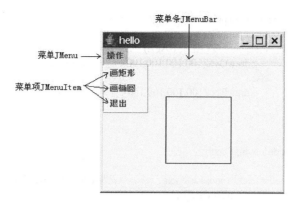

图 22-16 JMenuBar、JMenu 和 JMenuItem 的关系

当用户选择了某个 JMenuItem 菜单项以后,就会触发一个 ActionEvent 事件,该事件由 ActionListener 监听器负责处理。

在例程 22-11 的 MenuDemo 类中,创建了如图 22-16 所示的菜单条。菜单条中包括一个"操作"菜单,"操作"菜单包括三个菜单项:

- "画矩形"菜单项:当用户选择"画矩形"菜单项以后,就会在界面上画一个矩形。
- "画椭圆"菜单项:当用户选择"画椭圆"菜单项以后,就会在界面上画一个椭圆。
- "退出"菜单项:当用户选择"退出"菜单项以后,就会结束程序。

例程 22-11　MenuDemo.java

```java
import java.awt.*;
import java.awt.event.*;
import javax.swing.*;

public class MenuDemo extends JFrame{
    private final int RECT_SHAPE=1;
    private final int OVAL_SHAPE=2;
    private int shape=RECT_SHAPE;

    public MenuDemo(String title){
        super(title);
        JMenu optMenu=new JMenu("操作");
        JMenuItem rectItem=new JMenuItem("画矩形");
        JMenuItem ovalItem=new JMenuItem("画椭圆");
        JMenuItem exitItem=new JMenuItem("退出");

        optMenu.add(rectItem);
        optMenu.add(ovalItem);
        optMenu.add(exitItem);

        JMenuBar bar = new JMenuBar();
        setJMenuBar( bar );                    //在 JFrame 中设置菜单条
        bar.add(optMenu );

        JPanel drawingPanel=new JPanel(){     //匿名面板类
```

```java
    public void paintComponent(Graphics g){
        super.paintComponent(g);
        if(shape==OVAL_SHAPE)
            g.drawOval(100,100,100,100);        //画椭圆
        else
            g.drawRect(100,100,100,100);        //画矩形
    }
};

add(drawingPanel);

rectItem.addActionListener(                     //为菜单项目注册监听器
    new ActionListener() {
        public void actionPerformed( ActionEvent event ){
            shape=RECT_SHAPE;
            drawingPanel.repaint();             //刷新界面,画矩形
        }
});

ovalItem.addActionListener(                     //为菜单项目注册监听器
    new ActionListener() {
        public void actionPerformed( ActionEvent event ){
            shape=OVAL_SHAPE;
            drawingPanel.repaint();             //刷新界面,画椭圆
        }
});

exitItem.addActionListener(                     //为菜单项目注册监听器
    new ActionListener() {
        public void actionPerformed( ActionEvent event ){
            System.exit( 0 );                   //结束程序
        }
});

setSize(300,300);
setVisible(true);
setDefaultCloseOperation(JFrame.EXIT_ON_CLOSE);
}

public static void main(String args[]){
    new MenuDemo("hello");
}
}
```

22.8 小结

本章涉及的 Java 知识点总结如下:

1. 组件分类

Component 组件类可分为 Container 容器类与其他非容器类。对于非容器类组件可以将其加入到容器类组件中。

Container 容器类又分为两种：Window 和 Panel。Window 是可以不依赖于其他容器而独立存在的容器，Window 有两个子类：Frame（窗体）和 Dialog（对话框）。Panel 只能存在于其他的容器（Window 或其子类）中。

Swing 组件是用纯 Java 语言编写而成的，不依赖于本地操作系统的 GUI，Swing 组件可以跨平台运行。这种独立于本地平台的 Swing 组件也称为轻量级组件。多数 Swing 组件类都以大写字母"J"开头。

JFrame 类和 JDialog 类是容器类 Swing 组件，它们分别继承了 java.awt.Frame 类和 java.awt.Dialog 类。

除了 JFrame 类和 JDialog 类，多数 Swing 组件都继承了 javax.swing.JComponent 类，而 JComponent 类继承了 java.awt.Container 类。

2. 容器的默认布局管理器

JFrame 和 JDialog 的默认布局管理器是 BorderLayout，JPanel 的默认布局管理器是 FlowLayout。可以通过 setLayout(Layout)方法来改变容器的布局管理器。

3. 各种布局管理器的特点

（1）FlowLayout 布局管理器会始终保证每个组件的最佳尺寸。

（2）BorderLayout 把容器分为 5 个区域，如果在同一个区域加入多个组件，只有最后一个组件是可见的。

（3）GridLayout 将容器分割成许多行和列，组件被填充到每个网格中。

（4）CardLayout 将界面看作一系列的卡片，在任何时候都只有其中一张卡片是可见的，这张卡片占据容器的整个区域。

4. 事件处理

AWT 处理事件采用委托模式。组件本身不处理事件，而是委托监听器来处理。例如，当用户单击一个 JButton 按钮时，就会触发一个 ActionEvent 事件，程序可以按照以下步骤实现对 ActionEvent 事件的处理：

（1）定义一个实现了 ActionListener 接口的 MyActionListener 类，它实现了 ActionListener 接口的 actionPerformed()方法。

（2）通过 JButton 对象的 addActionListener()方法，注册 MyActionListener 监听器：

jButton.addActionListener(new MyActionListener());

5. AWT 绘图机制

Component 类中提供了以下与绘图有关的方法：

（1）paint (Graphics g)：绘制组件的外观。

（2）repaint()：调用 paint()方法，刷新组件的外观。

paint (Graphics g)方法有一个 Graphics 类型的参数，它代表绘制界面的画笔，这个画笔由 Java 虚拟机提供，程序可通过这个画笔在界面上绘制直线、矩形、字符和图片等。

JComponent 类覆盖了 Component 类的 paint()方法。JComponent 类的 paint()方法把绘图任务委派给三个 protected 类型的方法来完成：

（1）paintComponent()：画当前组件。

（2）paintBorder()：画组件的边界。

（3）paintChildren()：如果组件为容器，则画容器所包含的组件。

对于用户自定义的 Swing 组件，如果需要在当前组件中绘制图形，只需要覆盖 paintComponent()方法。

22.9 编程实战：创建数学计算器

本章 22.3.3 节中例程 22-5 的 CalculaterGUI 创建了一个数学计算器的图形界面，另外，本书第 18 章编写了一个能够计算数学表达式的 Calculater1 类（参见第 18 章的 18.8 节的例程 18-3）。请在这两个类的基础上，创建带图形用户界面的数学计算器类 CalculaterDemo。如图 22-17 所示，当用户在界面上输入一个表达式以后，再单击"="按钮，就会计算并显示这个表达式的值。当用户单击"C"按钮以后，会清空用户输入的表达式。当用户单击"Exit"按钮以后，会退出本程序。

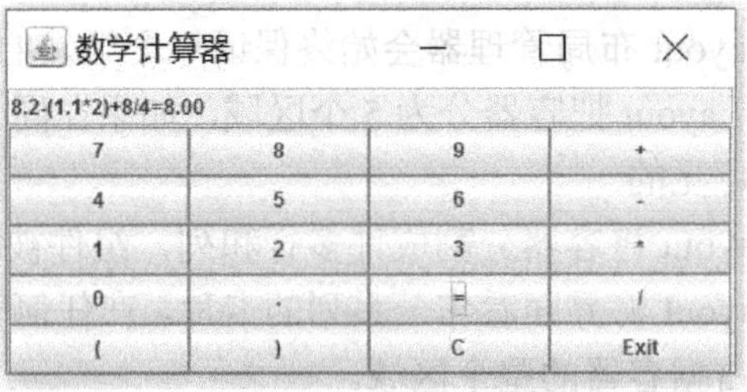

图 22-17 会计算表达式的数学计算器

编程提示

例程 22-12 的 CalculaterDemo 类有一个 CalculaterGUI 类型（参见本章 22.3.3 节的例程 22-5）的 calculaterGUI 属性，表示计算器的图形界面。CalculaterDemo 类自身实现了 ActionListener 监听接口。CalculaterDemo 类会调用 calculaterGUI.registerListener(this)方法，把自身注册为界面上所有 JButton 的事件监听器。

CalculaterDemo 类在 actionPerformed()方法中响应用户单击各种按钮的操作：

- 单击"="按钮：调用 Calculater1 的相关方法来计算表达式。
- 单击"C"按钮：清空表达式。
- 单击"Exit"按钮：结束程序。
- 单击其他按钮：追加表达式的内容。

例程 22-12 CalculaterDemo.java

```
import java.awt.*;
import javax.swing.*;
import java.awt.event.*;
import java.text.DecimalFormat;
public class CalculaterDemo implements ActionListener{
    private CalculaterGUI calculaterGUI;    //数学计算器界面
    private Calculater1 calculater=new Calculater1();
```

```java
        private String expr="";                    //数学表达式

    public CalculaterDemo() {
        //创建计算器的图形界面
        calculaterGUI=new CalculaterGUI("数学计算器");

        //把自身作为事件监听器,向 CalculaterGUI 注册
        calculaterGUI.registerListener(this);
    }

    public void actionPerformed(ActionEvent evt){
        JButton button=(JButton)evt.getSource();
        String buttonText=button.getText();

        switch(buttonText){
            case "=":                              //计算表达式
                try{
                    double result=calculater.calculate(
                                    calculater.parse(expr));
                    //设置浮点数显示格式:保留 2 位小数
                    DecimalFormat decimalFormat=new DecimalFormat("#.00");
                    calculaterGUI.setOutput(expr+"="
                                +decimalFormat.format(result));
                    expr="";
                }catch(Exception e){
                    calculaterGUI.setOutput(expr+"  :请输入合法表达式");
                    expr="";
                }
                break;
            case "C":               //清空表达式
                expr="";
                calculaterGUI.setOutput("    ");
                break;
            case "Exit":            //退出程序
                System.exit(0);
            default:                //追加表达式
                expr+=buttonText;
                calculaterGUI.setOutput(expr);
        }
    }

    public static void main(String args[]) {
        new CalculaterDemo();
    }
}
```

22.10 编程实战:创建 BMI 指数计算器

BMI 是把一个人的体重(千克为单位)除以身高(米为单位)的平方得出的数字,它是用来衡量人体胖瘦程度及是否健康的一个标准。如表 22-1 列出了 BMI 的中国标准和国际标准。

表 22-1　BMI 的中国标准和国际标准

中国标准		国际标准	
BMI 值	描述	BMI 值	描述
0~18.5	偏瘦	0~16.5	极瘦
18.5~24.0	正常	16.5~18.5	偏瘦
24.0~28.0	过重	18.5~25.0	正常
28.0 以上	肥胖	25.0~30.0	过重
		30.0~35.0	1 类肥胖
		35.0~40.0	2 类肥胖
		40.0 以上	3 类肥胖

请编写一个带图形用户界面的程序，它能够根据用户选择的 BMI 标准，以及输入的身高和体重信息，来计算 BMI 值，并显示评判结果。

编程提示

可以创建一个如图 22-18 所示的用户界面。在这个界面上，通过 JRadioButton 单选按钮来选择中国标准或国际标准。另外，还利用两个 JTextField 文本框来输入身高和体重信息。

图 22-18　BMI 指数计算器的图形界面

例程 22-13 的 BMIReport 类实现了这个 BMI 指数计算器。

例程 22-13　BMIReport.java

```java
import javax.swing.*;
import javax.swing.border.EmptyBorder;
import java.awt.*;
import java.awt.event.*;
import java.text.DecimalFormat;

public class BMIReport extends JFrame {

    private JPanel contentPane;
    private JLabel titleLabel;
    private JPanel mainPanel;
    private JButton submitButton;
    private ButtonGroup buttonGroup;
    private JPanel standardPanel;
    private JRadioButton chinaRadio;
    private JRadioButton worldRadio;
```

```java
private JPanel whPanel;
private JLabel heightLabel;
private JLabel weightLabel;
private JTextField heightText;
private JTextField weightText;
private JPanel consolePanel;
private JLabel consoleLabel;
private JTextField consoleText;

public static void main(String[] args) {
    BMIReport frame = new BMIReport();
}

public BMIReport() {
    setTitle("BMI 指数计算器");

    //主容器面板
    contentPane = new JPanel();
    //设置边框
    contentPane.setBorder(new EmptyBorder(5, 5, 5, 5));
    contentPane.setLayout(new BorderLayout(0, 0));
    setContentPane(contentPane);

    //存放输入信息的 mainPanel，位于主容器中部区域
    mainPanel = new JPanel();
    mainPanel.setLayout(new BorderLayout());
    contentPane.add(mainPanel,BorderLayout.CENTER);

    //提交按钮，位于主容器的南部区域
    submitButton = new JButton("计算 BMI");
    contentPane.add(submitButton, BorderLayout.SOUTH);

    //选择 BMI 标准的 standardPanel，位于 mainPanel 的北部区域
    standardPanel = new JPanel();
    standardPanel.setLayout(new FlowLayout());
    buttonGroup = new ButtonGroup();
    chinaRadio = new JRadioButton("中国标准");
    chinaRadio.setSelected(true);
    worldRadio = new JRadioButton("国际标准");
    buttonGroup.add(chinaRadio);
    buttonGroup.add(worldRadio);
    standardPanel.add(chinaRadio);
    standardPanel.add(worldRadio);
    mainPanel.add(standardPanel,BorderLayout.NORTH);

    //输入身高、体重的 whPanel，位于 mainPanel 的中部区域
    whPanel = new JPanel();
    whPanel.setLayout(new FlowLayout());
    heightLabel = new JLabel("身高（米/m）: ");
    weightLabel = new JLabel("体重（千克/kg）: ");
    heightText = new JTextField(10);
    heightText.setToolTipText("请输入身高");
    weightText = new JTextField(10);
    weightText.setToolTipText("请输入体重");
    whPanel.add(heightLabel);
```

```java
            whPanel.add(heightText);
            whPanel.add(weightLabel);
            whPanel.add(weightText);
            mainPanel.add(whPanel,BorderLayout.CENTER);

            //显示BMI结果的consolePanel，位于mainPanel的南部区域
            consolePanel = new JPanel();
            consolePanel.setLayout(new FlowLayout());
            consoleLabel = new JLabel("BMI 质量指数为：");
            consoleText = new JTextField(28);
            consoleText.setEditable(false);
            consolePanel.add(consoleLabel);
            consolePanel.add(consoleText);
            mainPanel.add(consolePanel,BorderLayout.SOUTH);

            //为提交按钮注册事件监听器
            submitButton.addActionListener(new ActionListener(){
               public void actionPerformed(ActionEvent e) {
                  reportBMI();
               }
            });

            setDefaultCloseOperation(JFrame.EXIT_ON_CLOSE);
            pack();
            setVisible(true);
         }

         private void reportBMI(){
            String heightStr = heightText.getText();
            String weightStr = weightText.getText();
            double height,weight=0;
            try{
               height = Double.parseDouble(heightStr);
               weight = Double.parseDouble(weightStr);
            }catch(NumberFormatException ex){
               consoleText.setText("请输入正确的身高或体重");
               return;
            }
            double bmi=BMICalculater.getBMI(weight,height);
            String standard;
            if(chinaRadio.isSelected())
               standard=BMICalculater.CHINA;
            else
               standard=BMICalculater.WORLD;

            String description=BMICalculater.getDescription(bmi,standard);
            //decimalFormat用于指定BMI值的显示格式
            DecimalFormat decimalFormat = new DecimalFormat("#.0");
            consoleText.setText("您的BMI指数： "+decimalFormat.format(bmi)
                +"，您的健康状况： "+description);
         }
      }
```

当用户单击"计算BMI"按钮时，会触发ActionEvent事件，该事件由一个实现了ActionListener监听器接口的匿名类来处理，它会调用BMIReport类的reportBMI()方法，

而该方法又通过 BMICalculater 类来计算 BMI，以及获取关于 BMI 值的描述信息。下面的例程 22-14 是 BMICalculater 类的源代码。

例程 22-14　BMICalculater.java

```java
import java.util.*;
public class BMICalculater{
    private static Map<Double,String> chinaStandards
                                =new TreeMap<Double,String>();
    private static Map<Double,String> worldStandards
                                =new TreeMap<Double,String>();
    public static final String CHINA="CHINA";
    public static final String WORLD="WORLD";
    public static final double MAX_BMI=10000; //最大的 BMI 取值

    static{ //静态初始化代码，负责初始化 BMI 的中国标准和国际标准内容
        initChinaStandard();
        initWorldStandard();
    }
    private static void initChinaStandard(){
        chinaStandards.put(18.5,"偏廋");
        chinaStandards.put(24.0,"正常");
        chinaStandards.put(28.0,"过重");
        chinaStandards.put(MAX_BMI,"肥胖");
    }

    private static void initWorldStandard(){
        worldStandards.put(16.5,"极廋");
        worldStandards.put(18.5,"偏廋");
        worldStandards.put(25.0,"正常");
        worldStandards.put(30.0,"过重");
        worldStandards.put(35.0,"1 类肥胖");
        worldStandards.put(40.0,"2 类肥胖");
        worldStandards.put(MAX_BMI,"3 类肥胖");
    }

    /* 根据体重和身高计算 BMI 指数 */
    public static double getBMI(double weight,double height){
        return weight / (height*height);
    }

    /* 根据特定的标准返回与 BMI 对应的描述信息 */
    public static String getDescription(double bmi,String standard){
        Map<Double,String> standards;
        if(standard.equals(CHINA))
            standards=chinaStandards;
        else
            standards=worldStandards;

        String description="";
        Set<Map.Entry<Double,String>> set=standards.entrySet();
        //entry 表示 Map 中的一对键与值
        for(Map.Entry<Double,String> entry : set){
            if(bmi<entry.getKey()){
                description=entry.getValue();
```

```
                break;
            }
        }
        return description;
    }
}
```

BMICalculater 类把 BMI 的评判标准信息存放在两个映射中：chinaStandards 和 worldStandards。BMICalculater 类的 getBMI()方法根据身高和体重计算出 BMI 值，getDescription()方法根据 BMI 值及评判标准来返回相应的描述信息。

第 23 章　轻松访问数据库

内存中的数据不能永远存在。当程序运行结束以，它所占用的内存被回收，它所处理的数据也就随之消失了。如何让这些数据永久保存下来呢？前面已经介绍了把数据保存到文件系统中的方法。本章将介绍另一种方法，把数据保存到关系数据库中。

关系数据库中最主要的数据结构是表，表用主键来标识每一条记录。关系数据库服务器提供管理数据库的各种功能，包括：创建表；向表中插入、更新和删除数据等。数据库服务器的客户程序可以用任何一种编程语言编写，这些客户程序都向服务器发送 SQL 命令，服务器接收到 SQL 命令，完成相应的操作。例如，在图 23-1 中，客户程序为了查找姓名为"张三"的客户的完整信息，向服务器发送了一条 select 查询语句，服务器执行这条语句，然后返回相应的查询结果。

图 23-1　客户程序向数据库服务器发送 SQL 命令

Java 程序也可以作为数据库服务器的客户程序，向服务器发送 SQL 命令。为了简化 Java 程序访问数据库的过程，JDK 提供了 Java 数据库连接（JDBC 是 Java DataBase Connectivity，JDBC）API。JDBC API 主要位于 java.sql 包中。如图 23-2 所示，JDBC API 的具体实现程序封装了与各种数据库服务器通信的细节，JDBC 具体实现程序也称作 JDBC 驱动器。JDBC 驱动器由数据库服务器商或第三方来提供。Java 程序通过 JDBC API 来访问数据库，有以下优点：

（1）简化访问数据库的程序代码，无须涉及与数据库服务器通信的细节。

（2）不依赖于任何数据库平台。同一个 Java 程序可以访问多种数据库服务器。

本章内容主要围绕以下问题展开：

- JDBC API 中常用的接口和类分别有什么作用？
- JDBC 驱动器程序有什么作用？它由谁来提供？
- 如何编写通过 JDBC API 来访问数据库的程序？
- 如何操纵可滚动及可更新的结果集？

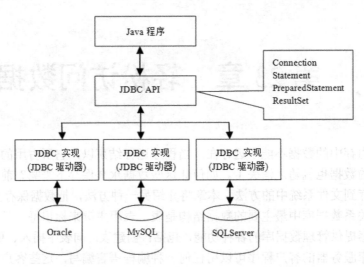

图 23-2 Java 程序通过 JDBC API 访问数据库

23.1 安装和配置 MySQL 数据库

本章以 MySQL 作为数据库服务器。MySQL 是一个多用户、多线程的强壮的关系数据库服务器。对 UNIX 和 Windows 平台，MySQL 的官方网站 www.mysql.com 提供了免费安装软件。此外，在本书的技术支持网址（www.javathinker.net）上也提供了最新的 MySQL 软件的下载。

安装 MySQL 以后，有一个初始用户 root。当安装 MySQL 时，会要求为 root 账户设置口令，假设账户为"1234"。

假设 MySQL 安装后的根目录为<MYSQL_HOME>，在<MYSQL_HOME>\bin 目录下提供了 mysql.exe，它是 MySQL 的客户程序，它支持在命令行中输入 SQL 语句，如图 23-3 显示了 MySQL 客户程序的界面。

图 23-3 MySQL 自带的客户程序

本章访问数据库的例子都以 SAMPLEDB 数据库为例。在 SAMPLEDB 数据库中有一张 CUSTOMERS 表，它存放所有客户的信息。如图 23-4 所示是 CUSTOMERS 表的数据结构。

图 23-4　CUSTOMERS 表的数据结构

下面安装 MySQL 服务器，并且创建 SAMPLEDB 数据库。

（1）安装 MySQL 服务器，为 root 用户设置口令，创建新用户 dbuser，口令为 1234。本书的 Java 程序都以用户 dbuser 的身份访问数据库。

①在 www.mysql.com 网站或者 www.javathinker.net 网站下载 MySQL 的安装软件。
②安装 MySQL，为 root 用户设置口令，口令为 1234。启动 MySQL 服务器。
③打开 DOS 命令行控制台，转到 MySQL 安装目录的 bin 子目录下。
④以 root 用户的身份进入 mysql 客户程序，DOS 命令如下：

```
mysql –u root –p
```

当系统提示输入口令时，输入 1234。

（5）进入 mysql 数据库，创建一个新的用户 dbuser，口令为 1234。SQL 命令如下：

```
use mysql;

grant all privileges on *.* to dbuser@localhost
identified by '1234' with grant option;
```

（2）创建 SAMPLEDB 数据库和 CUSTOMERS 表，并且向这张表中插入数据。例程 23-1 的 schema.sql 是一个 SQL 脚本文件，它包含了创建数据库 SAMPLEDB，以及 CUSTOMERS 表的 SQL 语句。只要把这些 SQL 语句复制到 MySQL 客户程序中，就能运行它们。

例程 23-1　schema.sql

```
drop database if exists SAMPLEDB;
create database SAMPLEDB;
use SAMPLEDB;

create table CUSTOMERS (
  ID bigint not null auto_increment primary key,
  NAME varchar(16) not null,
  AGE INT,
  ADDRESS varchar(255)
);

insert into CUSTOMERS(ID,NAME,AGE,ADDRESS) values(1,'张三',20, '上海');
insert into CUSTOMERS(ID,NAME,AGE,ADDRESS) values(2,'李四',21, '北京');
```

```
insert into CUSTOMERS(ID,NAME,AGE,ADDRESS) values(3,'王五',30,'南京');

select * from CUSTOMERS;
```

创建好 SAMPLEDB 数据库及 CUSTOMERS 表以后，要退出 MySQL 客户程序，可以输入如下 SQL 命令：

```
exit
```

23.2 JDBC API 简介

JDBC API 主要位于 java.sql 包中，主要的接口与类包括：
- Driver 接口和 DriverManager 类：前者表示驱动器，后者表示驱动管理器。
- Connection 接口：表示数据库连接。
- Statement 接口：负责执行 SQL 语句。
- PreparedStatement 接口：负责执行预准备的 SQL 语句。
- CallableStatement 接口：负责执行 SQL 存储过程。
- ResultSet 接口：表示 SQL 查询语句返回的结果集。

如图 23-5 所示为 java.sql 包中主要的接口与类的类框图。

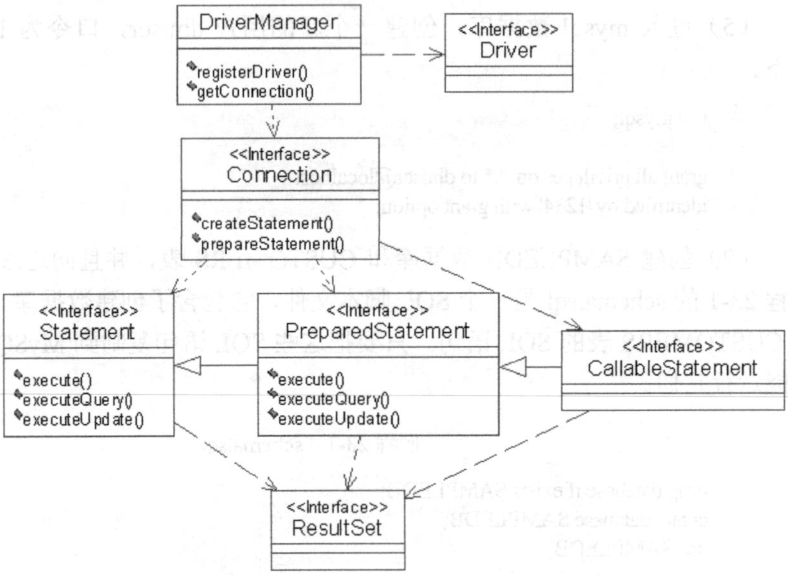

图 23-5 java.sql 包中主要的类与接口的类框图

1. Driver 接口和 DriverManager 类

所有 JDBC 驱动器都必须实现 Driver 接口，JDBC 驱动器由数据库厂商或第三方提供。在编写访问数据库的 Java 程序时，必须把特定数据库的 JDBC 驱动器的类库加入到 classpath 中。

DriverManager 类用来建立和数据库的连接，以及管理 JDBC 驱动器。DriverManager

类主要包括以下方法：

- registerDriver(Driver driver)：在 DriverManger 中注册 JDBC 驱动器。
- getConnection(String url, String user, String pwd)：建立和数据库的连接，并返回表示数据库连接的 Connection 对象。

2. Connection 接口

Connection 接口代表 Java 程序和数据库的连接，Connection 接口主要包括以下方法：

- createStatement()：创建并返回 Statement 对象。
- prepareStatement(String sql)：创建并返回 PreparedStatement 对象。

3. Statement 接口

Statement 接口提供了三个执行 SQL 语句的方法：

- execute(String sql)：执行各种 SQL 语句。该方法返回一个 boolean 类型的值，如果为 true，表示所执行的 SQL 语句具有查询结果，可通过 Statement 的 getResultSet()方法获得这一查询结果。
- executeUpdate(String sql)：执行 SQL 的 insert、update 和 delete 语句。该方法返回一个 int 类型的值，表示数据库中受该 SQL 语句影响的记录的数目。
- executeQuery(String sql)：执行 SQL 的 select 语句。该方法返回一个表示查询结果的 ResultSet 对象，例如：

```
String sql=" select ID,NAME,AGE,ADDRESS from CUSTOMERS where AGE>20";
ResultSet rs=stmt.executeQuery(sql);        //stmt 为 Statement 对象
```

4. PreparedStatement 接口

PreparedStatement 接口继承了 Statement 接口。PreparedStatement 用来执行预准备的 SQL 语句。在访问数据库时，可能会遇到这样的情况，某条 SQL 语句被多次执行，只是其中的参数不同，例如：

```
select ID,NAME,AGE,ADDRESS from CUSTOMERS where NAME='张三' and AGE=20
select ID,NAME,AGE,ADDRESS from CUSTOMERS where NAME='李四' and AGE=21
select ID,NAME,AGE,ADDRESS from CUSTOMERS where NAME='王五' and AGE=30
```

以上 SQL 语句的格式为：

```
select ID,NAME,AGE,ADDRESS from CUSTOMERS where NAME=? and AGE=?
```

在这种情况下，使用 PreparedStatement 而不是 Statement 来执行 SQL 语句，具有以下优点：

- 简化程序代码。
- 提高访问数据库的性能。PreparedStatement 执行预准备的 SQL 语句，数据库只需对这种 SQL 语句编译一次，然后就可以多次执行。而每次用 Statement 来执行 SQL 语句时，数据库都需要对该 SQL 语句进行编译。

PreparedStatement 的使用步骤如下：

（1）通过 Connection 的 prepareStatement()方法生成 PreparedStatement 对象。以下

SQL 语句中 NAME 的值和 AGE 的值都用 "?" 代替，它们表示两个可被替换的参数：

```
String sql = "select ID,NAME,AGE,ADDRESS from CUSTOMERS "
            +"where NAME=? and AGE=?";
PreparedStatement stmt = con.prepareStatement(sql);    //预准备 SQL 语句
```

（2）调用 PreparedStatement 的 setXXX 方法，给参数赋值：

```
stmt.setString(1, "张三");    //替换 SQL 语句中的第一个 "?"
stmt.setInt(2,20);           //替换 SQL 语句中的第二个 "?"
```

预准备 SQL 语句中的第一个参数为 String 类型，因此调用 PreparedStatement 的 setString()方法，第二个参数为 int 类型，因此调用 PreparedStatement 的 setInt()方法。这些 setXXX()方法的第一个参数表示预准备 SQL 语句中的 "?" 的位置，第二个参数表示替换 "?" 的具体值。

（3）执行 SQL 语句：

```
ResultSet rs = stmt.executeQuery();
```

5. ResultSet 接口

ResultSet 接口表示 select 查询语句得到的结果集，结果集中记录的行号从 1 开始。调用 ResultSet 对象的 next()方法，可以使游标定位到结果集中的下一条记录。调用 ResultSet 对象的 getXXX()方法，可以获得一条记录中某个字段的值。ResultSet 接口提供了以下常用的 getXXX()方法：

- getString(int columnIndex)：返回指定字段的 String 类型的值，参数 columnIndex 代表字段的索引位置。
- getString(String columnName)：返回指定字段的 String 类型的值，参数 columnName 代表字段的名字。
- getInt(int columnIndex) 返回指定字段的 int 类型的值，参数 columnIndex 代表字段的索引位置。
- getInt(String columnName)：返回指定字段的 int 类型的值，参数 columnName 代表字段的名字。
- getFloat(int columnIndex)：返回指定字段的 float 类型的值，参数 columnIndex 代表字段的索引位置。
- getFloat(String columnName)：返回指定字段的 float 类型的值，参数 columnName 代表字段的名字。

ResultSet 接口提供了 getString()、getInt()和 getFloat()等方法。程序应该根据字段的数据类型来决定调用哪种 getXXX()方法。此外，程序既可以通过字段的索引位置来指定字段，也可以通过字段的名字来指定字段。

对于下面的 select 查询语句，结果集存放在一个 ResultSet 对象中：

```
String sql="select ID,NAME,AGE,ADDRESS from CUSTOMERS where AGE>10";
ResultSet rs=stmt.executeQuery(sql);
```

以上查询语句中第一个被查询的字段 ID 的索引为 1，第二个 NAME 字段的索引为 2，以此类推。如果要访问 NAME 字段，可以采用以下两种方式：

```
rs.getString(2);            //指定字段的索引位置
或者
rs.getString("NAME");       //指定字段的名字
```

如果要访问 AGE 字段，可以采用以下两种方式：

```
rs.getInt(3);               //指定字段的索引位置
或者
rs.getInt("AGE");           //指定字段的名字
```

对于 ResultSet 的 getXXX()方法，指定字段的名字或者指定字段的索引位置各有优缺点。指定索引位置具有较好的运行性能，但程序代码的可读性差，而指定字段的名字虽然运行性能差一点，但程序代码具有较好的可读性。

如果要遍历 ResultSet 对象中的所有记录，可以采用下面的循环语句：

```
while (rs.next()){
    long id = rs.getLong(1);
    String name = rs.getString(2);
    int age = rs.getInt(3);
    String address = rs.getString(4);

    //打印数据
    System.out.println("id="+id+",name="+name
                    +",age="+age+",address="+address);
}
```

23.3 JDBC API 的基本用法

在 Java 程序中，通过 JDBC API 访问数据库包括以下步骤。

（1）获得要访问的数据库的驱动器的类库，把它放到 classpath 中。
（2）在程序中加载并注册 JDBC 驱动器：

```
//加载 MySQL Driver 类
Class.forName("com.mysql.jdbc.Driver");
//注册 MySQL Driver，不是必须步骤
java.sql.DriverManager.registerDriver(new com.mysql.jdbc.Driver());
```

有些驱动器的 Driver 类在被加载的时候，能自动创建本身的实例，然后调用 DriverManager.registerDriver()方法注册自身，例如，对于 MySQL 的驱动器类 com.mysql.jdbc.Driver，当 Java 虚拟机加载这个类时，会执行它的如下静态代码块：

```
//向 DriverManager 注册自身
static{
    try{
        java.sql.DriverManager.registerDriver(new Driver());
    }catch (java.sql.SQLException E) {
        throw new RuntimeException("Can't register driver!");
    }
    …
}
```

所以在 Java 应用程序中，只要通过 Class.forName()方法加载 MySQL Driver 类即可。而注册 MySQL 驱动器的 Driver 类并不是必要步骤。

（3）建立与数据库的连接：

```
Connection con=
        java.sql.DriverManager.getConnection(dburl,user,password);
```

getConnection()方法中有三个参数：dburl 表示连接数据库的 JDBC URL，user 和 password 分别表示连接数据库的用户名和口令。

JDBC URL 的一般形式为：

```
jdbc:drivertype:driversubtype://parameters
```

drivertype 表示驱动器的类型。driversubtype 是可选的参数，表示驱动器的子类型。parameters 通常用来设定数据库服务器的 IP 地址、端口号和数据库的名称。对于 MySQL 数据库连接，采用如下形式：

```
jdbc:mysql://localhost:3306/SAMPLEDB
```

如果希望数据库支持 GBK 中文字符编码，那么可以在上面的 URL 中加入编码信息：

```
jdbc:mysql://localhost:3306/SAMPLEDB
             ?useUnicode=true&characterEncoding=GBK
```

（4）创建 Statement 对象，准备执行 SQL 语句：

```
Statement stmt = con.createStatement();
```

（5）执行 SQL 语句：

```
String sql="select ID,NAME,AGE,ADDRESS from CUSTOMERS where AGE>10";
ResultSet rs=stmt.executeQuery(sql);
```

（6）遍历 ResultSet 对象中的记录：

```
while (rs.next()){         //遍历查询结果
    long id = rs.getLong(1);
    String name = rs.getString(2);
    int age = rs.getInt(3);
    String address = rs.getString(4);

    //打印数据
    System.out.println("id="+id+",name="+name
                      +",age="+age+",address="+address);
}
```

（7）依次关闭 ResultSet、Statement 和 Connection 对象：

```
rs.close();
stmt.close();
con.close();
```

下面的例程 23-2 的 DBTester 类演示了 JDBC API 的基本用法。在它的 main()方法中，先加载并注册 MySQL 驱动器，接着得到一个与数据库连接的 Connection 对象，然后再由 Connection 对象得到 Statement 对象，再通过 Statement 对象执行各种 SQL 语句。

例程 23-2　DBTester.java

```java
import java.sql.*;
public class DBTester{
    public static void main(String args[])throws Exception{
        Connection con;
        Statement stmt;
        ResultSet rs;
        //加载驱动器，下面的代码为加载 MySQL 驱动器
        Class.forName("com.mysql.jdbc.Driver");
        //注册 MySQL 驱动器，不是必需的步骤
        DriverManager.registerDriver(new com.mysql.jdbc.Driver());
        //连接到数据库的 URL，"useSSL=false"表示不使用 SSL 安全验证
        String dbUrl ="jdbc:mysql://localhost:3306/SAMPLEDB?"
            +"useUnicode=true&characterEncoding=GBK&useSSL=false";

        String dbUser="dbuser";
        String dbPwd="1234";
        //建立数据库连接
        con = java.sql.DriverManager.getConnection(dbUrl,dbUser,dbPwd);
        //创建一个 Statement 对象
        stmt = con.createStatement();

        //增加新记录
        stmt.executeUpdate("insert into CUSTOMERS (NAME,AGE,ADDRESS) "
            +"VALUES ('赵四',18,'广州')" );

        //查询记录
        rs= stmt.executeQuery("SELECT ID,NAME,AGE,ADDRESS from CUSTOMERS");
        //输出查询结果
        while (rs.next()){
            long id = rs.getLong(1);
            String name = rs.getString(2);
            int age = rs.getInt(3);
            String address = rs.getString(4);

            //打印数据
            System.out.println("id="+id+",name="+name
                +",age="+age+",address="+address);
        }

        //删除新增加的记录
        stmt.executeUpdate("delete from CUSTOMERS where name='赵四'");

        //释放相关资源
        rs.close();
        stmt.close();
        con.close();
    }
}
```

运行本程序，要求在 classpath 中包含 MySQL 驱动器的类库，它由 MySQL 数据库

开发商提供，下载网址为：

http://www.mysql.com/products/connector/j/

下载得到的文件名为 mysql-connector-java-X.zip，把该文件解压后，在展开的目录下有一个 mysql-connector-java-X-bin.jar 文件，它就是 MySQL 驱动器的类库。为了便于书写，本书把该文件改名为"mysqldriver.jar"。假设本程序的目录结构如下：

```
C:\chapter23\classes\DBTester.class
C:\chapter23\lib\mysqldriver.jar
```

那么可以先通过 DOS 控制台的 set 命令设置 classpath 环境变量，再运行 DBTester 类：

```
set classpath=C:\chapter23\lib\mysqldriver.jar;C:\chapter23\classes
java DBTester
```

23.4 获得新插入记录的主键值

许多数据库系统能够自动为新插入记录的主键赋值。在 MySQL 中，只要把表的主键定义为 auto_increment 类型，那么当新插入的记录没有被显式地设置主键值时，数据库就会按照递增的方式给主键自动赋值。CUSTOMERS 表的 ID 主键就是 auto_increment 类型：

```
create table CUSTOMERS(ID bigint primary key auto_increment,…)
```

例程 23-3 的 KeyTester 类演示了如何在程序中获得数据库系统自动生成的主键值。

例程 23-3　KeyTester.java

```java
import java.sql.*;
public class KeyTester{
  public static void main(String args[])throws Exception{
    Connection con=new ConnectionProvider().getConnection();
    Statement stmt = con.createStatement();

    //增加新记录，未设置新记录的 ID 主键值
    stmt.executeUpdate("insert into CUSTOMERS (NAME,AGE,ADDRESS) "
    +"VALUES ('小王',20,'上海')", Statement.RETURN_GENERATED_KEYS);

    //获得包含新生成的主键的 ResultSet 对象
    ResultSet rs=stmt.getGeneratedKeys();
    //输出查询结果
    if (rs.next()){
       System.out.println("id="+rs.getInt(1));    //获得主键
    }

    //释放相关资源
    rs.close();
    stmt.close();
    con.close();
```

        }
    }

为了获得主键值，必须在 Statement 对象的 executeUpdate()方法中设置 Statement.RETURN_GENERATED_KEYS 参数，接着通过 Statement 对象的 getGeneratedKeys()方法就能得到包含主键值的 ResultSet 对象。

上面的 KeyTester 类通过自定义的 ConnectionProvider 类来获得数据库连接，下一节会介绍 ConnectionProvider 类的创建过程及用法。

23.5 封装连接数据库的细节

不管连接哪一种数据库系统，都需要获得以下属性：
- 数据库驱动器的具体 Driver 类。
- 连接数据库的 URL。
- 连接数据库的用户名。
- 连接数据库的口令。

为了提高程序的可移植性，可以把以上属性放到一个配置文件中，程序从配置文件中读取这些属性。如果日后程序需要改为访问其他数据库，只需要修改配置文件，而不需要改动程序代码。

假设在 db.conf 配置文件中具有以下内容：

```
JDBC_DRIVER = com.mysql.jdbc.Driver
DB_URL = jdbc:mysql://localhost:3306/SAMPLEDB
    ?useUnicode=true&characterEncoding=GBK&useSSL=false
DB_USER = dbuser
DB_PASSWORD =1234
```

例程 23-4 的 PropertyReader 是一个实用类，它从 db.conf 文件中读取各种属性。

例程 23-4   PropertyReader.java

```java
import java.util.*;
import java.io.*;

public class PropertyReader {
    static private Properties ps;
    static{
        ps=new Properties();
        try{
            /* 假设 db.conf 文件与 PropertyReader.class 文件
               位于同一个目录下 */
            InputStream in=PropertyReader
                        .class
                        .getResourceAsStream("db.conf");
            ps.load(in);
        }catch(Exception e){e.printStackTrace();}
    }
```

```java
    public static String get(String key){        //读取特定属性
        return (String)ps.get(key);
    }
}
```

例程 23-5 的 ConnectionProvider 类封装了加载和注册驱动器,以及与数据库建立连接的细节,它的 getConnection()方法返回一个 Connection 对象。

例程 23-5 ConnectionProvider.java

```java
import java.sql.*;
public class ConnectionProvider{
    private   final String JDBC_DRIVER;
    private   final String DB_URL;
    private   final String DB_USER;
    private   final String DB_PASSWORD;

    public ConnectionProvider() {
        JDBC_DRIVER=PropertyReader.get("JDBC_DRIVER");
        DB_URL=PropertyReader.get("DB_URL");
        DB_USER=PropertyReader.get("DB_USER");
        DB_PASSWORD=PropertyReader.get("DB_PASSWORD");
        try{
            Class jdbcDriver=Class.forName(JDBC_DRIVER);
        }catch(Exception e){e.printStackTrace();}
    }

    public Connection getConnection()throws SQLException{
        Connection con=java.sql.DriverManager
                .getConnection( DB_URL,DB_USER,DB_PASSWORD);

        return con;
    }
}
```

例程 23-6 的 DBAccess 类通过 ConnectionProvider 类来获得 Connection 对象。

例程 23-6 DBAccess.java

```java
import java.sql.*;
import java.util.*;
public class DBAccess{
    private ConnectionProvider provider;
    private Connection con;

    public DBAccess(ConnectionProvider provider){
        this.provider=provider;
        try{
            con=provider.getConnection();
        }catch(SQLException e){e.printStackTrace();}
    }

    public boolean addCustomer(Customer customer){
        Statement stmt=null;
        try{
            stmt=con.createStatement();
```

```java
            String sql="insert into CUSTOMERS(NAME,AGE,ADDRESS) values("
                + "'"+customer.getName()+"'"+","
                + customer.getAge()+","
                + "'"+customer.getAddress()+"')";

            stmt.executeUpdate(sql,Statement.RETURN_GENERATED_KEYS);

            //获得包含主键的 ResultSet 对象
            ResultSet rs=stmt.getGeneratedKeys();
            //输出查询结果
            if(rs.next()){
                customer.setId(rs.getInt(1));   //获得主键
            }
            return true;
        }catch(SQLException e){
            e.printStackTrace();
            return false;
        }finally{
            closeStatement(stmt);
        }
    }

    public boolean updateCustomer(Customer customer){
        Statement stmt=null;
        try{
            stmt=con.createStatement();
            String sql="update CUSTOMERS set "
                + "NAME='"+customer.getName()+"',"
                + "AGE="+customer.getAge()+","
                + "ADDRESS='"+customer.getAddress()+"'"
                + " where ID="+customer.getId();

            stmt.executeUpdate(sql);
            return true;
        }catch(SQLException e){
            e.printStackTrace();
            return false;
        }finally{
            closeStatement(stmt);
        }
    }

    public boolean deleteCustomer(Customer customer){
        return deleteCustomer(customer.getId());
    }

    public boolean deleteCustomer(long id){
        Statement stmt=null;
        try{
            stmt=con.createStatement();
            String sql="delete from CUSTOMERS where id='"+id+"'";
            stmt.execute(sql);
            return true;
        }catch(SQLException e){
            e.printStackTrace();
```

```java
            return false;
        }finally{
            closeStatement(stmt);
        }
    }
    public Customer getCustomer(long id){
        Statement stmt=null;
        ResultSet rs=null;
        Customer customer=null;
        try{
            stmt=con.createStatement();
            //查询记录
            rs=stmt.executeQuery("select ID,NAME,AGE,ADDRESS "
                                  +" from CUSTOMERS where ID="+id );
            //输出查询结果
            if(rs.next()){
                id = rs.getLong(1);
                String name = rs.getString(2);
                int age = rs.getInt(3);
                String address = rs.getString(4);

                customer=new Customer(id,name,age,address);
            }
        }catch(SQLException e){e.printStackTrace();
        }finally{
            closeResultSet(rs);
            closeStatement(stmt);
        }
        return customer;
    }

    public Set<Customer> getAllCustomers(){
        Statement stmt=null;
        ResultSet rs=null;
        Set<Customer> customers=new HashSet<Customer>();
        try{
            stmt=con.createStatement();
            //查询记录
            rs=stmt.executeQuery("select ID,NAME,AGE,ADDRESS "
                                  +"from CUSTOMERS");
            //输出查询结果
            while (rs.next()){
                long id = rs.getLong(1);
                String name = rs.getString(2);
                int age = rs.getInt(3);
                String address = rs.getString(4);

                customers.add(new Customer(id,name,age,address));
            }
        }catch(SQLException e){e.printStackTrace();
        }finally{
            closeResultSet(rs);
            closeStatement(stmt);
        }
```

```
      return customers;
    }
    private void closeResultSet(ResultSet rs){
      try{
        if(rs!=null)rs.close();
      }catch(SQLException e){e.printStackTrace();}
    }

    private void closeStatement(Statement stmt){
      try{
        if(stmt!=null)stmt.close();
      }catch(SQLException e){e.printStackTrace();}
    }

    private void closeConnection(Connection con){
      try{
        if(con!=null)con.close();
      }catch(SQLException e){e.printStackTrace();}
    }

    public void close(){
      closeConnection(con);
    }

    public static void main(String args[]){
      DBAccess dbAccess=new DBAccess(new ConnectionProvider());
      Customer customer=new Customer("小王",20,"上海");
      dbAccess.addCustomer(customer);
      System.out.println("新增客户的 ID 为:"+customer.getId());

      customer.setAddress("苏州");
      dbAccess.updateCustomer(customer);

      Set<Customer> customers=dbAccess.getAllCustomers();
      for(Customer c: customers){
        //打印数据
        System.out.println("id="+c.getId()+",name="
                           +c.getName()+",age="+c.getAge()
                           +",address="+c.getAddress());
      }
      dbAccess.deleteCustomer(customer);
      dbAccess.close(); //关闭数据库连接
    }
}
```

DBAccess 类提供了操纵数据库中 CUSTOMERS 表的各种方法：

- addCustomer(Customer customer)：根据参数中的 customer 对象的信息，在 CUSTOMERS 表中新增一条记录。
- updateCustomer(Customer customer)：根据参数中的 customer 对象的信息，修改 CUSTOMERS 表中的相应记录。
- deleteCustomer(Customer customer)：根据参数中的 customer 对象的 id，删除

CUSTOMERS 表中的相应记录。
- getCustomer(long id)：根据参数指定的 id 查询 CUSTOMERS 表，把查询到的记录存放到一个 Customer 对象中，并返回该 Customer 对象。
- getAllCustomers()：查询 CUSTOMERS 表中的所有记录。把查询结果存放在一个包含所有 Customer 对象的集合中，并返回该集合。

创建 Connection、Statement 和 ResultSet 对象后，它们就处于打开状态，只有在这个状态下，程序才可以通过它们来访问数据库。当程序调用了它们的 close()方法以后，它们就被关闭，所占用的资源也会被释放。将这些对象关闭后，就不能再用它们来访问数据库了。Connection 被关闭，就意味着断开了与数据库的连接。

23.6　处理 SQLException

JDBC API 中的多数方法都会声明抛出 SQLException。SQLException 类具有以下获取异常信息的方法：
- getErrorCode()：返回数据库系统提供的错误编号。
- getSQLState()：返回数据库系统提供的错误状态。

当数据库系统执行 SQL 语句失败时，就会返回错误编号和错误状态信息。如下面的例程 23-7 中的 ExceptionTester 类演示了如何处理 SQLException。

例程 23-7　ExceptionTester.java

```java
import java.sql.*;
import java.io.*;

public class ExceptionTester{
  public static void main(String args[]){
    try{
      Connection con=new ConnectionProvider().getConnection();
      Statement stmt=con.createStatement();
      //抛出 SQLException
      ResultSet rs=stmt.executeQuery(
            "select FIRSTNAME from CUSTOMERS");

    }catch(SQLException e){
      System.out.println("ErrorCode:"+e.getErrorCode());
      System.out.println("SQLState:"+e.getSQLState());
      System.out.println("Reason:"+e.getMessage());
    }
  }
}
```

运行以上程序，将打印如下信息：

```
ErrorCode:1054
SQLState:42S22
Reason:Unknown column 'FIRSTNAME' in 'field list'
```

以上错误信息实际上是由数据库系统产生的，JDBC 驱动器实现把这些错误信息存放到 SQLException 对象中。

SQLException 还有一个子类 SQLWarning，它表示访问数据库时产生的警告信息。警告不会影响程序的执行流程，程序也无法在 catch 语句中捕获到 SQLWarning。程序可通过 Connection、Statement 和 ResultSet 对象的 getWarnings()方法来获得 SQLWarning 对象。SQLWarning 采用串联模式，它的 getNextWarning()方法返回后续的 SQLWarning 对象。

23.7 设置批量抓取属性

下面的代码可以查询 CUSTOMERS 表中的所有记录：

```
ResultSet rs= stmt.executeQuery("SELECT ID,NAME,AGE,ADDRESS "
                    +"from CUSTOMERS");
while(rs.next()){
    String id=rs.getLong(1);
    …
}
```

假如 CUSTOMERS 表中有 100000 条记录，那么 Statement 对象的 executeQuery()方法返回的 ResultSet 对象中是否会立即存放这 100000 条记录呢？假如 ResultSet 对象中存放了这么多记录，那将消耗大量内存空间。幸运的是，ResultSet 对象实际上并不会包含这么多数据，只有当程序遍历结果集时，ResultSet 对象才会到数据库中抓取相应的数据。ResultSet 对象抓取数据的过程对程序完全是透明的。

那么，是否每当程序访问结果集中的一条记录时，ResultSet 对象就到数据库中抓取一条记录呢？按照这种方式抓取大量记录需要频繁地访问数据库，显然效率很低。为了提高减少访问数据库的次数，JDBC 希望 ResultSet 接口的实现能支持批量抓取，即每次从数据库中抓取多条记录，把它们存放在 ResultSet 对象的缓存中，让程序慢慢享用。在 Connection、Statement 和 ResultSet 接口中都提供了以下方法：

- setFetchSize(int size)：设置批量抓取的数目。
- setFetchDirection(int direction)：设置批量抓取的方向。参数 direction 有三个可选值：ResultSet.FETCH_FORWARD（单向）、ResultSet.FETCH_REVERSE（双向）和 ResultSet.FETCH_UNKNOWN（未知）。

其中 Connection 接口中的 setFetchXXX()方法决定了由它创建的所有 Statement 对象的默认抓取属性，而 Statement 接口中的 setFetchXXX()方法决定了由它创建的所有 ResultSet 对象的默认抓取属性，而 ResultSet 接口中的 setFetchXXX()方法仅决定当前 ResultSet 对象的抓取属性。

另外，要注意的是，setFetchXXX()方法只向 JDBC 驱动器提供了批量抓取的建议，JDBC 驱动器有可能会忽略这个建议。

23.8 可滚动及可更新的结果集

ResultSet 对象所包含的结果集中往往有多条记录，如表 23-1 所示，ResultSet 用游标（相当于指针）来定位记录。

表 23-1 ResultSet 用游标来定位记录

行号	ID	NAME	AGE	ADDRESS
1	1	张三	20	上海
2	2	李四	21	北京
3	3	王五	30	南京
4	4	小王	25	上海

默认情况下，结果集的游标只能从上往下移动。只要调用 ResultSet 对象的 next() 方法，就能使游标下移一行，当游标到达结果集的末尾时，next()方法就会返回 false，否则返回 true。此外，默认情况下，只能对结果集执行读操作，不允许更新结果集的内容。

> 结果集的开头是指第一条记录的前面位置，这是游标的初始位置。
> 结果集的末尾是指最后一条记录的后面位置。

在实际应用中，往往希望能在结果集中上下移动游标，并且希望能更新结果集的内容。为了获得可滚动或者可更新的 ResultSet 对象，需要通过 Connection 接口的以下方法来构造 Statement 或者 PreparedStatement 对象：

```
//创建 Statement 对象
createStatement(int type,int concurrency)
//创建 PreparedStatement 对象
createPreparedStatement(String sql,int type,int concurrency)
```

type 和 concurrency 参数决定了由 Statement 或 PreparedStatement 对象创建的 ResultSet 对象的特性。type 参数有以下可选值：

- ResultSet.TYPE_FORWARD_ONLY：游标只能从上往下移动，即结果集不能滚动。这是默认值。
- ResultSet.TYPE_SCROLL_INSENSITIVE：游标可以上下移动，即结果集可以滚动。当程序对结果集的内容做了修改以后，游标对此不敏感。
- ResultSet.TYPE_SCROLL_SENSITIVE：游标可以上下移动，即结果集可以滚动。当程序对结果集的内容做了修改以后，游标对此敏感。比如当程序删除了结果集中的一条记录时，游标位置会随之发生变化。

concurrency 参数有以下可选值：

- CONCUR_READ_ONLY：结果集不能被更新。

- CONCUR_UPDATABLE：结果集可以被更新。

例如，按照以下方式创建的结果集可以滚动，但不能被更新。

```
Statement stmt=connection.createStatement(
            ResultSet.TYPE_SCROLL_INSENSITIVE,
            ResultSet.CONCUR_READ_ONLY);
ResultSet rs=stmt.executeQuery("select ID,NAME from CUSTOMERS");
```

例如，按照以下方式创建的结果集可以滚动，并且可以被更新：

```
Statement stmt=connection.createStatement(
            ResultSet.TYPE_SCROLL_SENSITIVE,
            ResultSet.CONCUR_UPDATABLE);
ResultSet rs=stmt.executeQuery("select ID,NAME from CUSTOMERS");
```

值得注意的是，即使在创建 Statement 或 PreparedStatement 时把 type 和 concurrency 参数分别设为可滚动和可更新，实际上得到的结果集也有可能仍然不允许滚动或更新，这有两方面的原因：

- 底层 JDBC 驱动器有可能不支持可滚动或可更新的结果集。程序可以通过 DatabaseMetaData 类的 supportsResultSetType()和 supportsResultSetConcurrency() 方法，来了解驱动器所支持的 type 和 concurrency 类型。
- 某些查询语句的结果集不允许被更新。例如，JDBC 规范规定，只有仅仅对一张表查询，并且查询字段包含表中的所有主键，查询语句的结果集才可以被更新。

Java 程序可以通过 ResultSet 类的 getType()和 getConcurrency()方法，来了解查询结果集实际上支持的 type 和 concurrency 类型。

ResultSet 接口提供了一系列用于移动游标的方法：

- first()：使游标移动到第一条记录。
- last()：使游标移动到最后一条记录。
- beforeFirst()：使游标移动到结果集的开头。
- afterLast()：使游标移动到结果集的末尾。
- previous()：使游标从当前位置向上（向前）移动一行。
- next()：使游标从当前位置向下（向后）移动一行。
- relative(int n)：使游标从当前位置移动 n 行。如果 n>0，就向下移动，否则就向上移动。当 n 为 1，等价于调用 next()方法；当 n 为-1 时，等价于调用 previous() 方法。
- absolute(int n)：使游标移动到第 n 行。参数 n 用于指定游标的绝对位置。

在使用以上方法时，有以下注意事项：

- 除了 beforeFirst()和 afterLast()方法返回 void 类型，其余方法都返回 boolean 类型，如果游标移动到的目标位置到达结果集的开头或结尾，就返回 false，否则返回 true。
- 只有结果集可以滚动，才可以调用以上所有方法。如果结果集不可以滚动，则只能调用 next()方法，当程序调用其他方法，这些方法会抛出 SQLException。

ResultSet 接口的以下方法判断游标是否在特定位置:
- isFirst():判断游标是否在第一行。
- isLast():判断游标是否在最后一行。
- isBeforeFirst():判断游标是否在结果集的开头。
- isAfterLast():判断游标是否在结果集的末尾。

此外,ResultSet 类的 getRow()方法返回当前游标所在位置的行号。

对于可更新的结果集,允许对它进行插入、更新和删除的操作。以下结果集包含了 CUSTOMERS 表中的所有记录:

```
Statement stmt=con.createStatement(
            ResultSet.TYPE_SCROLL_SENSITIVE,
            ResultSet.CONCUR_UPDATABLE);
ResultSet rs=stmt.executeQuery(
            "select ID,NAME,AGE,ADDRESS from CUSTOMERS");
```

下面分别介绍如何在结果集中插入、更新和删除记录。

(1)插入记录:

```
rs.moveToInsertRow();           //rs 表示 ResultSet 对象
rs.updateString("name","小王");
rs.updateInt("age",25);
rs.updateString("address","上海");
rs.insertRow();                 //插入一条记录
rs.moveToCurrentRow();          //把游标移动到插入前的位置
```

ResultSet 接口的 moveToInsertRow()方法把游标移动到特定的插入行。值得注意的是,程序无法控制在结果集中添加新记录的位置,因此新记录到底插入到哪一行对程序来说是透明的。ResultSet 接口的 insertRow()方法会向数据库中插入记录。ResultSet 接口的 moveToCurrentRow()方法把游标移动到插入前的位置,即调用 moveToInsertRow()方法前所在的位置。

(2)更新记录:

```
rs.updateString("name","小王");
rs.updateInt("age",29);
rs.updateString("address","安徽");
rs.updateRow();                 //更新记录
```

ResultSet 接口的 updateRow()方法会更新数据库中的相应记录。

(3)删除记录:

```
rs.deleteRow();                 //删除一条记录
```

ResultSet 接口的 deleteRow()方法会删除数据库中的相应记录。

例程 23-8 的 ResultSetDemo 类是一个演示操纵 ResultSet 结果集的综合例子。它具有一个图形用户界面,显示结果集中的一条记录,并且提供了一系列按钮,用来滚动和更新结果集。

例程 23-8 ResultSetDemo

```
import java.awt.*;
```

```java
import java.awt.event.*;
import javax.swing.*;
import java.sql.*;

public class ResultSetDemo extends JFrame
                 implements ActionListener{
    private final Connection con;
    private Statement stmt;
    private ResultSet resultSet;

    private JLabel rowLabel=new JLabel();

    private JTextField idTxtFid=new JTextField();
    private JTextField nameTxtFid=new JTextField();
    private JTextField ageTxtFid=new JTextField();
    private JTextField addressTxtFid=new JTextField();
    private JLabel idLabel=new JLabel("id");
    private JLabel nameLabel=new JLabel("name");
    private JLabel ageLabel=new JLabel("age");
    private JLabel addressLabel=new JLabel("address");

    private JButton firstBt=new JButton("first");
    private JButton previousBt=new JButton("previous");
    private JButton nextBt=new JButton("next");
    private JButton lastBt=new JButton("last");
    private JButton insertBt=new JButton("insert");
    private JButton deleteBt=new JButton("delete");
    private JButton updateBt=new JButton("update");

    private JPanel headPanel=new JPanel();
    private JPanel centerPanel=new JPanel();
    private JPanel bottomPanel=new JPanel();

    public ResultSetDemo(String title)throws SQLException{
        super(title);
        con=new ConnectionProvider().getConnection();
        stmt=con.createStatement(
                ResultSet.TYPE_SCROLL_SENSITIVE,
                ResultSet.CONCUR_UPDATABLE);
        resultSet=stmt.executeQuery(
                "select ID,NAME,AGE,ADDRESS from CUSTOMERS");

        if(resultSet.next())refresh();
        buildDisplay();
    }

    private void buildDisplay(){    //创建 GUI 界面
        firstBt.addActionListener(this);
        previousBt.addActionListener(this);
        nextBt.addActionListener(this);
        lastBt.addActionListener(this);
        insertBt.addActionListener(this);
        updateBt.addActionListener(this);
        deleteBt.addActionListener(this);
```

```java
Container contentPane=getContentPane();
headPanel.add(rowLabel);
centerPanel.setLayout(new GridLayout(4,2,2,2));
centerPanel.add(idLabel);
centerPanel.add(idTxtFid);
idTxtFid.setEditable(false);
centerPanel.add(nameLabel);
centerPanel.add(nameTxtFid);
centerPanel.add(ageLabel);
centerPanel.add(ageTxtFid);
centerPanel.add(addressLabel);
centerPanel.add(addressTxtFid);

bottomPanel.add(firstBt);
bottomPanel.add(previousBt);
bottomPanel.add(nextBt);
bottomPanel.add(lastBt);
bottomPanel.add(insertBt);
bottomPanel.add(updateBt);
bottomPanel.add(deleteBt);

contentPane.add(headPanel,BorderLayout.NORTH) ;
contentPane.add(centerPanel,BorderLayout.CENTER);
contentPane.add(bottomPanel,BorderLayout.SOUTH);

setDefaultCloseOperation(JFrame.EXIT_ON_CLOSE);

//当关闭窗体结束程序时，会调用此方法释放数据库资源
addWindowListener( new WindowAdapter(){
   public void windowClosing(WindowEvent e){
      //关闭 ResultSet、Statement 和 Connection
      try{
         resultSet.close();
         stmt.close();
         con.close();
      }catch(Exception ex){ex.printStackTrace();}
      System.exit(0);
   }
});

pack();
setVisible(true);
}
public void actionPerformed(ActionEvent e) {
   JButton button=(JButton)e.getSource();
   try{
      switch(button.getText()){
         case "first":
            resultSet.first();//把游标移动到第一条记录
            break;

         case "last":
            resultSet.last();         //把游标移动到最后一条记录
            break;
```

```java
        case "next":
            if(resultSet.isLast())
                return;
            else
                resultSet.next();        //把游标移动到下一条记录
            break;

        case "previous":
            if(resultSet.isFirst())
                return;
            else
                resultSet.previous();    //把游标移动到前一条记录
            break;

        case "update":
            resultSet.updateString("name",nameTxtFid.getText());
            resultSet.updateInt("age",
                    Integer.parseInt(ageTxtFid.getText()));
            resultSet.updateString("address",
                    addressTxtFid.getText());
            resultSet.updateRow();       //更新记录
            break;

        case "delete":
            resultSet.deleteRow();       //删除记录
            resultSet.first();           //把游标移动到第一条记录
            break;

        case "insert":
            resultSet.moveToInsertRow();
            resultSet.updateString("name",nameTxtFid.getText());
            resultSet.updateInt("age",
                    Integer.parseInt(ageTxtFid.getText()));
            resultSet.updateString("address",
                    addressTxtFid.getText());
            resultSet.insertRow();       //插入一条记录
            resultSet.moveToCurrentRow();            //把游标移动到插入前的位置
            break;
        }
        refresh();                       //刷新界面上的数据
    }catch(SQLException ex){ex.printStackTrace();}
}

private void refresh()throws SQLException{   //刷新界面上的数据
    int row=resultSet.getRow();      //返回游标当前所在的位置
    rowLabel.setText("显示第"+row+"条记录");
    if(row==0){
        idTxtFid.setText("");
        nameTxtFid.setText("");
        ageTxtFid.setText("");
        addressTxtFid.setText("");
    }else{
        idTxtFid.setText(
            Long.valueOf(resultSet.getLong(1)).toString());
```

```
            nameTxtFid.setText(resultSet.getString(2));
            ageTxtFid.setText(
                Integer.valueOf(resultSet.getInt(3)).toString());
            addressTxtFid.setText(resultSet.getString(4));
        }
    }

    public static void main(String[] args)throws SQLException {
        new ResultSetDemo("演示 ResultSet 的用法");
    }
}
```

运行 ResultSetDemo 类,将出现如图 23-6 所示的图形界面。ResultSetDemo 类本身实现了 ActionListener 接口。用户单击界面上的按钮,程序就会执行 ResultSetDemo 类的 actionPerformed() 方法,它根据用户选择的按钮类型,执行相应的操作。在 ResultSetDemo 类中定义了 Connection、Statement 和 ResultSet 类型的成员变量,在 ResultSetDemo 的构造方法中创建 Connection、Statement 和 ResultSet 对象,它们具有与 ResultSetDemo 对象同样长的生命周期。在程序运行期间,程序始终与数据库保持连接,只有当用户关闭窗口时,程序才会依次关闭 ResultSet、Statement 和 Connection 对象。

图 23-6　ResultSetDemo 类的图形界面

对于需要与用户交互的程序,为了便于用户逐行浏览并更新记录,使用可滚动和可更新的结果集会很方便。但是当程序不需要查询记录,而是单纯地更新记录,并且明确地知道要更新哪些记录时,更新结果集的效率要低于通过 Statement 执行 SQL update 语句的效率。以下两段程序代码都用于更新 CUSTOMERS 表中 ID 为 1 的记录:

```
//第一段程序代码
Statement stmt=con.createStatement(
                ResultSet.TYPE_SCROLL_SENSITIVE,
                ResultSet.CONCUR_UPDATABLE);
ResultSet rs=stmt.executeQuery(
                "select ID, AGE from CUSTOMERS where ID=1");
rs.next();
rs.updateInt("AGE",29);
rs.updateRow();

//第二段程序代码
Statement stmt=con.createStatement();
stmt.executeUpdate("update CUSTOMERS set AGE=29 where ID=1");
```

第一段程序代码需要先向数据库提交一条 select 语句，再向数据库提交一条 update 语句；而第二段程序代码只需要向数据库提交一条 update 语句。所以第二段程序代码的运行效率更高。

23.9 小结

本章涉及的 Java 知识点总结如下：

1. Java 程序访问关系数据库的基本原理

Java 程序通过 JDBC API 访问数据库，JDBC API 由各种数据库的 JDBC 驱动器程序提供具体实现。JDBC 驱动器封装了与各种数据库服务器通信的细节。

2. JDBC API

JDBC API 主要位于 java.sql 包中，主要的接口与类包括：

（1）Driver 接口和 DriverManager 类：前者表示驱动器，后者表示驱动管理器。
（2）Connection 接口：表示数据库连接。
（3）Statement 接口：负责执行 SQL 语句。
（4）PreparedStatement 接口：负责执行预准备的 SQL 语句。
（5）ResultSet 接口：表示 SQL 查询语句返回的结果集。

3. 封装连接数据库的细节

程序要想访问数据库，首先要获得数据库连接。与数据库建立连接，需要加载并注册数据库驱动器，再提供连接数据库的 URL、用户名和口令。为了减少代码的重复，并提高代码的可移植性，可以把连接数据库的 URL、用户名和口令信息存放在一个配置文件中，并且把建立数据库连接的代码封装在专门的类中。

23.10 编程实战：创建客户管理器

编写一个客户管理器程序，用户可以通过它的图形界面来管理存放在数据库中的 CUSTOMERS 表中的客户信息，包括根据 ID 来查询客户信息，以及更新客户信息。该程序创建的图形界面如图 23-7 所示。

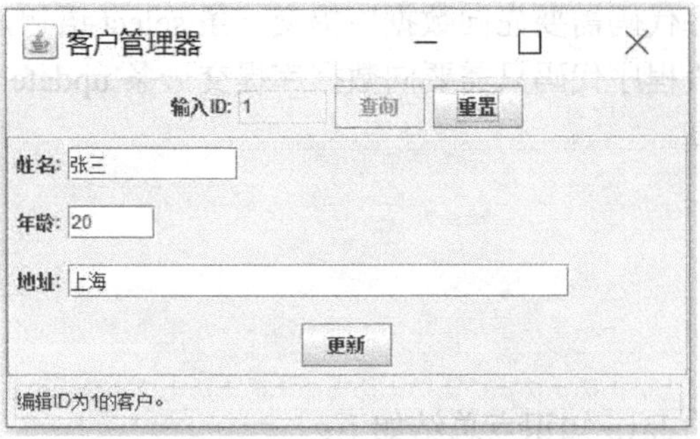

图 23-7 客户管理器的图形界面

编程提示

这是一道综合编程题,既要创建图形界面,又要访问数据库中的 CUSTOMERS 表。对数据库的访问可以直接运用本章 23.5 节创建的 DBAccess 类。下面的例程 23-9 的 CustomerManager 类实现了这个客户管理器。

例程 23-9   CustomerManager.java

```java
import javax.swing.*;
import javax.swing.border.*;
import java.awt.event.*;
import java.awt.*;
public class CustomerManager extends JFrame{
    private JPanel northPanel=new JPanel();
    private JPanel centerPanel=new JPanel();
    private JPanel namePanel=new JPanel();
    private JPanel agePanel=new JPanel();
    private JPanel addressPanel=new JPanel();
    private JPanel updatePanel=new JPanel();
    private JPanel southPanel=new JPanel();
    private JButton queryButton=new JButton("查询");
    private JButton resetButton=new JButton("重置");
    private JButton updateButton=new JButton("更新");
    private JLabel idLabel=new JLabel("输入 ID:");
    private JTextField idField=new JTextField(5);

    private JLabel nameLabel=new JLabel("姓名:");
    private JTextField nameField=new JTextField(10);
    private JLabel ageLabel=new JLabel("年龄:");
    private JTextField ageField=new JTextField(5);
    private JLabel addressLabel=new JLabel("地址:");
    private JTextField addressField=new JTextField(30);
    private JTextField noticeField=new JTextField(40);
    private Customer customer;
    private DBAccess dbAccess=new DBAccess(new ConnectionProvider());

    public CustomerManager(String title){
        super(title);

        //北部区域,根据 ID 查询 Customer 信息
        northPanel.add(idLabel);
```

```java
            northPanel.add(idField);
            northPanel.add(queryButton);
            northPanel.add(resetButton);
            add(northPanel,BorderLayout.NORTH);

            //中部区域，显示及编辑 Customer 信息
            centerPanel.setLayout(new GridLayout(4,1));
            centerPanel.setBorder(new EtchedBorder());  //设置边框
            namePanel.setLayout(new FlowLayout(FlowLayout.LEFT));
            agePanel.setLayout(new FlowLayout(FlowLayout.LEFT));
            addressPanel.setLayout(new FlowLayout(FlowLayout.LEFT));
            namePanel.add(nameLabel);
            namePanel.add(nameField);
            agePanel.add(ageLabel);
            agePanel.add(ageField);
            addressPanel.add(addressLabel);
            addressPanel.add(addressField);
            updatePanel.add(updateButton);
            centerPanel.add(namePanel);
            centerPanel.add(agePanel);
            centerPanel.add(addressPanel);
            centerPanel.add(updatePanel);
            add(centerPanel,BorderLayout.CENTER);

            //南部区域，显示提示信息
            noticeField.setEditable(false);
            southPanel.add(noticeField);
            add(southPanel,BorderLayout.SOUTH);

            queryButton.addActionListener(new QueryHandler());
            updateButton.addActionListener(new UpdateHandler());
            resetButton.addActionListener(new ResetHandler());

            setQueryEditable(true);
            setUpdateEditable(false);

            addWindowListener( new WindowAdapter(){
                public void windowClosing(WindowEvent e){
                    //当关闭窗口时，即关闭数据库连接
                    dbAccess.close();
                }
            });

            setDefaultCloseOperation(JFrame.EXIT_ON_CLOSE);
            pack();   //使容器保持最佳尺寸
            setVisible(true);
        }
        private void setUpdateEditable(boolean editable){
            nameField.setEditable(editable);
            ageField.setEditable(editable);
            addressField.setEditable(editable);
            updateButton.setEnabled(editable);
        }
```

```java
private void setQueryEditable(boolean editable){
  idField.setEditable(editable);
  queryButton.setEnabled(editable);
}

private void showCustomer(){
  nameField.setText(customer.getName());
  ageField.setText(Integer.valueOf(customer.getAge()).toString());
  addressField.setText(customer.getAddress());
}

private boolean setCustomer(){
  int age=0;
  try{
    age=Integer.parseInt(ageField.getText());
  }catch(NumberFormatException ex){return false;}

  customer.setName(nameField.getText());
  customer.setAge(age);
  customer.setAddress(addressField.getText());
  return true;
}

class QueryHandler implements ActionListener{
  public void actionPerformed(ActionEvent evt){
    String idStr=idField.getText();
    try{
      long id=Long.parseLong(idStr);
      customer=dbAccess.getCustomer(id);
      if(customer==null)
        noticeField.setText("不存在 ID 为"+id+"的客户。");
      else{
        setQueryEditable(false);
        setUpdateEditable(true);
        noticeField.setText("编辑 ID 为"+id+"的客户。");
        showCustomer();

      }
    }catch(NumberFormatException e){
      noticeField.setText("请输入正确的 ID。");
    }
  }
}

class UpdateHandler implements ActionListener{
  public void actionPerformed(ActionEvent evt){
    //弹出更新确认对话框
    int select=JOptionPane.showConfirmDialog(null,
      "需要更新客户吗","更新确认",
      JOptionPane.YES_NO_OPTION);

    //如果用户在确认对话框中选择 NO，那就放弃更新
    if(select==JOptionPane.NO_OPTION)
      return;
```

```
                if(setCustomer()){
                  if(dbAccess.updateCustomer(customer))
                    noticeField.setText("更新成功");
                  else
                    noticeField.setText("更新失败。");
                }else{
                  noticeField.setText("请输入正确的年龄信息。");
                }
              }
            }

            class ResetHandler implements ActionListener{
              public void actionPerformed(ActionEvent evt){
                setQueryEditable(true);
                setUpdateEditable(false);
                idField.setText("");
                nameField.setText("");
                ageField.setText("");
                addressField.setText("");
                noticeField.setText("");
              }
            }

            public static void main(String args[]){
              new CustomerManager("客户管理器");
            }
          }
```

在客户管理器的图形界面中有三个按钮：查询按钮、重置按钮和更新按钮。这三个按钮的功能如下：

- 查询按钮：由 QueryHandler 内部类负责监听它的 ActionEvent 事件。QueryHandler 根据用户输入的 ID，调用 DBAccess 类的 getCustomer()方法查询数据库，得到相应的 Customer 对象。再把这个 Customer 对象的信息显示到界面上。
- 更新按钮：由 UpdateHandler 内部类负责监听它的 ActionEvent 事件。UpdateHandler 根据用户输入的客户信息，调用 DBAccess 类的 updateCustomer()方法，来更新数据库中 CUSTOMERS 表的相应记录。
- 重置按钮：由 ResetHandler 内部类负责监听它的 ActionEvent 事件。ResetHandler 把图形界面中的所有文本框清空。取消更新按钮的功能，并恢复查询按钮的功能。

当用户单击更新按钮时，还会弹出一个"更新确认"对话框，如图 23-8 所示。

图 23-8 "更新确认"对话框

只有当用户在"更新确认"对话框中单击"是"按钮,才会真正完成更新操作。javax.swing.JOptionPane 类的 showConfirmDialog()静态方法会弹出一个确认对话框,当用户在对话框中单击"是"或"否"按钮以后,该方法会返回一个整数,这个整数的取值表示用户所做的选择:

```java
int select=JOptionPane.showConfirmDialog(null,
        "需要更新客户吗","更新确认",
        JOptionPane.YES_NO_OPTION);

//如果用户在确认对话框中单击 NO 按钮,表示放弃更新
if(select==JOptionPane.NO_OPTION)
    return;
```